山东省高等教育名校建设工程课程改革教材

水利工程施工监理技能训练

主　编　周长勇　杨永振　曹广占
副主编　万云霞　吴绪才
主　审　杜守建　刘彭江

黄河水利出版社
·郑州·

内容提要

本书为山东省高等教育名校建设工程重点建设专业——水利工程专业和水利水电工程管理专业课程改革系列教材之一，是本着高职教育的特色，依据中央财政支持专业建设方案和山东省特色名校建设方案要求进行编写的。全书共分6个项目，内容包括：水利工程监理基本知识技能训练、水利工程施工准备阶段监理技能训练、水利工程施工实施阶段监理技能训练、水利工程验收及保修期阶段监理技能训练、水利工程监理系列文件技能训练、水利工程施工监理综合技能训练等。内容广泛，实用性强。

本书可作为水利工程专业、水利水电工程管理专业的教学用书，也可作为水利水电建筑工程等专业和水利工程技术人员的参考用书，又可作为监理员、监理工程师等资格培训及考试参考用书。

图书在版编目(CIP)数据

水利工程施工监理技能训练/周长勇，杨永振，曹广占主编.—郑州：黄河水利出版社，2015.2
山东省高等教育名校建设工程课程改革教材
ISBN 978-7-5509-1029-4

Ⅰ.①水… Ⅱ.①周…②杨…③曹… Ⅲ.①水利工程-工程施工-施工监理-高等学校-教材 Ⅳ.①TV523

中国版本图书馆CIP数据核字(2015)第042387号

组稿编辑：王路平 电话：0371-66022212 E-mail：hhslwlp@163.com

出版社：黄河水利出版社
地址：河南省郑州市顺河路黄委会综合楼14层 邮政编码：450003
发行单位：黄河水利出版社
发行部电话：0371-66026940、66020550、66028024、66022620(传真)
E-mail：hhslcbs@126.com
承印单位：河南承创印务有限公司
开本：787 mm×1 092 mm 1/16
印张：16.5
字数：380千字 印数：1—3 000
版次：2015年4月第1版 印次：2015年4月第1次印刷

定价：36.00元

前 言

本书是依据中央财政支持提升社会服务能力重点建设专业和山东省高等教育名校建设工程重点建设专业——水利工程专业和水利水电工程管理专业的人才培养方案和课程建设目标要求，并按照有关水利工程监理的新规范、新法规、新标准编写的。一方面，在吸收有关教材和技术文献资料精华的基础上，充实了新思想、新理论、新方法和新技术；另一方面，不过分苛求学科的系统性和完整性，强调理论联系实际，突出应用性。

水利工程施工监理技能训练是与水利工程专业和水利水电工程管理专业中的理论与实践相结合的必修核心课程——水利工程施工监理相配套的校企合作、工学结合技能训练特色教材。本书突出体现了三个特点：一是在整体内容构架上，以实际工作任务为引领，以项目为基础，以实际工作流程为依据，打破了传统的学科知识体系，形成了特色鲜明的项目化教材内容体系；二是按照有关行业标准、国家职业资格要求以及毕业生面向职业岗位的具体要求编排教学内容，充分体现了教材内容与生产实际相融通，与岗位技术标准相对接，增强了实用性；三是以技术应用能力为核心，以基本理论知识为支撑，以拓展知识为延伸，将理论知识学习与能力培养置于实际情境之中，突出工作过程技术能力的培养和经验性知识的积累，增强学生的实际操作能力。

水利工程施工监理技能训练推行任务驱动、项目导向、“教、学、练、做”一体化的教学模式。本书共包括6个项目，其主要任务是使学生掌握水利工程监理基本知识、水利工程施工准备阶段的监理、水利工程施工实施阶段的监理、水利工程验收及保修期阶段的监理、水利工程监理系列文件等基本知识和基本技能，为从事水利工程监理工作及参加监理员、监理工程师等资格培训与考试打下基础。

本书由山东水利职业学院、山东省水利工程建设监理公司和山东省科源工程建设监理中心组织山东水利职业学院教师及水利工程监理单位一线专家共同编写，编写人员及编写分工如下：山东水利职业学院周长勇、刘宁和山东省科源工程建设监理中心李晓编写项目一、项目六；山东水利职业学院杨永振、徐光瑜和日照水源工程建设监理有限公司赵德远编写项目二、项目三；山东水利职业学院曹广占、万云霞和平阴县浪溪河流域洪范池水利站吴绪才、邹平县水利局左宏编写项目四、项目五。本书由周长勇、杨永振、曹广占担任主编，周长勇负责全书统稿；由万云霞、吴绪才担任副主编；由山东水利职业学院杜守建担任校内主审，山东省水利工程建设监理公司刘彭江担任行业主审。

在本书编写和出版过程中，得到了山东省水利工程建设监理公司、山东省科源工程建设监理中心、日照水源工程建设监理有限公司和山东水利职业学院领导的大力支持。同时，书中参考、引用和吸收了大量文献，未能一一详尽列出，在此一并致谢！

限于编者水平和时间关系，书中难免存在不足之处，恳请读者给予批评指正。

编 者

2015 年 2 月

目 录

项目一 水利工程监理基本知识技能训练

任务一 训练目标

通过本项目的技能训练,达到如下目标:

1. 能了解水利工程项目管理和水利工程建设监理法律法规基本知识。
2. 能理解我国的建设监理制。
3. 能熟悉水利工程建设监理人员、监理单位和监理组织。
4. 能具备监理员和监理工程师资格培训及考试的基本知识。

任务二 知识网络

一、水利工程项目管理概述

(一)工程项目

1. 项目的概念、种类与特性

项目是指在一定的约束条件下,具有专门组织和特定目标的一次性任务(或事业、活动)。

根据项目的内涵,项目的特性主要有一次性或单件性、目标性、系统性、独特性、时限性、制约性等。

2. 建设项目的概念、特征与划分

建设项目即基本建设项目,是指按照一个总体设计进行施工,由若干个相互有内在联系的单项工程所组成,经济上实行统一核算,行政上实行统一管理的基本建设单位。

建设项目的特征:建设项目是若干单项工程的总体;工程投资大,建设周期长。

为了工程管理工作的需要,建设项目可按单项工程、单位工程、分部工程和分项工程逐级划分。

根据《水利水电工程施工质量检验与评定规程》(SL 176—2007)规定,我国大中型水利水电工程建设项目按级划分为单位工程、分部工程、单元(工序)工程等三级。

(二)项目管理

1. 项目管理的概念、特征与内容

项目管理是指在建设项目生命周期内所进行的有效的规划、组织、协调、控制等系统的管理活动。其目的是在一定的约束条件下,最优地实现项目的目标。

项目管理的特征:目标明确、计划管理、系统管理、动态管理等。

从现代项目管理的观点来看,项目管理的内容涉及项目人力资源管理、项目范围管理、项目质量管理、项目投资(费用)管理、项目进度管理、项目合同管理、项目信息管理、项目安全管理、项目风险管理、项目采购管理等。

2. 建设项目管理的概念与类型

建设项目管理是指以建设项目为对象,以实现建设项目的质量目标、投资目标和进度目标为目的,对建设项目进行高效率的计划、组织、协调、控制的有限循环管理过程。

项目管理的类型可分为:项目法人的建设项目管理、设计单位的建设项目管理、施工单位的建设项目管理、监理单位的建设项目管理等。

(三)水利工程项目建设程序

建设程序是指建设项目从设想、规划、评估、决策、设计、施工到竣工验收、投入生产整个建设过程中,各项工作必须遵循的先后次序的法则。

水利部《水利工程建设项目管理规定(试行)》(水建〔1995〕128 号)和《水利工程建设程序管理暂行规定 》(水建〔1998〕16 号)规定,水利工程建设程序一般分为:项目建议书、可行性研究报告、初步设计、施工准备(包括招标设计)、建设实施、生产准备、竣工验收、后评价等阶段。其中,项目建议书、可行性研究报告、初步设计属于前期工作阶段;施工准备、建设实施属于工程实施阶段;生产准备、竣工验收、后评价属于竣工投产阶段。水利工程项目建设程序简图如图 1-1所示。

(四)水利工程建设项目管理体制

水利部《水利工程建设项目管理规定(试行)》(水建〔1995〕128 号)第五条指出:“水利工程建设要推行项目法人责任制、招标投标制和建设监理制。积极推行项目管理。”

水利工程建设管理逐步形成了以建设项目法人责任制、招标投标制、建设监理制为核心的建设管理体制(系)。即以项目法人为核心的招标发包体系,以设计、施工、材料设备供应为核心的投标承包体系,以监理单位为核心的技术咨询服务体系,构筑了当前工程项目建设管理的基本格局。

二、水利工程建设监理法规基本知识

(一)我国法律规范的形式

我国法律规范的主要形式是规范性文件。在我国,由于制定规范性文件的国家机关不同,文件的名称和法律效力也不同,依效力由高到低,依次分为宪法、法律、行政法规、地方性法规、规章等。

(二)水利工程建设监理法规构成

1. 法律关系

法律关系是由法律规范所调整的社会关系,具体表现为法律上的权利义务关系。我国的法律关系主要包括行政法律关系、民事法律关系和刑事法律关系等。

2. 水法规体系

根据水利部拟定的《水法规体系总体规划》,水法规体系主要涉及水资源开发利用和保护、水土保持、防洪抗旱、工程建设管理和保护、经营管理、执法监督管理、其他等七个方面。

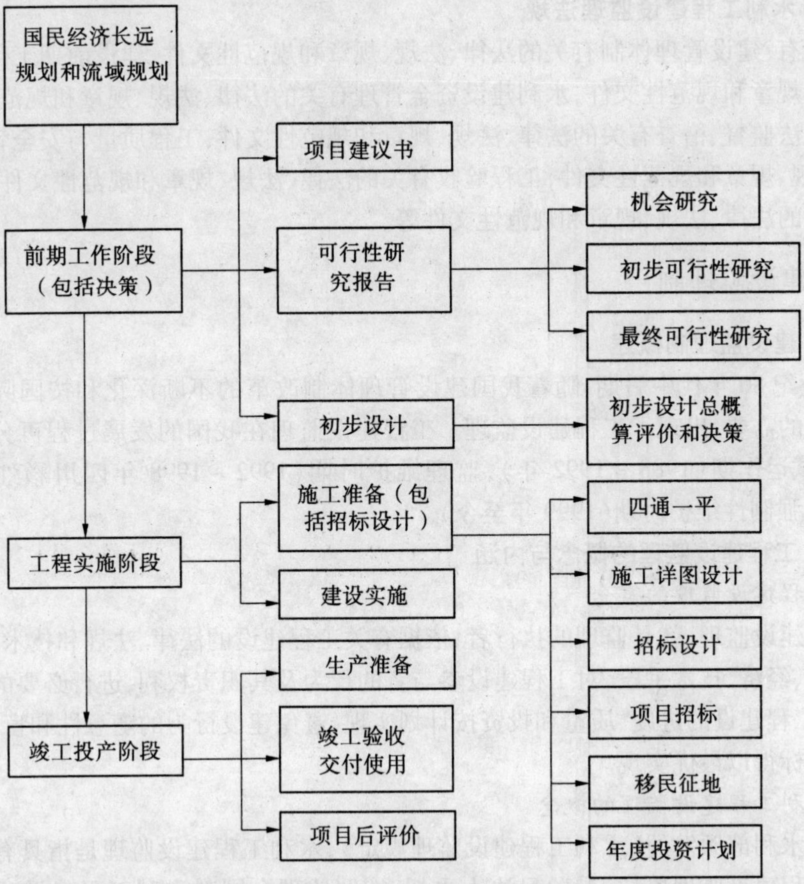

图1-1 水利工程项目建设程序简图

3. 水利工程建设管理法规体系

水利工程建设管理法规体系是由不同级别的国家机关、地方政府、水行业管理部门制定的对水利工程建设管理具有一定的普遍约束力的文件组成的。按照效力高低的不同，可分为法律、行政法规、规章和规范性文件；按照文件的作用不同，可分为综合性法规、建设管理体制法规、项目前期工作管理法规、建设项目监督管理法规、工程质量与安全管理法规、工程验收法规、资质资格管理法规和其他等。

(三)综合性法律、法规

1. 法律

主要有：《中华人民共和国水法》、《中华人民共和国防洪法》、《中华人民共和国环境保护法》、《中华人民共和国水土保持法》、《中华人民共和国水污染防治法》、《中华人民共和国合同法》、《中华人民共和国招标投标法》等。

2. 行政法规、规章、规范性文件

主要有：《贯彻质量发展纲要提升水利工程质量的实施意见》、《关于加强公益性水利工程建设管理的若干意见》、《水利工程建设项目管理规定（试行）》、《水利工程建设程序管理暂行规定》等。

（四）水利工程建设监理法规

主要有：建设管理体制有关的法律、法规、规章和规范性文件，建设前期工作有关的法律、法规、规章和规范性文件，水利建设资金管理有关的法律、法规、规章和规范性文件，建设项目执法监督、稽查有关的法律、法规、规章和规范性文件，工程质量与安全管理有关的法律、法规、规章和规范性文件，工程验收有关的法律、法规、规章和规范性文件，资质资格管理有关的法律、法规、规章和规范性文件等。

三、建设监理制

（一）建设监理制概述

20 世纪 80 年代中后期，随着我国建设管理体制改革的不断深化和按国际惯例实施工程建设的需要，出现了工程建设监理。工程建设监理在我国的发展过程可分为三个阶段：监理试运作期（1988 ~ 1992 年），监理维护时期（1992 ~ 1998 年四川彩虹桥事件以前），监理强制性维护时期(1999 年至今)。

（二）工程建设监理的概念与内涵

1. 工程建设监理的概念

工程建设监理，就是监理的执行者，依据有关工程建设的法律、法规和技术标准，综合运用法律、经济、技术手段，对工程建设参与者的行为及其职责权利，进行必要的协调与约束，促使工程建设的进度、质量和投资按计划实现，避免建设行为的随意性和盲目性，使工程建设目标得以最优实现。

2. 水利工程建设监理的概念

按照水利部颁发的《水利工程建设监理规定》，水利工程建设监理是指具有相应资质的水利工程建设监理单位，受项目法人委托，按照监理合同对水利工程建设项目实施质量、进度、投资、合同、信息、安全、环保等的管理活动。水利工程建设监理按专业划分为：水利工程施工监理、水土保持工程施工监理、机电及金属结构设备制造监理、水利工程建设环境保护监理。

3. 工程建设监理的内涵

主要有：针对工程项目建设实施的监督管理；行为主体是监理单位；需要项目法人委托和授权；有明确依据的工程建设行为；现阶段工程建设监理主要发生在建设实施阶段；微观性质的监督管理活动。

（三）工程建设监理的性质

主要有：服务性、科学性、独立性、公正性等。

（四）工程建设监理的目标、任务与内容

1. 工程建设监理的目标

工程建设监理的总目标就是力求在计划的质量、投资和进度目标内实现建设项目的总目标；阶段目标就是力求实现各阶段建设项目的目标。

2. 工程建设监理的任务

工程建设监理的中心任务就是控制工程项目目标，也就是控制合同所确定的质量、投资和进度目标；具体任务是指建设各阶段的任务。

3. 工程建设监理的内容

工程建设监理的内容主要是对建设项目进行质量控制、投资控制、进度控制、合同管理、信息管理、安全管理、组织协调等，简称为"三控制、三管理、一协调"。其中，质量控制和安全管理是前提，投资控制是保障，进度控制是关键，合同管理是中心，信息管理是手段，组织协调是保证。

工程建设项目质量、进度、投资这三大目标之间的关系，是既相互对立又相互统一的，如图1-2所示(图中三角形内部，表示三个目标之间的矛盾关系；三角形外部，表示三个目标之间的统一关系)。三个目标之间是相互关联的，任何一个目标发生变化，都必将影响其他两个目标。所以，在对建设项目的某一目标实施控制的同时，应兼顾到其他两个目标，以维持建设项目目标体系的整体平衡。良好的建设项目管理任务，就是要通过合理的组织、协调、控制和管理，达到质量、进度、投资整体最佳组合的目标。

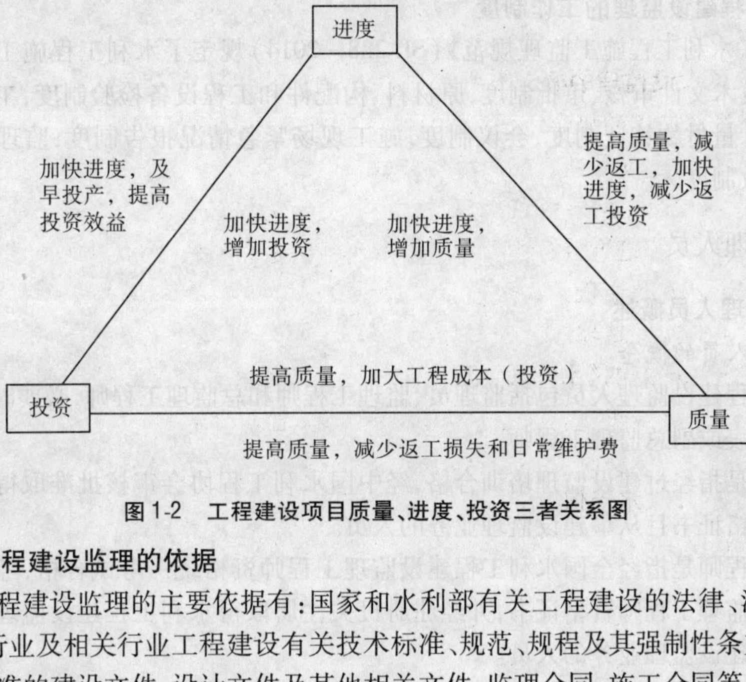

图1-2　工程建设项目质量、进度、投资三者关系图

(五)工程建设监理的依据

水利工程建设监理的主要依据有：国家和水利部有关工程建设的法律、法规、规章和政策，水利行业及相关行业工程建设有关技术标准、规范、规程及其强制性条文，政府建设主管部门批准的建设文件、设计文件及其他相关文件，监理合同、施工合同等合同文件等。

(六)工程建设监理的工作程序

水利部《水利工程施工监理规范》(SL 288—2014)规定了水利工程施工监理的基本工作程序：

(1)签订监理合同，明确监理范围、内容和责权。

(2)依据监理合同，组建现场监理机构，选派总监理工程师、监理工程师、监理员和其他工作人员。

(3)熟悉工程建设有关法律、法规、规章以及技术标准，熟悉工程设计文件、施工合同文件和监理合同文件。

(4)编制项目监理规划。

(5)进行监理工作交底。

(6)编制各专业、各项目监理实施细则。

(7)实施施工监理工作。

(8)督促承包人及时整理、归档各类资料。

(9)参加验收工作,签发工程移交证书和工程保修责任终止证书。

(10)结清监理费用。

(11)向发包人提交有关档案资料、监理工作总结报告。

(12)向发包人移交其所提供的文件资料和设施设备。

(七)工程建设监理的工作方法

水利部《水利工程施工监理规范》(SL 288—2014)规定了水利工程施工监理的主要工作方法:现场记录、发布文件、旁站监理、巡视检验、跟踪检测、平行检测、组织协调等。

(八)工程建设监理的工作制度

水利部《水利工程施工监理规范》(SL 288—2014)规定了水利工程施工监理的主要工作制度:技术文件审核、审批制度,原材料、构配件和工程设备检验制度,工程质量检验制度,工程计量付款签证制度,会议制度,施工现场紧急情况报告制度,监理工作报告制度,工程验收制度。

四、监理人员

(一)监理人员概述

1. 监理人员的概念

水利工程建设监理人员包括监理员、监理工程师和总监理工程师,必要时可配备总监理工程师代表或副总监理工程师。

监理员是指经过建设监理培训合格,经中国水利工程协会审核批准取得水利工程建设监理员资格证书且从事建设监理业务的人员。

监理工程师是指经全国水利工程建设监理工程师资格统一考试合格,经批准获得水利工程建设监理工程师资格证书,并经注册机关注册取得水利工程建设监理工程师岗位证书且从事建设监理业务的人员。

总监理工程师是指具有水利工程建设监理工程师资格证书,并经总监理工程师培训班培训合格,取得水利工程建设监理总监理工程师岗位证书,且在总监理工程师岗位上从事建设监理业务的人员。

2. 监理人员的专业划分

监理员、监理工程师的监理专业分为水利工程施工、水土保持工程施工、机电及金属结构设备制造、水利工程建设环境保护4类。其中,水利工程施工类设水工建筑、机电设备安装、金属结构设备安装、地质勘察、工程测量5个专业,水土保持工程施工类设水土保持1个专业,机电及金属结构设备制造类设机电设备制造、金属结构设备制造2个专业,水利工程建设环境保护类设环境保护1个专业。

总监理工程师不分类别、专业。

3. 监理人员的基本素质要求

监理员的基本素质要求：具有初级专业技术任职资格，掌握一定的水利工程建设专业技术知识，包括水工建筑、测量、地质、检验、机电、金属结构等专业知识。

监理工程师的基本素质要求：具有良好的品德，具有较高的理论水平，具有较高的专业技术水平，具有足够的管理知识，熟知法律、法规知识，具有足够的经济方面知识，具有较高的外语水平，具有丰富的工程建设实践经验，具有健康的体魄和充沛的精力。

总监理工程师的基本素质要求：专业技术知识的深度，管理知识的广度，领导艺术和组织协调能力。

4. 监理人员的职业准则

水利部《水利工程施工监理规范》(SL 288—2014)规定了监理人员的职业准则：

(1)遵纪守法，坚持求实、严谨、科学的工作作风，全面履行义务，正确运用权限，勤奋、高效地开展监理工作。

(2)努力钻研业务，熟悉和掌握建设项目管理知识和专业技术知识，提高自身素质和技术、管理水平。

(3)提高监理服务意识，增强责任感，加强与工程建设有关各方的协作，积极、主动开展工作，尽职尽责，公正廉洁。

(4)未经许可，不得泄露与本工程有关的技术和商务秘密，并应妥善做好发包人所提供的工程建设文件资料的保存、回收及保密工作。

(5)除监理工作联系外，不得与承包人和材料、工程设备供货人有其他业务关系与经济利益关系。

(6)不得出卖、出借、转让、涂改、伪造资格证书或岗位证书。

(7)监理人员只能在一个监理单位注册，未经注册单位同意，不得承担其他监理单位的监理业务。

(8)遵守职业道德，维护职业信誉，严禁徇私舞弊。

5. 监理工程师的职业道德

监理工程师的职业道德包括：

(1)维护国家的荣誉和利益，按照“守法、诚信、公正、科学”的准则执业。

(2)执行有关工程建设的法律、法规、标准、规范、规程和制度，履行监理合同规定的义务和职责。

(3)努力学习专业技术和建设监理知识，不断提高业务能力和监理水平。

(4)不以个人名义承揽监理业务。

(5)不同时在两个或两个以上监理单位注册和从事监理活动，不在政府部门或施工、材料设备的生产供应等单位兼职。

(6)不为所监理项目指定承包商，建筑构配件、设备、材料生产厂家和施工方法。

(7)不收受被监理单位的任何礼金。

(8)不泄露所监理工程各方认为需要保密的事项。

(9)坚持独立自主地开展工作。

（二）监理人员工作职责

水利工程建设监理实行总监理工程师负责制。总监理工程师负责全面履行监理合同约定的监理单位职责，发布有关指令，签署监理文件，协调有关各方之间的关系。监理工程师在总监理工程师授权范围内开展监理工作，具体负责所承担的监理工作，并对总监理工程师负责。监理员在监理工程师或者总监理工程师授权范围内从事监理辅助工作。

（三）水利工程建设监理人员资格管理

水利工程建设监理人员资格管理实行行业自律管理制度。中国水利工程协会负责全国水利工程建设监理人员的行业自律管理工作。总监理工程师实行岗位资格管理制度，监理工程师实行执业资格管理制度，监理员实行从业资格管理制度。

从事水利工程建设监理活动的人员，应当按照《水利工程建设监理人员资格管理办法》（水利部中水协〔2007〕3号）的规定，取得相应的资格（岗位）证书。

水利工程建设监理人员资格管理的内容包括：资格管理制度、资格管理主体、监理人员资格的取得、监理人员资格管理、监理人员资格（岗位）证书的保管、监理人员资格的撤销与注销、监理人员资格（岗位）证书的补发、罚则等。

（四）水利工程建设监理工程师注册管理

根据《水利部关于修改〈水利工程建设监理单位资质管理办法〉的决定》（水利部令第40号）和《水利工程建设监理工程师注册管理办法》（水建管〔2006〕600号），2010年水利部又颁发了《关于水利工程建设监理工程师注册有关工作的通知》（办建管函〔2010〕623号），对水利工程建设监理工程师注册工作有关事项做出了要求。

水利工程建设监理工程师注册管理的内容包括：注册范围、注册程序、申请材料及网络申报、时间安排、注册证书的有效期、注册证书的保管、注册证书的注销、注册证书的补发、不予注册等。

五、监理单位

（一）监理单位概述

1. 监理单位的概念

监理单位是指取得监理资质等级证书、具有法人资格从事工程建设监理的单位，如监理公司、监理事务所、监理中心以及兼承监理业务的设计、施工、科研、咨询等单位。

水利工程建设监理单位是指依法取得水利工程建设监理单位资质等级证书，并经工商注册取得营业执照，且从事水利工程建设监理业务的单位。

2. 监理单位的分类

监理单位可按照资本主体、资质条件、工程类别等分类。

3. 监理单位的市场地位

监理单位是建设市场的三大主体之一，是介于项目法人和承包人之间的第三方。

（二）监理单位经营活动的基本准则

监理单位从事工程建设监理活动，应当遵循“守法、诚信、公正、科学”的基本准则。

(三)水利工程建设监理单位的专业资质等级

1. 监理单位资质的概念

监理单位的资质主要体现在监理能力和监理效果上。所谓监理能力，是指监理单位所能监理的建设项目的类别和等级。所谓监理效果，是指监理单位对建设项目实施监理后，在工程质量、投资、进度控制等方面所取得的成果。

监理单位的监理能力和监理效果主要取决于监理人员素质、专业配套能力、技术装备、监理经历、管理水平等。

2. 水利工程建设监理单位专业资质和等级

水利工程建设监理单位专业资质等级按《水利工程建设监理单位资质管理办法》(水利部令第40号)第六条规定，分为水利工程施工监理、水土保持工程施工监理、机电及金属结构设备制造监理和水利工程建设环境保护监理四个专业。其中，水利工程施工监理专业资质和水土保持工程施工监理专业资质分为甲级、乙级和丙级三个等级，机电及金属结构设备制造监理专业资质分为甲级、乙级两个等级，水利工程建设环境保护监理专业资质暂不分级。

3. 水利工程建设监理单位专业资质等级标准

申请水利工程建设监理单位专业资质必须具备《水利工程建设监理单位资质管理办法》(水利部令第40号)规定的标准。

4. 水利工程建设监理单位的业务范围

水利工程建设监理单位各专业资质等级可以承担的业务范围必须按照《水利工程建设监理单位资质管理办法》(水利部令第40号)第七条的规定。

(四)水利工程建设监理单位的资质管理

由水利部负责水利工程建设监理单位资质等级的认定与管理工作。水利部所属流域管理机构和省、自治区、直辖市人民政府水行政主管部门依照管理权限，负责有关的监理单位资质申请材料的接收、转报以及相关管理工作。

(五)水利工程建设监理单位监理业务的实施

水利部《水利工程建设监理规定》(水利部令第28号)对水利工程建设监理单位监理业务的实施作出了明确的规定。

(六)水利工程建设监理单位违规处罚

《水利工程建设监理规定》(水利部令第28号)、《建设工程质量管理条例》(国务院令第279号)和《建设工程安全生产管理条例》(国务院令第393号)等法规对水利工程建设监理单位违规处罚作出了明确的规定。

六、监理组织

(一)组织的基本原理

1. 组织的概念

组织是指为了使系统达到特定的目标，使全体参加者经分工与协作以及设置不同层次的权力和责任制度而构成的一种人的组合体。

2. 组织构成因素

组织构成受多种因素的制约,最主要的有管理层次、管理跨度、管理部门、管理职能。各因素之间相互联系、相互制约。

3. 项目监理组织设计的基本原则

项目监理组织设计的基本原则包括:集权与分权统一的原则、专业分工与协作统一的原则、管理跨度与管理层次统一的原则、权责一致的原则、才职相称的原则、经济效率原则、弹性原则。

4. 项目监理组织活动的基本原理

项目监理组织活动的基本原理包括:要素有用性原理、动态相关性原理、主观能动性原理、规律效应性原理。

(二)工程项目承发包模式和监理模式

目前,我国工程项目建设任务发包与承包组织模式,主要有四种:平行承发包、设计/施工总分包、工程项目总承包和工程项目总承包管理。在工程项目建设实践中,针对工程项目的实际情况,应选择一种对项目组织、投资控制、进度控制、质量控制和合同管理最有利的模式。

工程项目各种承发包组织模式的优缺点如表 1-1 所示。

表 1-1 工程项目各种承发包组织模式的优缺点

优缺点	平行承发包模式	设计/施工总分包模式	项目总承包模式	项目总承包管理模式
优点	有利于缩短工期	有利于建设工程的组织管理,协调工作量减少	合同关系简单,组织协调工作量小	合同关系简单,组织协调比较有利
	有利于质量控制	有利于投资控制	缩短建设周期	进度控制也有利
	业主选择承建单位范围大	有利于质量控制	有利于投资控制	
		有利于工期控制		
缺点	合同数量多,组织协调工作量大;会造成合同管理困难	建设周期较长	招标发包工作难度大,合同管理的难度一般较大	监理工作师对分包的确认工作十分关键
	投资控制难度大	总包报价可能较高	业主择优选择承包方范围小	采用这种承发包模式应持慎重态度
			质量控制难度大	

为了有效地开展监理工作,保证工程建设项目总目标的实现,应根据不同的承发包模式安排实施不同的监理模式。

(三)项目监理组织形式

1. 建立项目监理组织的步骤

建立项目监理组织的步骤如图 1-3 所示。

说明:

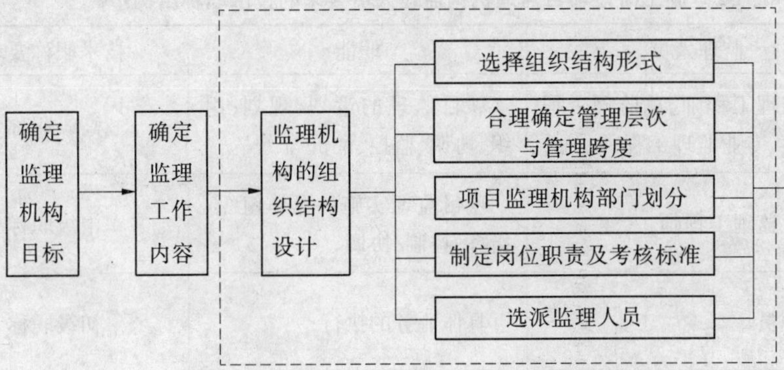

图 1-3 建立项目监理组织的步骤

(1)建设工程监理目标是项目监理机构建立的前提,项目监理机构的建立应根据委托监理合同确定的监理目标,制定总目标并明确划分监理机构的分解目标。

(2)监理工作的归并及组合应便于监理目标控制,并综合考虑监理工程的组织管理模式、工程结构特点、合同工期要求、工程复杂程度、工程管理及技术特点;还应考虑监理单位自身组织管理水平、监理人员数量、技术业务特点等。

(3)组织结构形式选择的基本原则是:有利于工程合同管理,有利于监理目标控制,有利于决策指挥,有利于信息沟通。

(4)项目监理机构中一般应有三个层次:决策层由总监理工程师及其助手组成;中间控制层,即协调层和执行层,一般由各专业监理工程师组成;作业层即操作层,主要由监理员、检查员等组成。

(5)项目监理机构中应按监理工作内容形成相应的管理部门。

(6)监理人员的选择除应考虑个人素质外,还应考虑人员总体构成的合理性与协调性。我国《建设工程监理规范》规定,项目总监理工程师应由具有三年以上同类工程监理工作经验的人员担任,总监理工程师代表应由具有两年以上同类工程监理工作经验的人员担任,专业监理工程师应由具有一年以上同类工程监理工作经验的人员担任。另外,项目监理机构的监理人员应专业配套,数量满足建设工程监理工作的需要。

2. 项目监理组织形式

目前,常用的项目监理组织形式有直线制监理组织、职能制监理组织、直线职能制监理组织和矩阵制监理组织四种。

3. 项目监理机构的基本职责与权限

项目监理机构应在监理合同授权范围内行使职权,《水利工程施工监理规范》(SL 288—2014)规定了项目监理机构的基本职责与权限。

(四)项目监理机构监理人员的配备

1. 项目监理机构监理人员结构

合理的监理人员结构体现在:具有合理的专业结构,具有合理的技术职务、职称结构。

施工阶段项目监理机构监理人员要求的技术职称结构如表 1-2 所示。

表1-2 施工阶段项目监理机构监理人员要求的技术职称结构

管理层次	监理人员	职能	技术职称要求
决策层	总监理工程师、总监理工程师代表、专业监理工程师	项目监理的策划、规划;组织、协调、监控、评价等	高级职称
执行层/协调层	专业监理工程师	项目监理实施的具体组织、指挥、控制/协调	中级职称
作业层/操作层	监理员	具体业务的执行	初级职称

2. 项目监理机构监理人员数量的确定

监理机构监理人员的配置标准应按照工程类别、工程复杂程度、工程规模等分类确定,并考虑工程的点状和线状分布特征、施工过程是否需要旁站要求等不同情况。项目监理机构监理人员数量的确定应重点考虑的因素有:工程建设强度、建设工程复杂程度、监理单位的业务水平及监理人员的业务素质、项目监理机构的组织结构形式和任务职能分工。

任务三　基本知识训练

一、单项选择题(每题的备选项中,只有1个最符合题意)

1. 所谓建设监理,是指具有相应资质的工程监理单位,受项目法人的委托,依照合同对承包人的建设行为进行监控的(　　)活动。

A. 专业化服务　　B. 技术服务

C. 技术监督　　D. 技术指导

2. 监理人实施建设工程监理的前提是(　　)。

A. 工程建设文件　　B. 获得发包人的委托和授权

C. 有关的建设工程合同　　D. 工程监理企业的专业化

3. 在监理实施过程中,由于监理工程师的工作过失,导致承包单位经济损失,承包单位应直接向(　　)提出索赔要求。

A. 监理单位　　B. 监理机构

C. 监理工程师　　D. 项目法人

4. 工程建设监理的行为主体是具有相应资质的(　　)。

A. 施工单位　　B. 监理单位

C. 总监理工程师　　D. 监理工程师

5. 现阶段,水利工程建设监理被监理的行为主体主要是(　　)。

A. 项目法人　　B. 监理单位

C. 建设单位　　D. 与项目法人签订了施工合同的施工单位

6. 监理单位是施工承包合同之外的第三方，意味着工程建设监理具有(　　)。

A. 强制性　　B. 独立性

C. 服务性　　D. 科学性

7. 监理单位与被监理单位是(　　)关系。

A. 合同　　B. 监理与被监理

C. 监督与被监督　　D. 委托与授权

8. 水利工程监理单位只能在核定的(　　)内从事监理活动。

A. 业务等级　　B. 资质范围

C. 业务范围　　D. 工程范围

9. 水利工程建设监理工程师主要依据(　　)对工程建设进行质量、投资、进度目标控制。

A. 设计合同　　B. 咨询合同

C. 施工合同　　D. 相关计划

10. 工程监理单位应当拥有足够数量的、管理经验丰富和应变能力较强的监理工程师骨干队伍，这是建设工程监理(　　)的表现。

A. 服务性　　B. 科学性

C. 独立性　　D. 公正性

11. 我国建设工程监理制中，吸收了FIDIC(国际咨询工程师联合会)合同条件的有关内容，对工程监理企业和监理工程师提出了(　　)的要求。

A. 维护施工单位利益　　B. 代表政府监理

C. 独立、公正　　D. 承担法律责任

12. 国务院建设主管部门以部长令形式发布的规范性文件属于(　　)。

A. 法律　　B. 行政法规

C. 国家标准　　D. 部门规章

13. 下列不属于当前水利工程建设项目管理体制(系)的是(　　)。

A. 项目决策咨询评估制　　B. 工程招标投标制

C. 工程建设监理制　　D. 项目法人责任制

14. 目标控制有主动控制和被动控制之分，下列关于主动控制和被动控制的表述中，正确的是(　　)。

A. 仅仅采取主动控制是不现实的　　B. 被动控制比主动控制的效果好

C. 主动控制是不经济的　　D. 以主动控制为主，被动控制为辅

15. 下列关于目标和计划的表述中，正确的是(　　)。

A. 应当根据计划来制定目标　　B. 计划必须保证目标的实现

C. 计划是对目标的进一步论证　　D. 目标是对计划的进一步论证

16. 为了将投资、进度、质量三大目标联系起来，且便于偏差原因分析，建设工程目标应当按(　　)分解。

A. 时间　　B. 工种

C. 工艺　　D. 工程部位

17. 有效的组织设计在提高组织活动效能方面起着重大的作用,下列关于组织构成因素的表述中,正确的是(　　)。

A. 组织的最高管理者到最基层的实际工作人员权责逐层递增

B. 管理部门的划分要根据组织目标与工作内容确定

C. 管理层次是指一名上级管理人员所直接管理的下级人数

D. 管理跨度越大,领导者需要协调的工作量越小,管理难度越小

18. 组织机构的目标必须通过组织机构活动来实现,项目监理机构应针对工程特点、工程条件和运行方式,运用(　　)原理,采取相应的措施以实现监理目标。

A. 要素有用性　　B. 动态相关性

C. 主观能动性　　D. 规律效应性

19. 对建设单位而言,工程项目总承包模式的主要缺点是(　　)。

A. 质量控制难度大　　B. 不利于缩短建设工期

C. 组织协调工作量大　　D. 不利于投资控制

20. 建设工程监理工作由不同专业、不同层次的专家群体共同来完成,(　　)体现了监理工作的规范化,是进行监理工作的前提和实现监理目标的重要保证。

A. 目标控制的动态性　　B. 职责分工的严密性

C. 监理指令的及时性　　D. 监理资料的完整性

21. 建设工程监理目标是项目监理机构建立的前提,应根据(　　)确定的监理目标建立项目监理机构。

A. 监理实施细则　　B. 委托监理合同

C. 监理大纲　　D. 监理规划

22. 项目监理机构的组织设计和建设工程监理实施均应遵循(　　)的原则,但两者却有着不同的内涵。

A. 集权与分权统一　　B. 分工与协作统一

C. 才职相称　　D. 权责一致

23. 某工程项目监理机构具有统一指挥、职责分明、目标管理专业化的特点,则该项目监理机构的组织形式为(　　)。

A. 直线制　　B. 职能制

C. 直线职能制　　D. 矩阵制

24.《贯彻质量发展纲要提升水利工程质量的实施意见》(水建管〔2012〕581号)确定的工作目标是:到2020年,水利工程质量水平全面提升,国家重点水利工程质量达到(　　)水平,人民群众对水利工程质量满意度显著提高。

A. 国内先进　　B. 国内领先

C. 国际先进　　D. 国际领先

25. 法律体系中最高级别的是(　　)。

A. 行政法规　　B. 行业规章

C. 法律　　D. 地方法规

26. 对择优选择承建单位最有利的工程承发包模式是(　　)。

A. 平行承发包　　B. 设计或施工总分包

C. 项目总承包　　D. 设计或施工联合体承包

27. 建设工程监理实施包括:①成立项目监理机构;②编制建设工程监理规划;③制定监理实施细则;④参与验收,签署建设工程监理意见;⑤向业主提交建设工程监理档案资料;⑥规范化地开展监理工作;⑦监理工作总结。实施程序排列正确的是(　　)。

A. ①②③④⑤⑥⑦　　B. ②①③⑥④⑤⑦

C. ①②③⑥④⑤⑦　　D. ①②③⑥④⑦⑤

28. 直线制监理组织形式具有(　　)的特点。

A. 能够发挥职能部门专家作用　　B. 纵横两套管理系统

C. 有利于正确决策　　D. 各种职位按垂直系统排列

29. 在建设工程监理实施中,总监理工程师代表监理单位全面履行建设工程委托监理合同,承担合同中监理单位与业主方约定的监理责任与义务。因此,监理单位应给总监理工程师充分授权,这体现了(　　)的监理实施原则。

A. 公正、独立、自主　　B. 权责一致

C. 总监理工程师是责任主体　　D. 总监理工程师是权力主体

30. 我国法的形式主要是以宪法为核心的各种规范性文件,下列选项中不属于法的形式的是(　　)。

A. 我国参加的国际条约　　B. 某省人大制定的规范性文件

C. 某经济特区人民政府制定的规范性文件

D. 某市高级人民法院发布的判例

31. 下面不属于广义的法律的是(　　)。

A.《建筑法》　　B.《建设工程安全生产管理条例》

C.《建设工程施工劳务分包合同(示范文本)》

D.《某省建筑市场管理条例》

32. 法律效力等级是正确使用法律的关键,下述法律效力排序正确的是(　　)。

A. 法律＞行政法规＞地方政府规章＞地方性法规

B. 宪法＞法律＞行政法规＞地方政府规章

C. 行政法规＞部门规章＞地方性法规＞地方政府规章

D. 国际条约＞宪法＞行政法规＞司法解释

二、多项选择题(每题的备选项中,有2个或2个以上符合题意,至少有1个错项)

1. 建设工程监理的作用在于(　　)。

A. 有利于政府对工程建设参与各方的建设行为进行监督管理

B. 可以对承包单位的建设行为进行监督管理

C. 可以对建设单位的建设行为进行监督管理

D. 尽可能避免发生承包单位的不当建设行为

E. 尽可能避免发生建设单位的不当建设行为

2. 下列内容中，监理工程师应严格遵守的职业道德包括(　　)。

A. 不同时在两个或两个以上监理单位注册和从事监理活动

B. 坚持独立自主地开展工作

C. 不出借监理工程师执业资格证书

D. 不泄露所监理工程各方认为需要保密的事项

E. 通知建设单位在监理工作过程中可能发生的任何潜在的利益冲突

3. 为了能够依据合同，公平合理地处理建设单位与施工单位之间的争议，工程监理单位必须(　　)。

A. 采用科学的方案、方法和手段　　B. 坚持实事求是

C. 熟悉有关建设工程合同条款　　D. 提高专业技术能力

E. 提高综合分析判断问题的能力

4. 在建设工程施工招标阶段，监理单位目标控制的任务有(　　)。

A. 签订施工合同　　B. 依据工程量清单确定综合单价

C. 对投标人进行资格预审　　D. 组织开标、评标工作

E. 确定中标人

5. 下列关于建设工程目标控制技术措施的表述中，正确的有(　　)。

A. 要能提出多个不同的技术方案

B. 要对不同的技术方案进行技术经济分析

C. 技术措施必须与经济措施结合使用才能取得好的效果

D. 要避免仅从技术角度选定技术方案

E. 对由于业主原因所导致的目标偏差，技术措施可能成为首选措施

6. 组织构成一般是上小下大的形式，由(　　)等因素组成。

A. 管理层次　　B. 管理制度

C. 管理程序　　D. 管理部门

E. 管理职能

7. 对建设单位而言，平行承发包模式的主要缺点有(　　)。

A. 协调工作量大　　B. 投资控制难度大

C. 不利于缩短工期　　D. 质量控制难度大

E. 选择承包方范围小

8. 建设工程监理实施的原则之一是严格监理、热情服务。这一原则的基本内涵有(　　)。

A. 严格按照国家政策、法规、规范和标准控制建设工程目标

B. 对工程建设承包单位严格监理、热情服务

C. 认真履行职责，不超越业主授予的权限

D. 按委托监理合同的要求，多方位为业主提供服务

E. 维护业主的正当权益

9. 项目监理机构的组织结构设计步骤有(　　)。

A. 确定监理工作内容　　B. 选择组织结构形式

C. 确定管理层次和管理跨度　　　　　　D. 划分项目监理机构部门

E. 制定岗位职责和考核标准

10. 在实施建设监理的工程项目中,监理单位应当成为(　　)。

A. 项目法人的全权代表　　　　　　　B. 公正地维护项目法人合法权益的一方

C. 维护社会公众利益的一方　　　　　D. 公正地维护被监理单位合法权益的一方

E. 竭诚为项目法人提供技术服务的一方

11. 直线职能制监理组织模式的主要优点有(　　)。

A. 具有较大的机动性和适应性　　　　B. 权力集中

C. 职责分明　　　　　　　　　　　　D. 决策迅速

E. 处理专业化问题能力强

12. 监理人员应遵守以下(　　)规则。

A. 不得出卖、出借、转让、涂改、伪造资格证书或岗位证书

B. 提高监理服务意识,增强责任感,加强与工程建设有关各方的协作,积极、主动开展工作,尽职尽责,公正廉洁

C. 未经许可,不得泄露与本工程有关的技术和商务秘密,并应妥善做好发包人所提供的工程建设文件资料的保存、回收及保密工作

D. 监理人员只能同时在一个监理单位注册

E. 未经注册单位同意可以承担其他监理单位的监理业务

13. 下列(　　)说法是正确的。

A. 监理单位不得超越本单位资格等级许可的范围承接监理任务

B. 两个监理单位不能组成联合体共同投一个监理标

C. 监理单位不得以其他监理单位的名义承揽工程建设监理业务

D. 监理单位不得允许其他单位或个人以本单位的名义承揽工程建设监理业务

E. 监理单位不得转让工程建设监理业务

14. 总监理工程师不得将以下(　　)工作授权给副总监理工程师或监理工程师。

A. 签发工程移交证书和保修责任终止证书

B. 签发监理月报、监理专题报告和监理工作报告

C. 填写监理日志,组织编写并签发监理月报、监理专题报告、监理工作报告

D. 主持审核承包人提出的分包项目和分包人

E. 审批承包人提交的施工组织设计、施工措施计划、施工进度计划和资金流计划

15. 监理员应按被授予的职责权限开展监理工作,其主要职责应包括以下(　　)各项。

A. 检查并记录现场施工程序、施工方法等实施过程情况

B. 检查和统计计日工情况,核实工程计量结果

C. 提出变更、索赔及质量和安全事故处理等方面的初步意见

D. 检查承包人的施工日志和试验室记录

E. 核实承包人质量评定的相关原始记录

16. 下列内容中,属于建设程序中生产准备阶段的工作是(　　)。

A. 组建项目法人
B. 组建管理机构，制定有关制度和规定
C. 招聘并培训生产管理人员
D. 组织设备、材料订货
E. 进行工具、器具、备品、备件等的制造或订货

17. 监理工程师在监理工作中，应遵循(　　)等原则，为业主提供良好的服务。
A. 公正、独立、自主　　B. 经济效率
C. 严格监理、热情服务　　D. 管理跨度与管理层次统一
E. 权责一致

18. 影响项目监理机构人员数量的主要因素有(　　)。
A. 工程的复杂程度　　B. 监理单位的业务范围
C. 监理人员的专业结构　　D. 监理人员的技术职称结构
E. 监理机构的组织结构和任务职能分工

三、问答题

1. 建设程序是人们在长期的工程实践中总结出来的。它反映了建设工作所固有的客观规律和经济规律，是建设项目科学决策和顺利进行的重要保证。不遵循科学的建设程序，就会走弯路，使工程遭受重大损失，这在我国工程建设史上是有深刻教训的。

问题：

1)什么叫建设程序？

2)简述水利工程项目的基本建设程序，并画出水利工程项目的基本建设程序简图。

2. 为深入贯彻落实国务院《质量发展纲要(2011—2020年)》(以下简称《质量发展纲要》)，水利部印发了《贯彻质量发展纲要提升水利工程质量的实施意见》(水建管〔2012〕581号)，要求以科学发展观为指导，深入贯彻落实党的十八大、《中共中央　国务院关于加快水利改革发展的决定》和《质量发展纲要》精神，牢固树立质量第一、安全为先的理念，进一步强化质量意识，完善管理机制，落实主体责任，加强政府监督，全面提升水利建设质量管理工作能力和水平，确保水利工程质量、安全和效益，为促进经济社会又好又快发展提供强有力的水利支撑和保障。

问题：

1)提升水利工程质量坚持的基本原则有哪些?

2)提升水利工程质量的工作目标是什么?

3)提升水利工程质量的内容与措施有哪些?

3. 工程建设监理,就是监理的执行者,依据有关工程建设的法律法规和技术标准,综合运用法律、经济、技术手段,对工程建设参与者的行为及其职责权利,进行必要的协调与约束,促使工程建设的进度、质量和投资按计划实现,避免建设行为的随意性和盲目性,使工程建设目标得以最优实现。

问题:

1)工程建设监理的内涵有哪些?

2)工程建设监理的性质有哪些?

3)工程建设监理的目标是什么?

4)工程建设监理的任务是什么?

5)工程建设监理的内容有哪些?

6)工程建设监理的依据有哪些?

7)工程建设监理的工作方法有哪些?

8)工程建设监理的工作制度有哪些?

4. 工程建设监理的总目标就是力求在计划的质量、投资和进度目标内实现建设项目的总目标;工程建设监理的中心任务就是控制工程项目目标,也就是控制合同所确定的质量、投资和进度目标。

问题:

1)工程建设项目质量、进度、投资三大控制目标的关系是怎样的?

2)如何实施对工程质量、进度、投资三大目标的有效控制?

3)在处理工程质量、进度、投资三大控制目标的关系时,应注意哪些事项?

5.建设监理单位是我国推行建设监理制度之后兴起的一种企业。它的主要职责是向工程项目法人提供高质量、高智能的技术服务,受项目法人委托对建设项目的质量、进度和投资依据合同进行监督管理。

问题:

1)监理单位的的市场地位是怎样的?

2)水利工程建设监理单位资质专业和等级是如何划分的?

3)监理单位从事工程建设监理活动,应当遵循的基本准则是什么?

4)水利工程建设监理单位各专业资质等级可以承担的业务范围是怎样的?

6.组织是指为了使系统达到特定的目标,使全体参加者经分工与协作以及设置不同层次的权力和责任制度而构成的一种人的组合体。组织构成受多种因素的制约,最主要的有管理层次、管理跨度、管理部门、管理职能。各因素之间相互联系、相互制约。

问题:

1)项目监理组织设计的基本原则有哪些?

2)项目监理组织活动的基本原理有哪些?

3)建立项目监理组织的步骤包括哪些?

4)目前常用的项目监理组织形式有哪些?

任务四 案例分析

1. 某水利工程包括水库工程和供水渠系工程两大部分，投资概算分别为13亿元和19亿元。水库工程包括大坝、电站厂房、溢洪道等工程，其布置相对集中，采用了施工总承包的模式;供水渠系工程沿线60 km布置，包括隧洞、明渠、混凝土渡槽等工程，采用了分段发包的模式。业主选择了建华和宏达两家监理公司分别对水库工程与渠系工程实行监理。

问题:

1)项目监理机构建立的步骤如何?监理机构的基本组织形式有哪些?

2)请分别为两个监理机构设计组织形式，画出框图，并简要说明理由。

2. 某工程监理合同签订后，监理单位负责人对该项目监理工作提出以下五点要求：

(1)监理合同签订后的30天内应将项目监理机构的组织形式、人员构成及总监理工程师的任命书面通知建设单位；

(2)监理规划的编制要依据建设工程的相关法律、法规，项目审批文件，有关建设工程项目的标准、设计文件、技术资料，监理大纲，委托监理合同文件和施工组织设计；

(3)监理规划中不需编制有关安全生产监理的内容，但需针对危险性较大的分部分项工程编制监理实施细则；

(4)总监理工程师代表应在第一次工地会议上介绍监理规划的主要内容，如建设单位未提出意见，该监理规划经总监理工程师批准后可直接报送建设单位；

(5)如建设单位设计方案有重大修改，施工组织设计、方案等发生变化，总监理工程师代表应及时主持修订监理规划的内容，并组织修订相应的监理实施细则。

总监理工程师提出了建立项目监理组织机构的步骤(见图1-4)，并委托给总监理工程师代表以下工作：

(1)确定项目监理机构人员岗位职责，主持编制监理规划；

(2)签发工程款支付证书，调解建设单位与承包单位的合同争议。

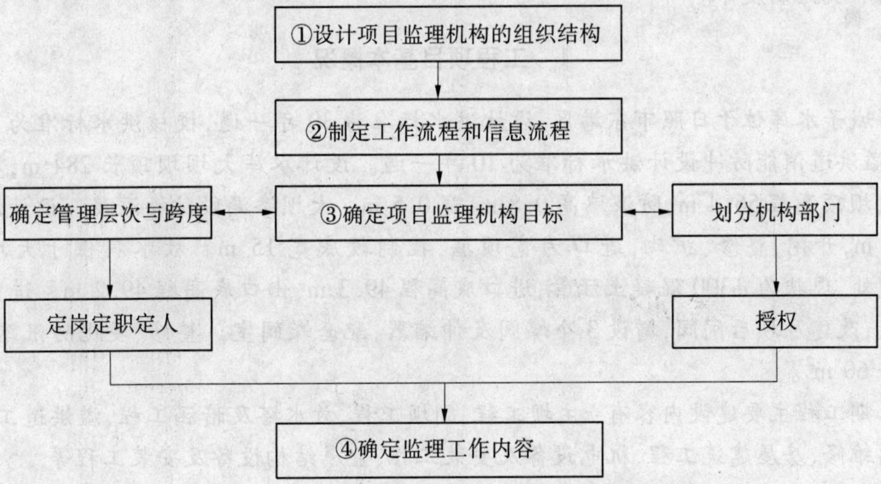

图1-4 建立项目监理组织机构步骤框图

问题：

1)指出监理单位负责人所提要求中的不妥之处，写出正确做法。

2)写出图1-4中①~④项工作的正确步骤。

3)指出总监理工程师委托总监理工程师代表工作的不妥之处,写出正确做法。

任务五 实际操作训练

1.请根据下列基本资料建立日照市东港区罗城子水库除险加固工程项目监理机构组织,主要内容包括:监理组织、监理工作基本程序、监理工作主要方法和主要制度、监理人员守则和奖惩制度等。

1 工程项目基本概况

罗城子水库位于日照市东港区,设计洪水标准为30年一遇,校核洪水标准为300年一遇;溢洪道消能防冲设计洪水标准为10年一遇。设计水库大坝坝顶长284 m,坝顶宽5.0 m,坝顶高程56.4 m,防浪墙高0.8 m,宽0.5 m。大坝渗漏段防渗灌浆。设计溢洪道长134 m,开挖、整修、护砌,进口为宽顶堰,控制段底宽15 m。放水洞位于大坝桩号0+247处,现状为ϕ300混凝土涵管,进口底高程49.3 m,出口底高程49.2 m。进出口维修改造,改建原坝后闸阀,增设3个蝶阀及伸缩器,配套蝶阀室。整修、硬化防汛路,新建管理房60 m^2。

本期工程主要建设内容有:主坝工程、副坝工程、放水塔及暗涵工程、溢洪道工程、防汛道路维修、房屋建筑工程、机电设备及安装工程、金属结构设备及安装工程等。

2 工程项目主要目标

2.1 工程项目总投资及组成

总投资××××万元,中标合同价××××万元。

2.2 工期目标

2012年4月20日开工,2012年7月20日完工,施工总工期90日历天。

2.3 质量目标

工程施工质量达到合格。

3 工程项目组织

工程项目组织见表1-3。

表1-3　罗城子水库除险加固工程项目组织

序号	工程项目组织机构	单位名称	工程负责人	
			姓名	职务
1	发包人	日照市东港区水利局	×××	×××
			×××	×××
2	设计单位	日照水利勘测设计院有限公司	×××	×××
3	承包人	临沂水利工程处	×××	×××
4	监理单位	×××建设监理有限公司	×××	×××

4　监理工程范围和内容

4.1　监理工程范围

按照监理合同,承担日照市东港区罗城子水库除险加固工程施工阶段监理。

4.2　监理工作内容

(1)协助发包人进行工程招标和签订工程建设合同。

(2)全面管理工程建设合同,就承包人选择的分包单位资格进行审查批准。

(3)督促发包人按工程建设合同的规定,落实必须提供的施工条件,检查工程承包人的开工准备工作,并在检查与审查合格后签发工程开工令。

(4)审批承包人提交的施工组织设计、施工进度计划、施工技术措施、作业规程、工艺试验成果、临建工程设计以及使用的原材料等。

(5)签发补充设计文件、技术规范等,答复承包人提出的建议和意见。

(6)工程进度控制:根据工程建设合同总进度计划,编制控制性进度目标和年度施工计划,审查批准承包人提出的施工进度计划并检查其实施情况。督促承包人采取确实措施,实现合同的工期目标要求。当实施进度发生较大偏差时,及时向发包人提出调整控制性进度计划的建议、意见,经发包人批准后,完成进度计划的调整。

(7)施工质量控制:审查承包人的质量保证体系和措施,核实质量文件;依据工程建设合同文件、设计文件、技术标准,对施工的全过程进行检查,对重要工程部位和主要工序进行跟踪监督。以单元工程为基础,按水利部《水利水电基本建设工程单元工程质量等级评定标准》和《水利水电工程施工质量评定规程》的要求,对承包人评定的工程质量等级进行复核。

(8)工程投资控制:协助发包人编制投资控制目标;审查承包人提交的资金流动计划;审核承包人完成的工程量和单价费用,并签发计量和支付凭证;受理索赔申请,进行索赔调查和谈判,并提出处理意见;处理工程变更,下达工程变更令。

(9)施工安全监督:检查施工安全措施、劳动防护和环境保护措施,并提出建议;检查防洪度汛措施并提出建议;参加重大的安全事故调查。

(10)主持监理合同授权范围内工程建设各方的协调工作,编制施工协调会议纪要。

(11)协助发包人按国家规定进行工程各阶段验收及竣工验收,审查设计单位和承包人编制的竣工图纸与资料。

(12)信息管理:做好施工现场记录与信息反馈;按照监理合同附件的要求编制监理

月报、年报；按期整编工程资料和工程档案，做好文、录、表、单的日常管理，并在期限届满时移交发包人。

(13)其他相关工作。

5 监理主要依据

(1)国家和部门颁布的有关法律、法规。

(2)现行工程建设技术标准。

(3)已批准的设计文件。

(4)招标、投标文件。

(5)委托监理合同。

(6)施工承包合同。

(7)承包人报批的施工组织设计和施工进度计划等技术文件。

主要法律、法规、技术标准见表1-4。

表1-4 主要法律、法规、技术标准

序号	名称	文号	备注
1	中华人民共和国建筑法		
2	中华人民共和国合同法		
3	中华人民共和国招标投标法		
4	建设工程质量管理条例		
5	建设工程安全生产管理条例		
6	工程建设标准强制性条文 房屋建筑部分		
7	工程建设标准强制性条文 水利工程部分		
8	通用硅酸盐水泥	GB 175—2007	
9	混凝土强度检验评定标准	GB/T 50107—2010	
10	建筑边坡工程技术规范	GB 50330—2002	
11	建设工程文件归档整理规范	GB/T 50328—2001	
12	建设工程施工现场供用电安全规范	GB 50194—93	
13	建筑机械使用安全技术规程	JGJ 33—2012	
14	建筑基坑支护技术规程	JGJ 120—2012	
15	建筑施工安全检查标准	JGJ 59—2011	
16	建筑施工扣件式钢管脚手架安全技术规范	JGJ 130—2011	
17	普通混凝土配合比设计规程	JGJ 55—2011	
18	砌体结构工程施工质量验收规范	GB 50203—2011	
19	砌体工程现场检测技术标准	GB/T 50315—2011	
20	水电水利工程工程量计算规定	DL/T 5088—1999	
21	水电水利工程施工安全防护设施技术规范	DL 5162—2002	
22	水工混凝土试验规程	SL 352—2006	
23	水利工程建设项目施工监理规范	SL 288—2003	
24	水利水电工程等级划分及洪水标准	SL 252—2000	
25	水利水电工程施工测量规范	DL/T 5173—2012	
26	水利水电工程施工质量检验与评定规程	SL 176—2007	
27	水利水电工程施工组织设计规范	SL 303—2004	
28	水利水电建设工程验收规程	SL 223—2008	

注：表中未列出的，按国家和行业现行有关法律、法规、规章和技术标准执行。

2. 请根据下列基本资料建立日照市莒县2012年度农村饮水安全工程项目监理机构组织，主要内容包括：项目监理机构的组织形式、项目监理机构的人员配备计划、项目监理机构人员岗位职责、监理工作基本程序、监理工作制度、监理设施等。

1　工程概况

1.1　项目名称：莒县2012年度农村饮水安全工程。

1.2　项目建设地址：莒县东莞镇、刘官庄镇、桑庄镇3个水厂。

1.3　参建单位

建设单位：莒县水利局。

施工企业：莒县兴源水务有限公司。

监理单位：×××建设监理有限公司。

2　监理工作范围

本项目的监理工作范围，以监理合同约定的监理工作范围为准，主要包括：

2.1　监理项目名称：莒县2012年度农村饮水安全工程施工。

2.2　监理项目内容及主要特性参数：蓄水池、配电室、水泵、管道埋设、净水车间、其他附属建筑物。

2.3　监理阶段

从开工准备到工程竣工（包括保修期1年）工程施工全过程的工程质量控制、工程进度控制、工程造价控制、合同管理、组织协调、安全文明施工及保修阶段监理回访服务。

2.4　质量标准：工程质量要求符合国家和省相关工程规范合格标准。

3　监理工作内容

监理工作内容以《水利工程建设项目施工监理规范》（SL 288—2003）所规定的监理工作内容为准，并结合建设单位对监理服务范围的具体要求。本项目的监理工作内容如下。

3.1　设计方面

3.1.1　组织图纸会审和设计交底。

3.1.2　及时向施工企业签发设计文件，发现问题及时向建设单位报告。

3.1.3　协助建设单位会同设计单位对重大技术问题和优化设计进行专题讨论。

3.1.4　审核施工企业对设计文件的意见和建议，会同设计单位进行研究，并督促设计单位尽快给予答复。

3.1.5　代表建设单位审核按工程建设合同文件规定应由施工企业提交的设计文件。

3.1.6　保管所有设计文件及过程资料。

3.2　施工方面

3.2.1　协助建设单位进行工程招标和签订工程建设合同。

3.2.2　全面管理工程建设合同，就施工企业选择的分包单位资格进行审查批准。

3.2.3　督促建设单位按工程建设合同的规定，落实必须提供的施工条件，检查工程施工企业的开工准备工作，并在检查与审查合格后签发工程开工令。

3.2.4　审批施工企业提交的施工组织设计、施工进度计划、施工技术措施、作业规程、工艺试验成果、临建工程设计以及使用的原材料等。

3.2.5　答复工程施工企业提出的建议和意见。

3.2.6　工程进度控制：根据工程建设合同总进度计划，编制控制性进度目标和年度施工计划，审查批准施工企业提出的施工进度计划并检查其实施情况。督促施工企业采取确实措施，实现合同的工期目标要求。当实施进度发生较大偏差时，及时向建设单位提出调整控制性进度计划的建议、意见，经建设单位批准后，完成进度计划的调整。

3.2.7　施工质量控制：审查施工企业的质量保证体系和措施，核实质量文件；依据工程建设合同文件、设计文件、技术标准，对施工的全过程进行检查，对重要工程部位和主要工序进行跟踪监督；对隐蔽工程的隐蔽过程、下道工序施工完成后难以检查的重点部位，专业监理工程师要安排监理员进行旁站。以单元工程为基础，按水利部《水利水电基本建设工程单元工程质量等级评定标准》和《水利水电工程施工质量评定规程》的要求，对施工企业评定的工程质量等级进行复核。

3.2.8　工程投资控制：协助建设单位编制投资控制目标和分年度投资计划；审查施工企业提交的资金流动计划；审核施工企业完成的工程量和单价费用，并签发计量和支付凭证；受理索赔申请，进行索赔调查和谈判，并提出处理意见；处理工程变更，下达工程变更令。

3.2.9　施工安全监督：检查施工安全措施、劳动防护和环境保护措施，并提出建议；检查防洪度汛措施并提出建议；参加重大的安全事故调查。

3.2.10　主持监理合同授权范围内工程建设各方的协调工作，编制施工协调会议纪要。

3.2.11　协助建设单位按国家规定进行工程各阶段验收及竣工验收，审查设计单位和施工企业编制的竣工图纸与资料。

3.2.12　信息管理：做好施工现场记录与信息反馈；按照监理合同附件的要求编制监理月报、年报；按期整编工程资料和工程档案，做好文、录、表、单的日常管理，并在期限届满时移交建设单位。

3.2.13　其他相关工作。

3.3　监理机构应向建设单位提供的信息和文件

3.3.1　监理月报（定期的信息文件）。

3.3.2　监理工作报告。

3.3.3　关于工程优化设计、工程变更的建议。

3.3.4　投资情况分析预测及资金、资源的合理配置和投入的建议。

3.3.5　工程进度预测分析报告。

3.3.6　日常监理文件。

3.3.7　监理日记及大事记。

3.3.8　施工计划批复文件。

3.3.9　施工措施批复文件。

3.3.10　施工进度调整批复文件。

3.3.11　原材料质量检验文件。

3.3.12　成品、半成品质量检验文件。

3.3.13　进度款支付确认文件。

3.3.14　索赔受理、调查及处理文件。

3.3.15　监理协调会议纪要文件。

3.3.16　其他监理业务往来文件,包括监理备忘录、监理通知单、停工令、复工批准文件等。

4　监理工作目标

本项目监理工作主要通过对工程的“三控制、三管理、一协调”达到施工合同中所规定的进度、投资、质量目标。

投资目标:以合同价作为控制的依据,确保工程投资不突破合同价款。

进度目标:按投标文件及承包合同的要求,确保在合同工期内完工。

质量目标:满足使用功能,达到设计要求,符合国家规范标准,施工质量等级确保合格,争取达到优良。

5　监理工作依据

(1)项目批文。

(2)业主与监理单位、业主与施工企业签订的正式合同。

(3)《建设工程质量管理条例》(国务院令第279号)。

(4)《水利工程建设项目施工监理规范》(SL 288—2003)。

(5)经监理机构签发实施的设计文件(含设计变更)。

(6)《水利水电工程施工组织设计规范》(SL 303—2004)。

(7)《水利工程工程量清单计价规范》(GB 50501—2007)。

(8)《水利水电工程施工质量检验与评定规程》(SL 176—2007)。

(9)《水利水电基本建设工程单元工程质量等级评定标准》(DL/T 5113.1—2005)。

(10)《水利水电建设工程验收规程》(SL 223—2008)。

(11)《水利水电质量检验评定标准》(JTJ 071—1998)。

(12)《水利水电工程施工测量规范》(DL/T 5173—2012)。

(13)《建筑地基基础工程施工质量验收规范》(GB 50202—2002)。

(14)《砌体结构工程施工质量验收规范》(GB 50203—2011)。

(15)《混凝土结构工程施工质量验收规范》(GB 50204—2002)(2011年版)。

(16)《通用硅酸盐水泥》(GB 175—2007)。

(17)《水利水电工程金属结构与机电设备安装安全技术规程》(SL 400—2007)。

(18)《水利水电工程启闭机制造、安装及验收规范》(SL 381—2007)。

(19)《水工金属结构制造安装及验收规程》(SDJ 201—80)。

(20)《土工试验规程》(SL 237—1999)。

(21)《水工混凝土施工规范》(DL/T 5144—2001)。

(22)《水工混凝土试验规程》(SL 352—2006)。
(23)《水闸施工规范》(SL 27—91)。
(24)《钢筋焊接及验收规范》(JGJ 18—1996)。
(25)《普通混凝土用沙、石质量及检验方法标准》(JGJ 52—2006)。
(26)《浆砌石坝设计规范》(SL 25—2006)。
(27)《水利水电工程天然建筑材料勘察规程》(SL 251—2000)。
(28)《碾压式土石坝施工技术规范》(DL/T 5129—2001)。
(29)《水利工程建设项目验收管理规定》(水利部令第30号)。
(30)《水利水电工程施工通用安全技术规程》(SL 398—2007)。
(31)《爆破安全规程》(GB 6722—2003)。
(32)《生活饮用水卫生标准》(GB 5749—2006)。
(33)《水环境监测规范》(SL 219—1998)。
(34)《水土保持监测规程》(SL 277—2002)。
(35)《水土保持综合治理验收规范》(GB/T 15773—1995)。
(36)《灌溉与排水工程设计规范》(GB 50288—1999)。
(37)《节水灌溉工程技术规范》(GB/T 50363—2006)。
(38)《农田低压管道输水灌溉工程技术规范》(GB/T 20203—2006)。
(39)《微灌工程技术规范》(GB/T 50485—2009)。
(40)《供水管井技术规范》(GB 50296—1999)。
(41)《机井技术规范》(SL 256—2000)。
(42)《渠道防渗工程技术规范》(SL 18—2004)。
(43)《泵站安装及验收规范》(SL 317—2004)。
(44)《压缩机、风机、泵安装工程施工及验收规范》(GB 50275—1998)。
(45)《公路水泥混凝土路面设计规范》(JTG D40—2011)。
(46)《水泥混凝土路面施工及验收规范》(GBJ 97—87)。
(47)《公路工程质量检验评定标准》(JTJ 071—1998)。
(48)《公路路基路面现场测试规程》(JTG E60—2008)。
(49)《公路工程水泥及水泥混凝土试验规程》(JTG E30—2005)。
(50)《公路土工试验规程》(JTG E40—2007)。
(51)《公路工程施工监理规范》(JTG G10—2006)。
(52)《工程建设标准强制性条文　水利工程部分》。

参考答案

一、单项选择题

1. A　2. B　3. D　4. B　5. D　6. B　7. B　8. C　9. C　10. B　11. C　12. D　13. A

14. A 15. C 16. D 17. B 18. D 19. A 20. B 21. B 22. D 23. C 24. C 25. C 26. A 27. C 28. D 29. B 30. D 31. C 32. B

二、多项选择题

1. BDE 2. ABD 3. BCDE 4. BD 5. ABD 6. ADE 7. AB 8. ADE 9. BCDE 10. BCDE 11. BCDE 12. ABCD 13. ACDE 14. ABDE 15. ABDE 16. BCE 17. ACE 18. ACDE

三、问答题

1. 答:

1)建设程序是指建设项目从设想、规划、评估、决策、设计、施工到竣工验收、投入生产整个建设过程中,各项工作必须遵循的先后次序的法则。

2)水利工程项目的基本建设程序为:根据资源条件和国民经济长远发展规划,进行流域或河段规划,提出项目建议书;进行可行性研究和项目评估,编制可行性研究报告;可行性研究报告批准后,进行初步设计;初步设计经过审批,项目列入国家基本建设年度计划;进行施工准备和设备订货;开工报告批准后正式施工;建成后进行验收投产;生产运行一定时间后,对建设项目进行后评价。

水利工程项目的基本建设程序如图1-1所示。

2. 答:

1)提升水利工程质量坚持的基本原则:坚持以人为本,把以人为本作为质量管理工作的价值导向,不断提高水利工程质量水平,更好地保障和改善民生;坚持安全为先,把安全为先作为质量管理工作的基本要求,强化水利工程质量安全监管,切实保障广大人民群众的生命财产安全;坚持诚信守法,把诚信守法作为质量管理工作的重要基石,完善水利工程质量诚信体系,营造诚实守信、公平竞争、优胜劣汰的市场环境;坚持夯实基础,把夯实基础作为质量管理工作的保障条件,加快水利工程质量法规制度和技术标准建设,加强质量管理人才培养,不断完善有利于质量管理的体制机制;坚持创新驱动,把创新驱动作为质量管理工作的强大动力,加快水利工程建设技术进步,增强创新能力,推动质量管理工作全面、协调、可持续发展。

2)提升水利工程质量的工作目标:到2015年,水利工程质量整体水平保持稳中有升,重点骨干工程的耐久性、安全性、可靠性普遍增强;水利工程质量通病治理取得显著成效;大中型水利工程项目一次验收合格率达到100%,其他水利工程项目一次验收合格率达到98%以上,人民群众对水利工程质量(特别是民生水利工程质量)满意度明显提高,水利工程质量投诉率显著下降,水利工程质量技术创新能力明显增强。到2020年,水利工程质量水平全面提升,国家重点水利工程质量达到国际先进水平,人民群众对水利工程质量满意度显著提高。

3)提升水利工程质量的内容与措施:

(1)加强质量管理:完善质量管理体制、加强项目法人管理、加强勘察设计管理、加强施工管理、加强工程监理、加强质量检测、加强质量评定和验收管理、加强工程档案管理、完善质量保修制度、加强工程运行管理。

(2)落实质量责任:落实从业单位质量主体责任、落实从业单位领导人责任、落实从业人员责任、落实质量终身责任制。

(3)加强监督管理:加快质量法治建设、加强政府监督管理、加强质量风险管理、推进质量诚信体系建设、严厉打击质量违法行为、开展水利工程质量管理年活动。

(4)夯实质量基础:健全技术标准体系、推进信息化建设、加强质量文化建设、鼓励质量技术创新、建立质量激励机制。

(5)加强队伍建设:加强质量监督机构能力建设、加强专业技术执业人员能力建设、加强一线人员质量教育培训。

(6)加强组织实施:强化组织领导、完善配套政策、狠抓工作落实、强化检查考核。

3. 答:

1)工程建设监理的内涵:①针对工程项目建设实施的监督管理。②行为主体是监理单位。③需要项目法人委托和授权。④有明确依据的工程建设行为。⑤现阶段工程建设监理主要发生在建设实施阶段。⑥微观性质的监督管理活动。

2)工程建设监理的性质:服务性、科学性、独立性、公正性。

3)工程建设监理的目标:总目标就是力求在计划的质量、投资和进度目标内实现建设项目的总目标;阶段目标就是力求实现各阶段建设项目的目标。

4)工程建设监理的任务:中心任务就是控制工程项目目标,也就是控制合同所确定的质量、投资和进度目标;具体任务是指建设各阶段的任务。

5)工程建设监理的内容:主要是对建设项目进行质量控制、投资控制、进度控制、合同管理、信息管理、安全管理、组织协调等,简称为"三控制、三管理、一协调"。其中,质量控制和安全管理是前提,投资控制是保障,进度控制是关键,合同管理是中心,信息管理是手段,组织协调是保证。

6)工程建设监理的依据:①国家和水利部有关工程建设的法律、法规、规章和政策。②水利行业及相关行业工程建设有关技术标准、规范、规程及强制性条文。③政府建设主管部门批准的建设文件、设计文件及其他相关文件。④监理合同、施工合同等合同文件等。

7)工程建设监理的工作方法:现场记录、发布文件、旁站监理、巡视检验、跟踪检测、平行检测、组织协调等。

8)工程建设监理的工作制度:①技术文件审核、审批制度。②原材料、构配件和工程设备检验制度。③工程质量检验制度。④工程计量付款签证制度。⑤会议制度。⑥施工现场紧急情况报告制度。⑦监理工作报告制度。⑧工程验收制度。

4. 答:

1)工程建设项目质量、进度、投资三大控制目标的关系:工程建设项目质量、进度、投资三大目标是相互制约、相互影响的对立统一体。例如投资与进度的关系,加快进度往往要花很多钱,而加快进度提早投产就可能增加收入,提高投资效益。又如进度与质量的关系,加快进度有可能影响质量,而质量控制严格,不返工,进度则会加快。投资与质量的关系也是这样,提高质量可能要增加投资,而质量控制严了,可以减少经常的维护费用,提高投资效益。所以,工程建设项目的三大目标是相辅相成、相互关联的,任何一个目标发生变化,都必将影响其他两个目标。

2)实施对工程质量、进度、投资三大目标的有效控制:在对工程建设项目的一个目标实施控制的同时,应兼顾到其他两个目标,以维持建设项目目标体系的整体平衡。良好的建设项目管理任务,就是要通过合理的组织、协调、控制和管理,达到质量、进度、投资整体最佳组合的目标。

3)在处理工程质量、进度、投资三大控制目标的关系时,应注意的事项:①必须坚持"质量第一"的观点。②应注意坚持合理的、必要的质量,而不是苛求质量。③在掌握质量标准时,应注意具体情况具体分析。

5.答:

1)监理单位的市场地位:

(1)监理单位是建设市场的三大主体之一。项目法人、承包人、监理单位是建设市场的三大行为主体。对建设市场而言,项目法人和承包人(包括工程建设的勘察、设计、施工、建筑构配件制造等单位)是买卖的双方;而监理单位是介于项目法人和承包人之间的第三方,是为促进建设市场中交易活动顺利进行而开展服务的。

(2)监理单位与项目法人的关系。①项目法人与监理单位之间是法律地位平等的关系;②项目法人与监理单位之间是委托与被委托、授权与被授权的关系,更是相互依存、相互促进、共兴共荣的紧密关系;③项目法人与监理单位之间是合同关系。

(3)监理单位与承包人的关系。①监理单位与承包人之间是法律地位平等的关系;②监理单位与承包人之间是监理与被监理的关系。

2)水利工程建设监理单位资质专业和等级:水利工程建设监理单位专业资质等级分为水利工程施工监理、水土保持工程施工监理、机电及金属结构设备制造监理和水利工程建设环境保护监理四个专业。其中,水利工程施工监理专业资质和水土保持工程施工监理专业资质分为甲级、乙级和丙级三个等级,机电及金属结构设备制造监理专业资质分为甲级、乙级两个等级,水利工程建设环境保护监理专业资质暂不分级。

3)监理单位从事工程建设监理活动,应当遵循的基本准则:守法、诚信、公正、科学。

4)水利工程建设监理单位各专业资质等级可以承担的业务范围:

(1)水利工程施工监理专业资质。①甲级可以承担各等级水利工程的施工监理业务;②乙级可以承担Ⅱ等(堤防2级)以下各等级水利工程的施工监理业务;③丙级可以承担Ⅲ等(堤防3级)以下各等级水利工程的施工监理业务。水利工程等级划分标准按照《水利水电工程等级划分及洪水标准》(SL 252—2000)执行。

(2)水土保持工程施工监理专业资质。①甲级可以承担各等级水土保持工程的施工监理业务;②乙级可以承担Ⅱ等以下各等级水土保持工程的施工监理业务;③丙级可以承担Ⅲ等水土保持工程的施工监理业务。同时具备水利工程施工监理专业资质和乙级以上水土保持工程施工监理专业资质的,方可承担淤地坝中的骨干坝施工监理业务。

(3)机电及金属结构设备制造监理专业资质。①甲级可以承担水利工程中的各类型机电及金属结构设备制造监理业务;②乙级可以承担水利工程中的中小型机电及金属结构设备制造监理业务。

(4)水利工程建设环境保护监理专业资质，可以承担各类各等级水利工程建设环境保护监理业务。

6.答：

1)项目监理组织设计的基本原则：集权与分权统一的原则、专业分工与协作统一的原则、管理跨度与管理层次统一的原则、权责一致的原则、才职相称的原则、经济效率原则、弹性原则。

2)项目监理组织活动的基本原理：要素有用性原理、动态相关性原理、主观能动性原理、规律效应性原理。

3)建立项目监理组织的步骤：①确定建设监理目标。②确定监理工作内容。③设计监理组织结构。④制定监理工作流程与信息流程。

4)目前常用的项目监理组织形式：直线制监理组织、职能制监理组织、直线职能制监理组织、矩阵制监理组织。

四、案例分析

1.答：

1)项目监理机构建立的步骤：

(1)确定建设监理目标。建设监理目标是项目监理组织设立的前提，应根据工程建设监理合同中确定的监理目标，明确划分为具体的分目标。

(2)确定监理工作内容。

(3)设计监理组织结构。

①确定监理组织结构形式。监理组织结构形式的选择应考虑有利于项目合同管理，有利于目标控制，有利于决策指挥，有利于信息沟通。

②合理确定管理层次。一般应有决策层、中间控制层(协调层和执行层)、作业层(操作层)三个层次。

③制定岗位职责。

④选派监理人员。

(4)制定监理工作流程与信息流程。

监理机构的基本组织形式：

目前，常用的项目监理机构的基本组织形式有直线制监理组织、职能制监理组织、直线职能制监理组织和矩阵制监理组织四种。

2)水库工程监理机构组织形式：直线职能制。

框图：(略，自己设计)

理由：因水库工程技术上较为复杂、工程较为集中，有必要设置专业监理工程师进行把关、协调。

渠系工程监理机构组织形式：直线制。

框图：(略，自己设计)

理由：因渠系工程技术相对简单，而工程呈线状分布，每个合同相对独立，按合同建立监理组,开展监理活动,这样相对方便。

2. 答:

1) 不妥之处及正确做法:

(1)30 天内不妥,应在 10 天内。

(2)施工组织设计作为监理规划编制依据不妥,应将有关建设工程合同文件作为编制依据。

(3)监理规划中不需编制有关安全生产监理的内容不妥,在监理规划中应编制安全生产监理的相关内容。

(4)①监理规划经总监理工程师批准后直接报送不妥,应经监理单位技术负责人审核批准后报送;②监理规划在第一次工地会议后提交建设单位不妥,应在第一次工地会议前提交。

(5)修订监理规划由总监理工程师代表主持不妥,应由总监理工程师主持。

2)正确步骤:

确定项目监理机构目标→确定监理工作内容→设计项目监理机构的组织结构→制定工作流程和信息流程(或:③→④→①→②)。

3)不妥之处及正确做法:

(1)主持编制监理规划不妥,应由总监理工程师主持编制监理规划。

(2)签发工程款支付证书、调解建设单位与承包单位的合同争议不妥,应由总监理工程师签发、调解。

五、实际操作训练

1. 日照市东港区罗城子水库除险加固工程项目监理机构组织:

1 监理组织

1.1 监理机构组织形式

根据日照市东港区罗城子水库除险加固工程的特点和具体情况,日照市东港区罗城子水库除险加固工程项目监理部采取直线职能制的组织形式。本工程项目监理机构设总监理工程师一名,下设现场监理组、安全监督组,与之配套的还有公司总部设置的技术部、资料室等辅助部门。监理机构组织框图如图 1-5 所示。

1.2 部门职责分工

1.2.1 现场项目监理部

现场项目监理部实行总监理工程师(以下简称总监)负责制,全面负责履行委托监理合同。下设的各专业监理组在总监理工程师的指导下开展监理工作。

(1)现场监理工程师常驻施工现场,现场监理人员在总监主持编写的监理规划指导下,严格按照规程、规范和技术文件的要求,对工程项目进行监理。

(2)对授权的工程承包合同进行全面的监督与管理。当出现危及生命、财产和工程安全的紧急事件时,可不受承包合同的限制,向承包人下达指令,以尽快解除不安全因素和减少损失。如果上述情况不应由承包人负责,应同时提出对承包人补偿的建议,并应及

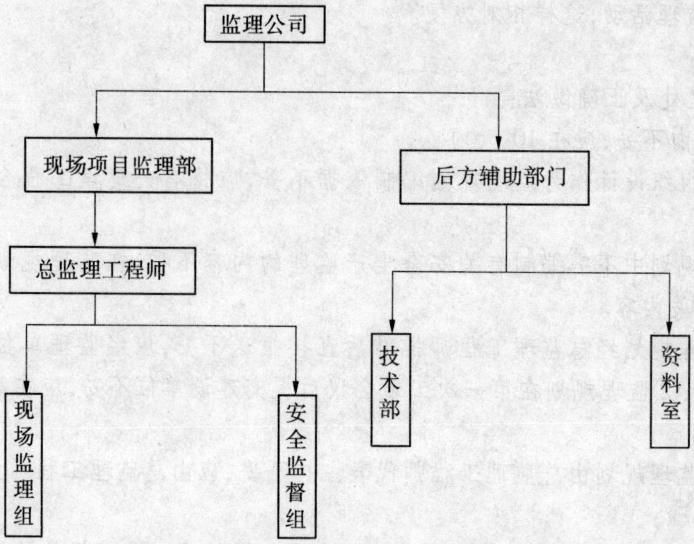

图1-5 日照市东港区罗城子水库除险加固工程项目监理机构组织框图

时报告总监。

(3)组织设计单位对承包人进行技术交底,审核施工图纸,审查设计修改通知,报总监签发。

(4)依照合同文件,组织审查承包人提出的施工组织设计或施工措施设计、设备材料和资金计划,报总监签发。

(5)监督承包人按合同文件及有关技术规范、标准和设计图纸进行施工,监督施工程序和施工进度。

(6)组织审查承包人使用的材料和工艺试验报告,并进行合格签证。施工过程中,组织监督承包人的检验测试和监测工作。按照合同和技术规范、标准,指示承包人进行取样送检,必要时可随时进行抽查。

(7)审批承包人的月进度报告,包括完成的工程项目、实物工程量,工程形象、设备使用量、材料消耗、劳力使用量、管理人员出勤情况等,并向总监提交月进度报告。

(8)审核承包人的月进度支付申请,包括完成工程量计算、核定单价、预付款的支付和扣还、物价浮动、滞留金扣除与归还、计日工计算、附加工程费计算、补偿与索赔费用计算等,并草拟月进度付款凭证与各工程项目的质量评价,呈总监签发,办理支付。

(9)审批承包人发来的信函,对于重大问题,应提出处理意见,并草拟答复信函,报总监审查签发。

(10)签发工地指示。涉及改变工期与费用时,事先与项目法人协商。

(11)组织索赔调查,向总监提出索赔报告。

(12)组织调查工程延期责任和补救措施、工程缺陷责任和补救措施,与承包人协商后提出处理报告,经总监签署意见,报项目法人批准实施。

(13)主持生产协调会,联系、协调有关的各种关系和事项,参加承包人有关的生产和安全会议。

(14)签署各单项工程开工通知、停工或复工指令,收集各项记录资料,做好汇总分析工作。

(15)组织各单项工程批复及竣工验收,提出验收报告,草拟工程竣工验收凭证;组织工程维护期终止验收,提出验收报告,草拟工程缺陷责任凭证,组织编写项目施工大事记。

(16)现场监理组必须配合结算审核组完成合同外工程量审核签证,核实月进度完成工程量及竣工结算工程量的复核;配合试验组对施工原材料、半成品、成品进行现场取样抽检、测试,提供试件、样品等;配合资料室工作,提供现场有关月报、记录、通知、纪要、竣工验收必备图纸资料等。

1.2.2　后方辅助部门

由公司总部设置的辅助机构,主要职责是辅助现场项目监理部工作。

1.2.2.1　技术部

审查监理规划及主要监理工作文件,派驻及调整现场监理人员,检查项目部的监理工作,审核竣工结算。协助、指导总监解决施工监理过程中出现的各种专业技术难题。

1.2.2.2　资料室

负责公司的文件档案管理工作,为项目监理部提供必要的监理技术标准及监理资料,指导项目监理部的监理资料整理及归档工作。

1.3　主要监理人员的配置和岗位职责

1.3.1　主要监理人员的配置

日照市东港区罗城子水库除险加固工程监理人员配置有总监、专业监理工程师及监理员。

1.3.2　总监的职责和权限

(1)主持编制监理规划,制定监理机构规章制度,审批监理实施细则,签发监理机构的文件。

(2)确定监理机构各部门职责分工及各级监理人员职责权限,协调监理机构内部工作。

(3)指导监理工程师开展工作。负责本监理机构中监理人员的工作考核,调换不称职的监理人员;根据工程建设进展情况,调整监理人员。

(4)主持审核承包人提出的分包项目和分包人,报发包人批准。

(5)审批承包人提交的施工组织设计、施工措施计划、施工进度计划和资金流计划。

(6)组织或授权监理工程师组织设计交底,签发施工图纸。

(7)主持第一次工地会议,主持或授权监理工程师主持监理例会和监理专题会议。

(8)签发进场通知、合同项目开工令、分部工程开工通知、暂停施工通知和复工通知等重要监理文件。

(9)组织审核付款申请,签发各类付款证书。

(10)主持处理合同违约、变更和索赔等事宜,签发变更和索赔的有关文件。

(11)主持施工合同实施中的协调工作,调解合同争议,必要时对施工合同条款做出解释。

(12)要求承包人撤换不称职或不宜在本工程工作的现场施工人员或技术、管理人员。

(13)审核质量保证体系文件并监督其实施,审批工程质量缺陷的处理方案,参与或协助发包人组织处理工程质量及安全事故。

(14)组织或协助发包人组织工程项目的分部工程验收、单位工程完工验收、合同项目完工验收，参加阶段验收、单位工程投入使用验收和工程竣工验收。

(15)签发工程移交证书和保修责任终止证书。

(16)检查监理日志，组织编写并签发监理月报、监理专题报告、监理工作报告，组织整理监理合同文件和档案资料。

1.3.3 监理工程师的职责和权限

(1)参与编制监理规划，编制监理实施细则。

(2)预审承包人提出的分包项目和分包人。

(3)预审承包人提交的施工组织设计、施工措施计划、施工进度计划和资金流计划。

(4)预审或经授权签发施工图纸。

(5)核查进场材料、构配件、工程设备的原始凭证、检测报告等质量证明文件及其质量情况。

(6)审批分部工程开工申请报告。

(7)协助总监协调参建各方之间的工作关系，按照职责权限处理施工现场发生的有关问题，签发一般监理文件。

(8)检验工程的施工质量，并予以确认或否认。

(9)审核工程计量的数据和原始凭证，确认工程计量结果。

(10)预审各类付款证书。

(11)提出变更、索赔及质量和安全事故处理等方面的初步意见。

(12)按照职责权限参与工程的质量评定工作和验收工作。

(13)收集、汇总、整理监理资料，参与编写监理月报，填写监理日志。

(14)施工中发生重大问题和遇到紧急情况时，及时向总监报告、请示。

(15)指导、检查监理员的工作，必要时可向总监建议调换监理员。

1.3.4 监理员的职责和权限

(1)核实进场原材料质量检验报告和施工测量成果报告等原始资料。

(2)检查承包人用于工程建设的材料、构配件、工程设备使用情况，并做好现场记录。

(3)检查并记录现场施工程序、施工工法等实施过程情况。

(4)检查和统计计日工情况，核实工程计量结果。

(5)核查关键岗位施工人员的上岗资格；检查、监督工程现场的施工安全和环境保护措施的落实情况，发现异常情况及时向监理工程师报告。

(6)检查承包人的施工日志和试验室记录。

(7)核实承包人质量评定的相关原始记录。

2 监理工作基本程序

监理工作总流程如图1-6所示。

工序或单元工程质量控制监理工作程序图、工程质量评定监理工作程序图、工程进度控制监理工作程序图、工程款支付监理工作程序图、工程变更监理工作程序图、工程索赔处理监理工作程序图等参照水利部《水利工程施工监理规范》(SL 288—2014) 附录C(施工监理主要工作程序框图）。

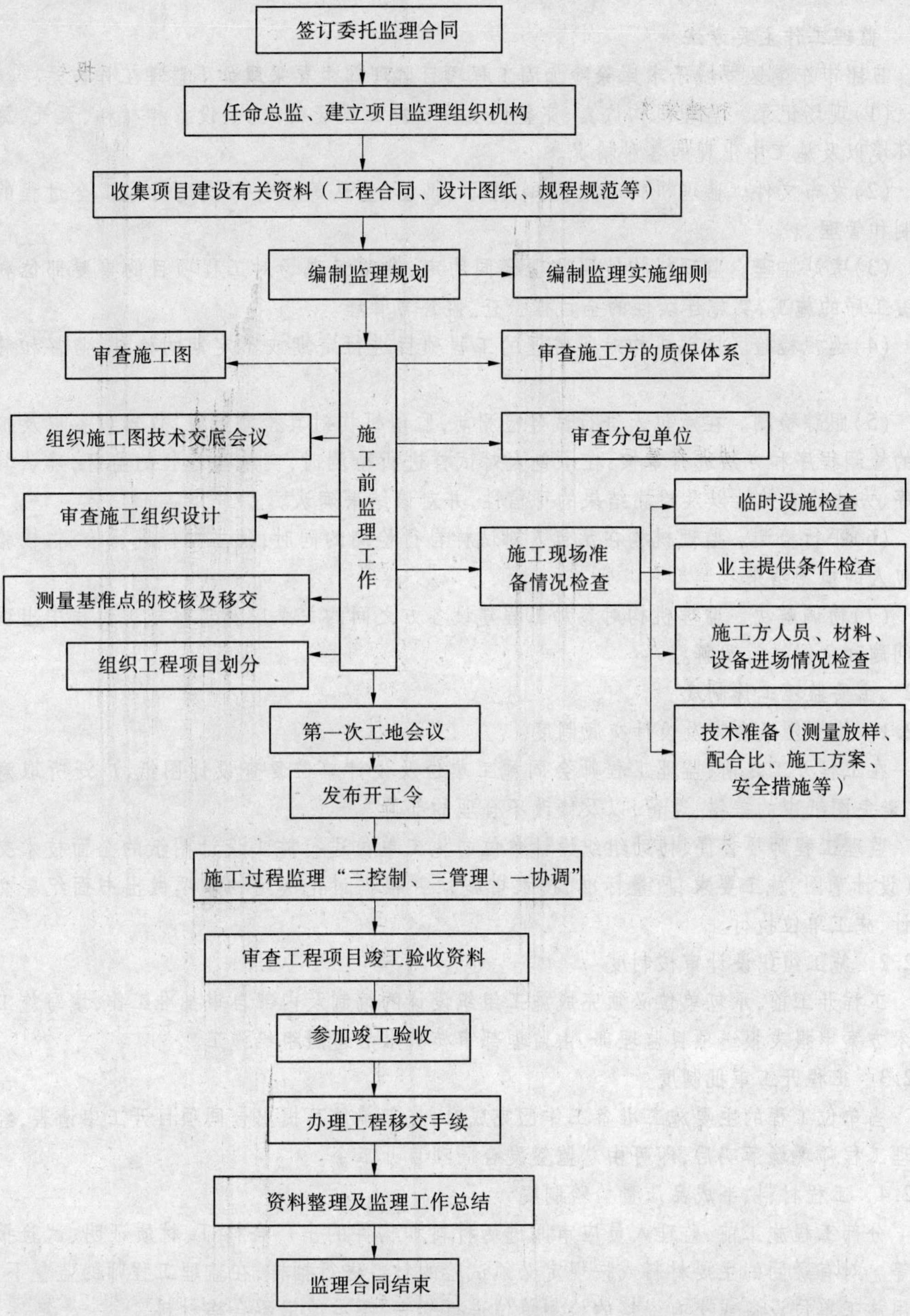

图1-6　监理工作总流程

3 监理工作主要方法和主要制度

3.1 监理工作主要方法

日照市东港区罗城子水库除险加固工程项目监理部主要采取如下监理工作方法：

(1)现场记录。监理机构认真、完整记录每日施工现场的人员、设备和材料、天气、施工环境以及施工中出现的各种情况。

(2)发布文件。监理机构采用通知、指示、批复、签认等文件形式进行施工全过程的控制和管理。

(3)旁站监理。监理机构按照监理合同约定，在施工现场对工程项目的重要部位和关键工序的施工，实施连续性的全过程检查、监督与管理。

(4)巡视检验。监理机构对所监理的工程项目进行定期或不定期的检查、监督和管理。

(5)跟踪检测。在承包人进行试样检测前，监理机构对其检测人员、仪器设备以及拟定的检测程序和方法进行审核；在承包人对试样进行检测时，实施全过程的监督，确认其程序、方法的有效性以及检测结果的可信性，并对该结果确认。

(6)平行检测。监理机构在承包人对试样自行检测的同时，独立抽样进行检测，核验承包人的检测结果。

(7)协调解决。监理机构对参加工程建设各方之间的关系以及工程施工过程中出现的问题和争议进行调解。

3.2 主要监理工作制度

3.2.1 施工图纸会审及设计交底制度

在工程开工之前，监理工程师会同施工单位及设计单位复查设计图纸，广泛听取意见，避免图纸中的差错、遗留，以及修改不合理的部位。

监理工程师要督促、协助组织设计单位向施工单位进行施工设计图纸的全面技术交底(设计意图、施工要求、质量标准、技术措施)，并根据讨论决定的事项做出书面纪要交设计、施工单位执行。

3.2.2 施工组织设计审核制度

工程开工前，承包单位必须完成施工组织设计的编制及内部自审批准工作，填写施工技术方案申报表报送项目监理部，由监理部审核批准后遵照组织施工。

3.2.3 工程开工审批制度

当单位工程的主要施工准备工作已完成时，施工单位可提出合同项目开工申请表，经监理工程师现场落实后，即可由总监签发合同项目开工令。

3.2.4 工程材料、半成品质量检验制度

分部工程施工前，监理人员应审阅进场材料和构件的出厂合格证、材质证明、试验报告等。对有疑问的主要材料或按规定必须试验的材料进行抽样，在监理工程师的监督下，使用施工单位设备或交有资格的检测单位进行复查，不准使用不合格材料。

3.2.5 重要隐蔽工程、关键部位质量联合检验制度

隐蔽以前，施工单位应根据《工程质量评定验收标准》进行自检，并将评定资料报监

理工程师。施工单位应将需检查的隐蔽工程在隐蔽前两日提出计划报监理工程师，监理工程师应排出计划，通知施工单位进行隐蔽工程检查，重点部位或重要项目应会同施工、设计单位共同检查签认。

3.2.6 旁站监理制度

监理人员按照监理合同约定，在施工现场对隐蔽工程、重要部位及关键工序的施工，实行连续性的全过程检查、监督与管理。

3.2.7 设计变更处理制度

如因设计图错漏，或发现实际情况与设计不符，由提议单位提出变更设计申请，经施工、设计、监理三方会勘同意后进行变更设计，由设计单位填写变更设计通知单。监理审核无误后签发。

3.2.8 工程质量检验与验收制度

承包人每完成一道工序或一个单元工程，自检合格后监理机构进行复核检验。上道工序或上一单元工程未经复核检验或复核检验不合格，不得进行下道工序或下一单元工程施工。

在承包人提交验收申请后，监理机构对其是否具备验收条件进行审核，并根据有关水利工程验收规程或合同约定，参与、组织或协助发包人组织工程验收。

3.2.9 现场协调会及会议纪要签发制度

监理机构建立工地月例会和周例会制度，定期主持召开由参建各方负责人参加的会议，会上通报工程进展情况，检查上次监理例会中有关决定的执行情况，分析当前存在的问题，提出问题的解决方案或建议，明确会后应完成的任务。监理机构编写会议纪要并签发与会单位。

3.2.10 施工现场紧急情况报告制度

监理机构针对施工现场可能出现的紧急情况编制处理程序、处理措施等文件。当发生紧急情况时，应立即向发包人报告，并指示承包人立即采取有效紧急措施进行处理。

3.2.11 工程款支付审签制度

工程进度款按月支付，所有申请付款的工程量均应进行计量并经监理机构确认。未经监理机构签证的付款申请，发包人不应支付。

3.2.12 合同外工程签证制度

合同外工程实行签证制度，承包人实施合同外工程须经发包人同意，实施时填报合同外项目工程量签证单，签证单经施工、监理、业主三方联签生效后作为结算依据，每月汇总后填写合同外项目月支付明细表，作为工程价款月支付申请表的附表，一同流转，审批结算时用。

3.2.13 监理月报制度

监理机构每月初向发包人提交上月监理月报，月报内容主要有7点，具体为：

(1)工程概况：本月工程概况、本月施工基本情况；

(2)本月工程形象进度；

(3)工程进度:本月实际完成情况与计划进度比较,对进度完成情况及采取措施效果的分析;

(4)工程质量:本月工程质量分析,本月采取的工程质量措施及效果;

(5)工程计量与工程款支付:工程量审核情况、工程款审批情况及月支付情况、工程款支付情况分析,本月采取的措施及效果;

(6)合同其他事项的处理情况:工程变更、工程延期,费用索赔;

(7)本月监理工作小结:对本月进度、质量、工程款支付等方面情况的综合评价,本月监理工作情况,有关本工程的建议和意见,下月监理工作的重点。

3.2.14 监理资料管理制度

安排专人管理监理资料,与工程同步整理监理资料,及时分类归档。为规范资料的整理,本工程资料统一使用A4纸。

4 监理人员守则和奖惩制度

4.1 监理人员守则

(1)遵纪守法,坚持求实、严谨、科学的工作作风,全面履行义务,正确运用权限,勤奋、高效地开展监理工作。

(2)努力钻研业务,熟悉和掌握建设项目管理知识和专业技术知识,提高自身素质和技术、管理水平。

(3)提高监理服务意识,增强责任感,加强与工程建设有关各方的协作,积极、主动开展工作,尽职尽责,公正廉洁。

(4)未经许可,不得泄露与本工程有关的技术和商务秘密,并应妥善做好发包人所提供的工程建设文件资料的保存、回收及保密工作。

(5)除监理工作联系外,不得与承包人和材料、工程设备供货人有其他业务关系和经济利益关系。

(6)不得出卖、出借、转让、涂改、伪造资格证书或岗位证书。

(7)监理人员只能在一个监理单位注册。未经注册单位同意不得承担其他监理单位的监理业务。

(8)遵守职业道德,维护职业信誉,严禁徇私舞弊。

4.2 奖惩制度

(1)监理人员无正当理由旷工,或不向项目总监请假而私自离开工地,每天罚款500元;

(2)监理人员索要或私自接受被监理方的财物、请吃的,每次罚款2 000元;

(3)监理人员违反监理工作程序或监理工作不到位,发生责任事故,造成严重经济损失的,要承担连带责任;

(4)监理人员受到发包人书面投诉的,每次罚款500元。

2. 日照市莒县2012年度农村饮水安全工程项目监理机构组织：

1　项目监理机构的组织形式

1.1　组织结构图

组织结构如图1-7所示。

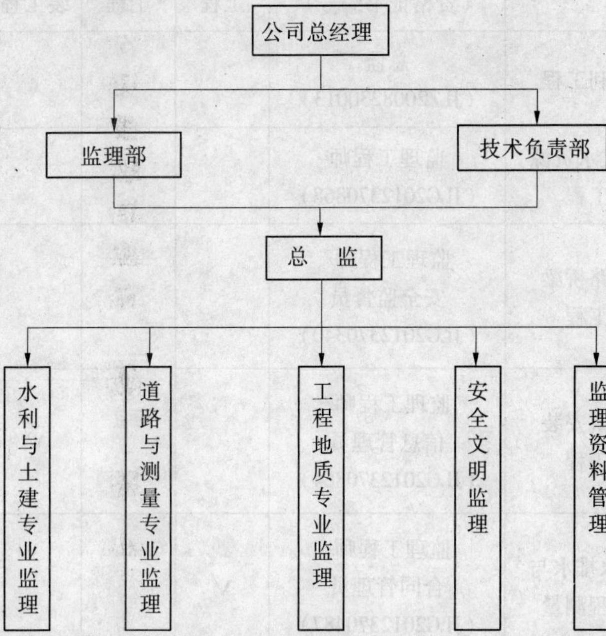

图1-7　组织结构图

1.2　监理项目管理体系结构图

监理项目管理体系结构如图1-8所示。

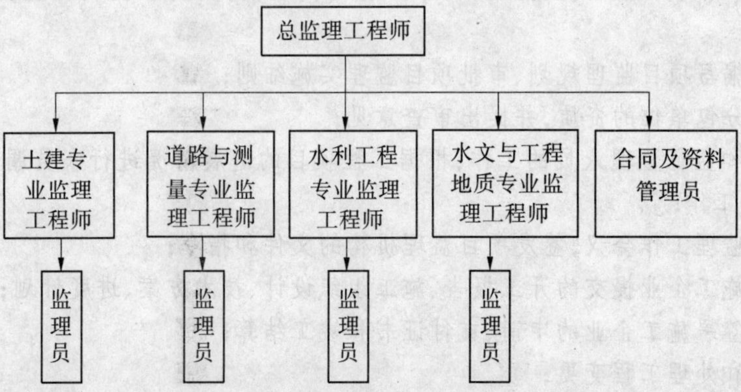

图1-8　监理项目管理体系结构图

2　项目监理机构的人员配备计划

项目监理机构的人员配备计划见表1-5。

表1-5　项目监理机构的人员配备计划

序号	姓名	专业	担任职务（资格证书编号）	道路工程	塘坝工程	建筑安装工程	机井工程	竣工验收
1	×××	水利工程	总监（JLZ2008230013）					√
2	×××	水文水资源工程	监理工程师（JLG2012370868）		√			
3	×××	道路桥梁工程	监理工程师/安全监督员（JLG2012370340）				√	
4	×××	建筑安装工程	监理工程师/信息管理员（JLG2012370864）			√		
5	×××	给水排水与工程测量	监理工程师/合同管理员（JLG2012370487）	√				

3　监理机构人员岗位职责

3.1　总监岗位职责

(1)确定工程项目监理机构人员的分工和岗位职责，负责管理项目监理机构的日常工作；

(2)主持编写项目监理规划、审批项目监理实施细则；

(3)审查分包单位的资质，并提出审查意见；

(4)检查和监督监理人员的工作，根据工程项目的进展情况进行人员调配，对不称职的人员调换其工作；

(5)主持监理工作会议，签发项目监理机构的文件和指令；

(6)审定施工企业提交的开工报告、施工组织设计、技术方案、进度计划；

(7)审核签署施工企业的申请、支付证书和竣工结算；

(8)审查和处理工程变更；

(9)主持或参与工程质量事故的调查；

(10)调解建设单位与施工企业的合同争议，处理索赔，审批工程延期；

(11)组织编写并签发监理月报、监理工作阶段报告、专题报告和项目监理工作总结；

(12)审核签认分部工程和单位工程的质量检验评定资料,审查施工企业的竣工申请,组织监理人员对待验收的工程项目进行质量检查,参与工程项目的竣工验收;

(13)主持整理监理工程项目的监理资料。

3.2 专业监理工程师岗位职责

(1)负责编制本专业的监理实施细则;

(2)负责本专业监理工作的具体实施;

(3)组织、指导、检查和监督本专业监理员的工作,当人员需调整时,向总监提出建议;

(4)审查施工企业提交的涉及本专业的计划、方案、申请、变更,并向总监提出报告;

(5)负责本专业分项工程验收及隐蔽工程验收;

(6)定期向总监提交本专业监理工作实施情况报告,对重大问题及时向总监汇报和请示;

(7)根据本专业监理工作实施情况做好监理日记;

(8)负责本专业监理资料的收集、汇总及整理,参与编写监理月报;

(9)核查进场材料、设备、构配件的原始凭证、检测报告等质量证明文件及其质量情况,根据实际情况认为有必要时对进场材料设备、构配件进行平行检验。

3.3 监理员岗位职责

(1)在专业监理工程师的指导下开展现场监理工作;

(2)检查施工企业投入工程项目的人力、材料、主要设备及其使用、运行状况,并做好检查记录;

(3)复核或从施工现场直接获取工程计量的有关数据并签署原始凭证;

(4)按设计图及有关标准,对施工企业的工艺过程或施工工序进行检查和记录,对加工制作及工序施工质量检查结果进行记录;

(5)担任旁站工作,发现问题及时指出并向专业监理工程师报告;

(6)做好监理日记和有关的监理记录。

4 监理工作基本程序

(1)按照效率原则做好组织设计,成立项目监理机构,任命本工程总监,确保总监到位。

(2)监理单位将在监理合同签订后10天内将项目监理机构的组织形式、人员构成及对总监的任命书面通知建设单位。

(3)按照责权一致的原则,在监理工作中,实行总监负责制,监理规划的编制、监理细则的审查、专业监理工程师的组织协调和调用、重大设计变更的审查、开工报告和施工组织设计的审定、合同争议和索赔的调解和处理、支付证书和竣工结算的审核签署、监理文件和指令的签发以及工程竣工验收等工作,以总监为主体进行监理作业的运作。

(4)建设单位应将监理单位以及监理工程师的授权和职责通知施工企业,以取得其配合,为监理工作提供方便条件。

(5)按照集权和分权相统一的原则,组织专业齐全的技术力量,选用具有一年以上同类工程监理工作经验的工程师作为专业监理工程师。

(6)按照专业分工与协作统一的原则,明确岗位责任制,规定专业监理工程师的职责和权利,总监将专业监理工程师的授权通知建设单位和施工企业。

施工阶段监理工作总程序、施工阶段监理程序、材料质量核定程序、分部工程验收程序、工程竣工验收执行备案制验收总程序、技术联系工作程序分别如图1-9~图1-14所示。

工序或单元工程质量控制监理工作程序图、工程质量评定监理工作程序图、工程进度控制监理工作程序图、工程款支付监理工作程序图、工程变更监理工作程序图、工程索赔处理监理工作程序图等参照水利部《水利工程施工监理规范》(SL 288—2014)附录C(施工监理主要工作程序框图)。

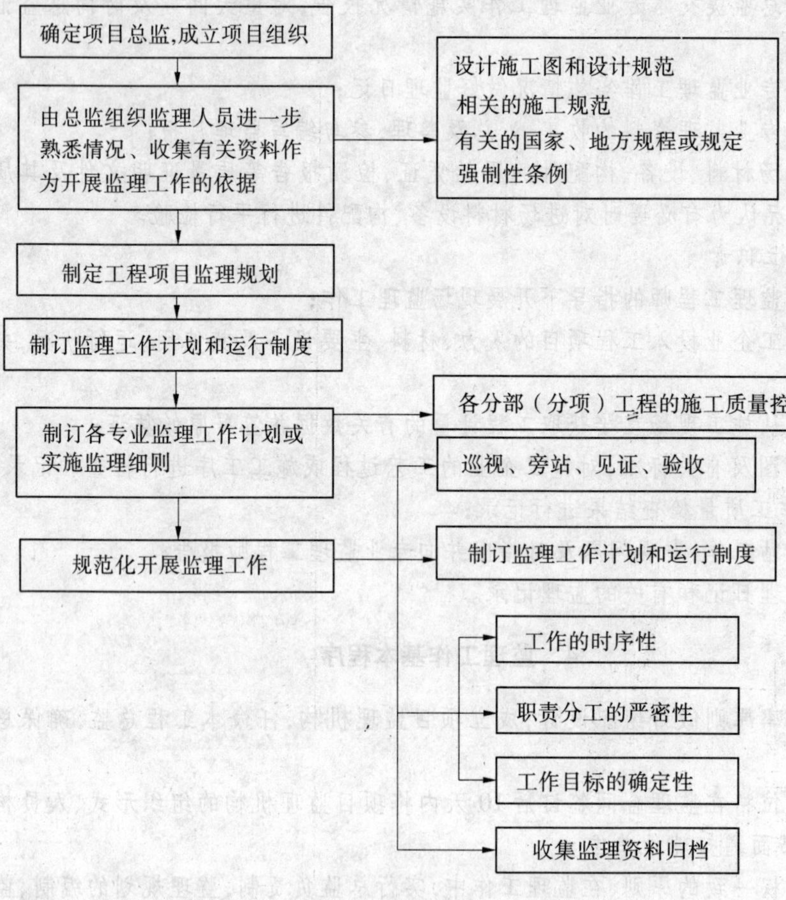

图1-9 施工阶段监理工作总程序图

4.1 施工前安全文明控制

(1)监理部设置专职监理工程师或兼职监理工程师,对施工组织设计、安全施工技术措施、现场安全管理制度、安全教育、安全机构、目标、措施及各级责任制进行审查和监控。参加安全例会,进行安全考核,审查安全报表。

(2)监理部依据工程情况和安全规定要求,编制安全文明监理细则,明确职责,建立

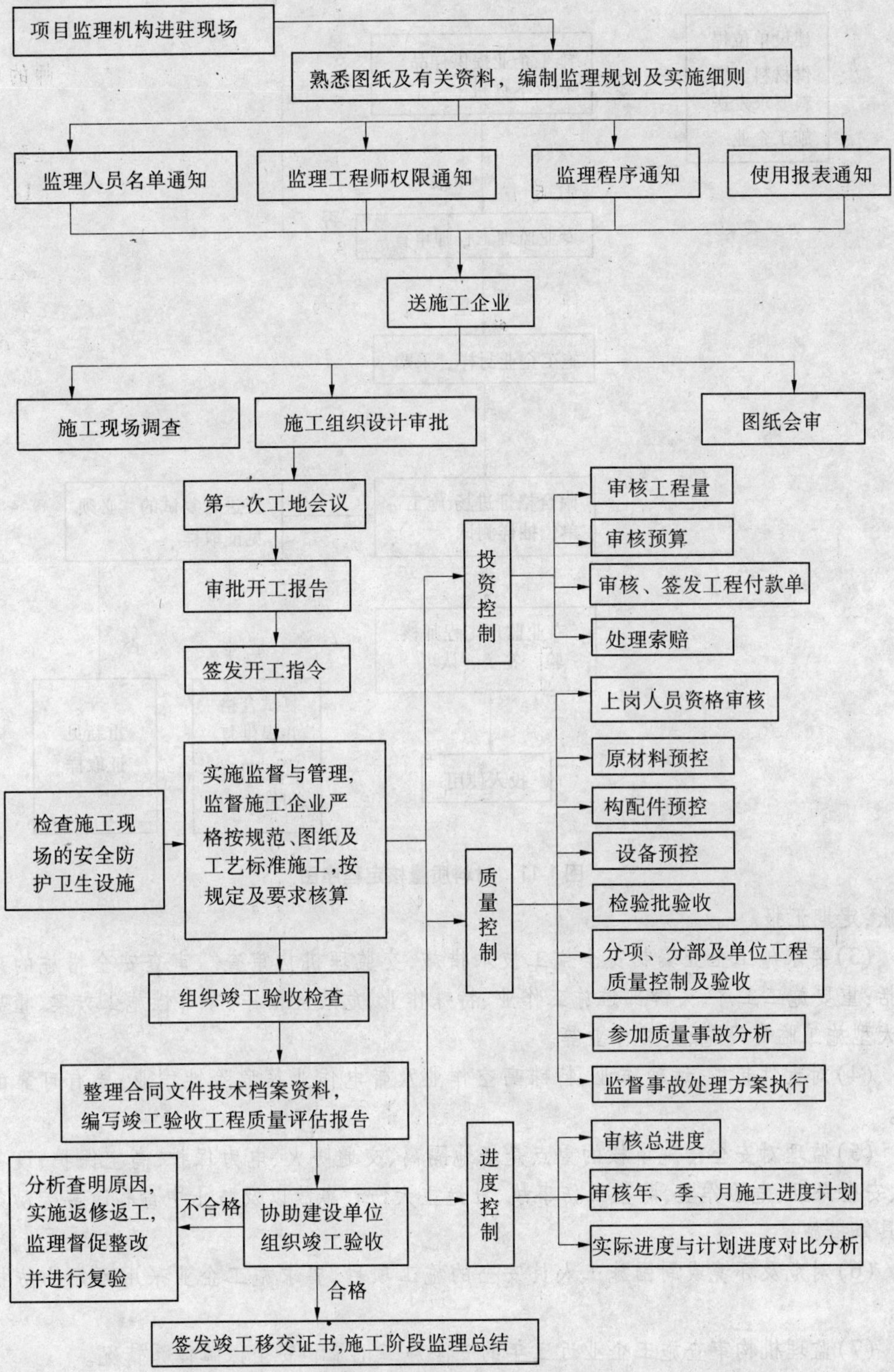

图 1-10　施工阶段监理程序图

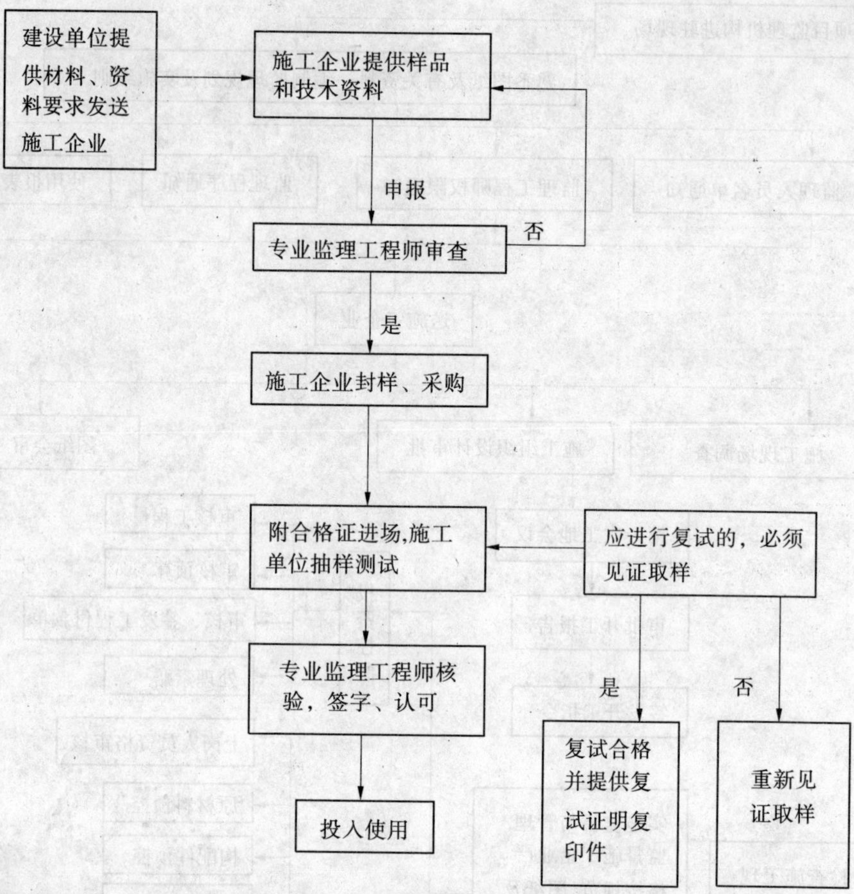

图 1-11　材料质量核定程序图

台账,定期汇报。

(3)要求施工企业编制安全施工技术措施,交监理机构审查。审查安全措施的范围包括:重要施工工序、关键部位施工作业、特殊作业、危险性操作、季节性施工方案、重要的和大型施工临时设施、交叉作业等。

(4)对大件起吊、运输作业、特殊高空作业及带电作业等危险性作业,要有可靠的措施。

(5)监理对安全措施审核的重点是场地隔离、交通防火、电力保护、高空保护、设备保护、安全保卫、危险作业,防止工伤事故、杜绝重大伤亡事故以及防止中毒和改善劳动条件等具体措施。

(6)对危及环境或周围施工人员安全的施工项目,要求施工企业采用可靠的防护措施。

(7)监理机构审查施工企业近三年的安全施工记录和安全保障体系情况。

(8)检查安全教育培训情况,要求施工企业在施工前对从事电气、起重、司炉、焊接、爆破等人员和架子工、机动驾驶工、机械操作工以及接触易燃易爆、有毒气体、射线、剧毒作业人员,进行安全生产培训。上述特殊工种必须持证上岗,开工前对施工人员进行安全

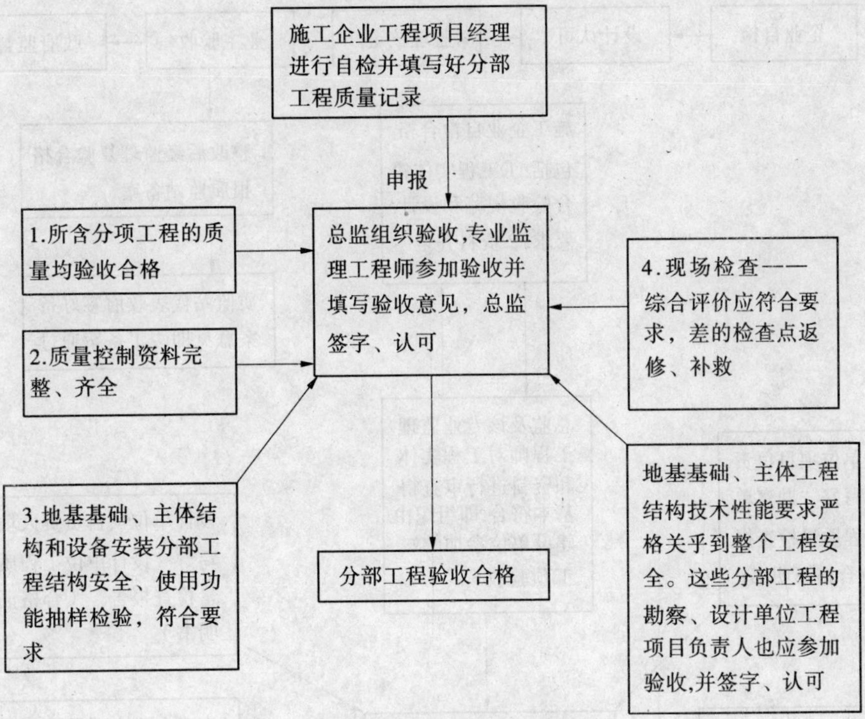

图1-12 分部工程验收程序图

技术交底。

(9)按建设部《安全生产工作规定》,开工前应预留一定比例的安全施工保证金。

(10)落实施工企业安全施工职责,建立各级安全责任制度,人员配套齐全,建立安全考核制度。

4.2 施工中安全文明控制

(1)对现场道路、消防设施、电力保护、高空保护、设备保护、危险作业、残料收集、安全检查、警示标牌等设施进行抽查;发现问题及时发出通知,限期整顿,严重威胁人员、设备、财产的安全时,总监有权下达工程暂停令,同时报建设单位,责令整改,达到要求后,签发复工报审表。

(2)严格安全文明施工的考核制度,监理工程师会同建设单位进行安全文明施工大检查,定时考核奖罚,促进安全文明施工。

(3)监理工程师经常巡视现场,对习惯性违章表现,诸如高空作业违章、物体打击违章、机械伤害违章、带电作业违章、气瓶使用违章等方面进行严格管理,预防恶性事故的发生。

(4)监理会同建设单位定期检查安全保证体系落实情况、管理制度执行情况、安全设施完善情况、安全施工措施实施情况、安全事故处理情况以及安全施工存在问题的整改情况,检查施工企业执行"五同时"(即企业的生产组织及领导者在计划、布置、检查、总结、评比生产工作的同时,必须计划、布置、检查、总结、评比安全工作)和"四不放过"(即事故原因未查清不放过、事故责任者未处理不放过、广大职工未受教育不放过、防范措施未落

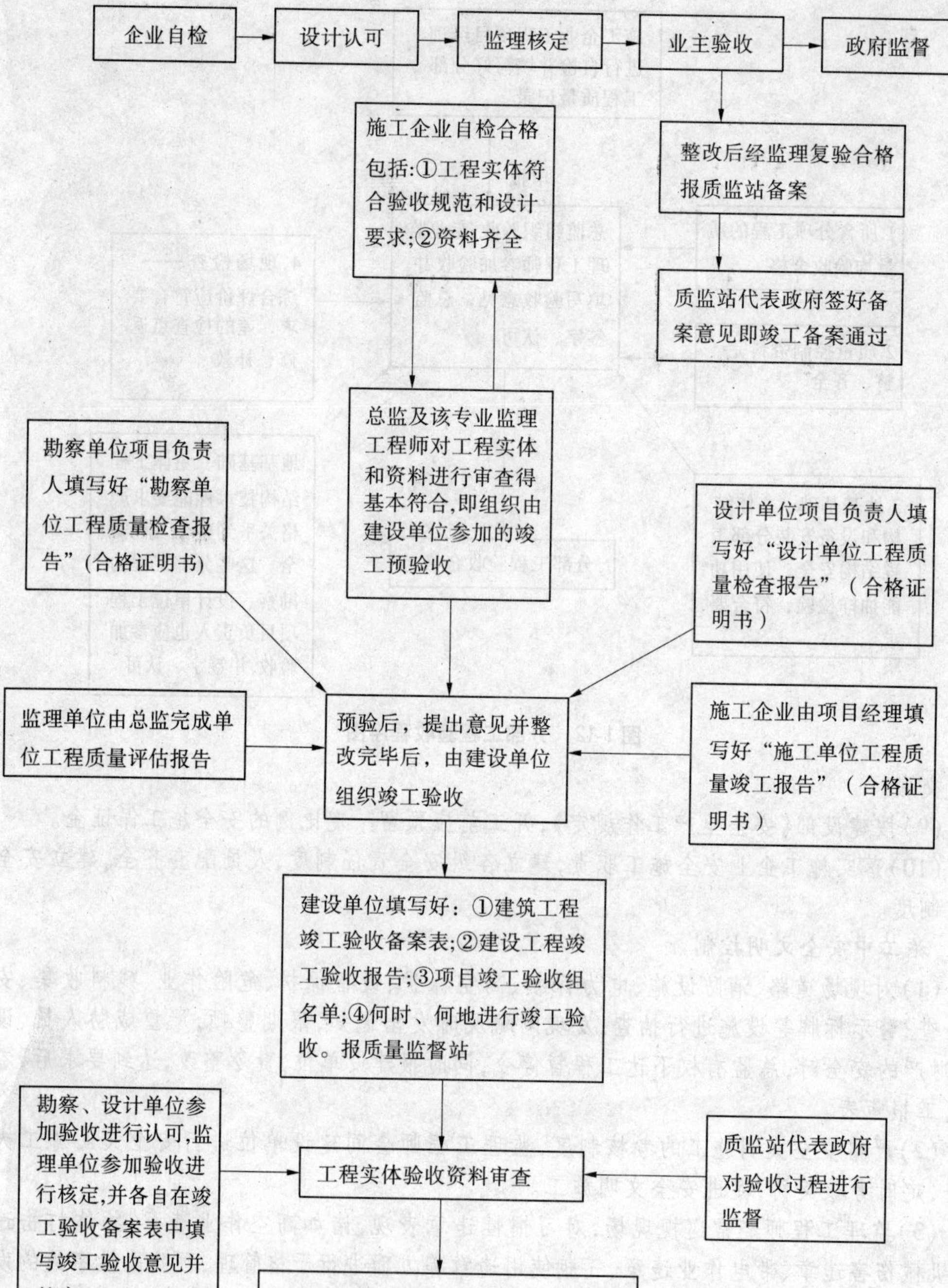

图 1-13　工程竣工验收执行备案制验收总程序图

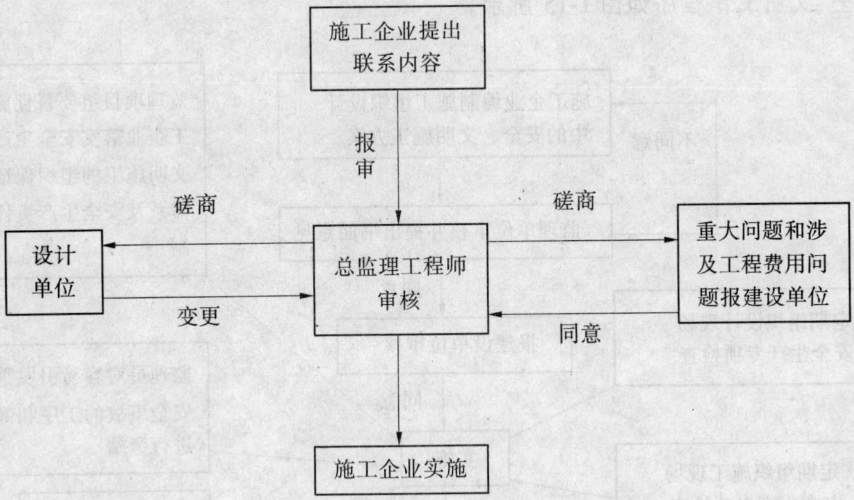

图1-14　技术联系工作程序图

实不放过)的情况。

(5)安全专业监理工程师督促施工企业做好安全统计和管理工作,督促施工企业按照电力建设施工企业的要求,按公司、工地、班组三级分别建立完善齐全的安全管理账、表、册、卡,并定期进行检查。

(6)督促施工企业对其分包的单位和临时工加强管理,防止以包代管和以罚代管,对其安全保证体系进行检查。

(7)严格执行防止质量通病措施,对施工工艺水平严格控制。

(8)按文明施工考核标准对施工企业的工程管理、现场管理和施工工艺进行考核。

安全监理工程师对施工企业按施工程序进行施工情况、现场总平面布置情况、生产现场文明状况、设备材料堆放情况以及生活场所文明状况经常进行检查,对存在问题提出监理意见。

(9)监理月报编制安全文明内容,如实反映实际情况。

4.3　施工后期安全文明控制

(1)启动试运行前,监理工程师主持安全文明试运行大检查,要求调试单位进行反事故演习。

(2)要求施工企业编制安全月报和年报,按规定向有关部门上报职工伤亡报表。

(3)总监参与进行安全事故调查和处理,严格按照规定和要求,坚持实事求是和尊重科学的原则,对事故进行调查、分析、处理、统计和上报。根据事故等级,提出事故报告,对发生原因、处理过程及结果,按照规定程序呈报,并按"四不放过"的原则进行善后处理。

(4)监理如实反映事故发生的情况,特别对设备保护、建筑物保护、人身安全保护的措施分析提出监理意见。

(5)机组通过启动试运行后,按照机组建设质量评定的要求,填报"安全文明生产检查评分表"。

(6)参加达标投产的验收评定,对安全管理和施工工艺文明生产进行检查。

安全、文明工作程序如图1-15所示。

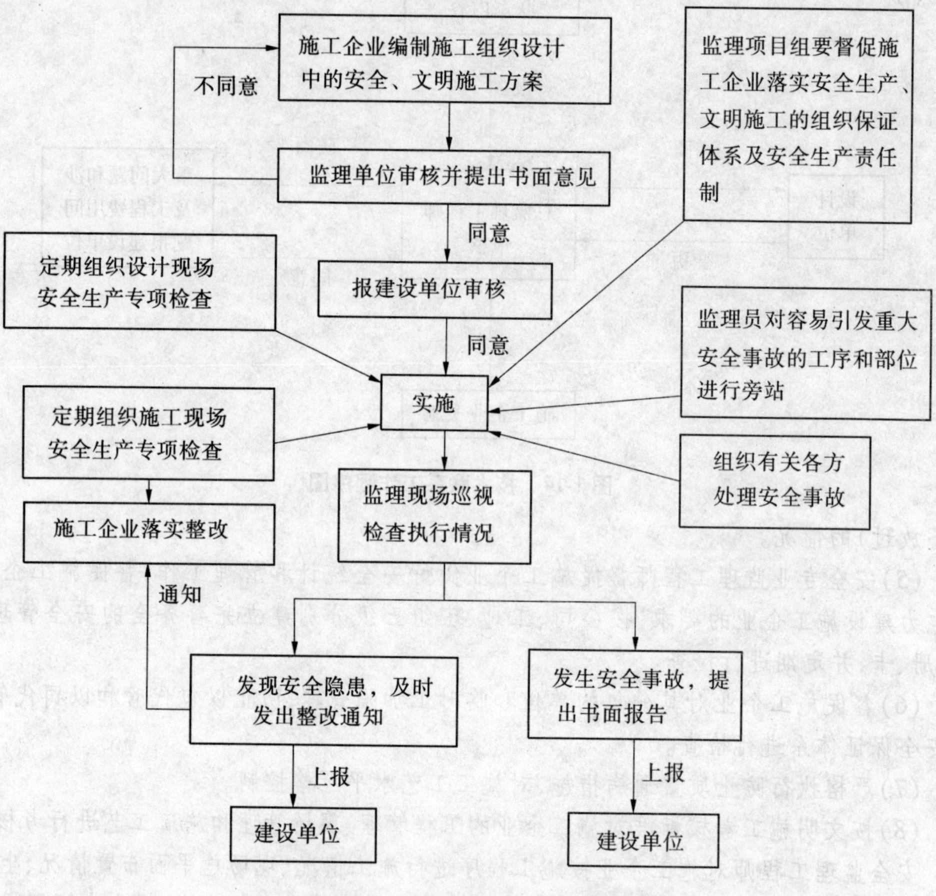

图1-15　安全、文明工作程序图

4.4　引用的法律法规

(1)《水利工程建设安全生产管理规定》。

(2)《安全技术措施计划的项目总名称表》。

(3)《中华人民共和国道路交通安全法》。

(4)《中华人民共和国安全生产法》。

(5)《中华人民共和国消防法》。

(6)《中华人民共和国传染病防治法实施办法》。

(7)《中华人民共和国食品卫生法》。

(8)《中华人民共和国劳动法》。

4.5　引用标准

(1)《爆破安全规程》(GB 6722—2011)。

(2)《安全标志及其使用导则》(GB 2894—2008)。

(3)《水利水电工程施工通用安全技术规程》(SL 398—2007)。

(4)《水利水电工程金属结构与机电设备安装安全技术规程》(SL 400—2007)。

(5)《水工建筑物地下开挖工程施工规范》(SL 378—2007)。

(6)《职业健康安全管理体系规范》(GB/T 28001—2011)。

5 监理工作制度

5.1 施工图纸会审及设计交底制度

项目监理组收到施工设计文件、图纸,总监应组织监理组人员熟悉设计文件,并对图纸中存在的问题通过建设单位向设计单位提出书面意见和建议。项目监理人员应参加由建设单位组织的设计技术交底会,总监应对设计技术交底会议纪要进行签认。

5.2 施工组织设计审核制度

工程项目开工前,总监应组织专业监理工程师审查施工企业报送的施工组织设计(方案),提出审查意见,并经总监审核、签认后报建设单位。

5.3 工程开工报审制度

专业监理工程师应审查施工企业报送的工程开工报审表及相关资料,具备开工条件时,由总监签发,并报建设单位。

5.4 施工现场质量管理检查制度

由施工企业填写"施工现场质量管理检查记录",经专业监理工程师对表中填写项目内容进行核实后,总监进行检查,并作出检查结论。

5.5 测量复验检查制度

(1)在开工前检查工程的定位放线;

(2)在施工过程中测量控制工程轴线和高程;

(3)在工程验收时测量各部位的几何尺寸、高度;

(4)实施施工过程中的沉降观测:对施工企业的沉降观测进行复验检查的同时,监理组要独立进行沉降观测的抽查。

5.6 见证、旁站、巡视、平行检验制度

(1)见证:见证人员对需复试材料进行见证,在现场实施见证取样的全过程。

(2)旁站:在施工现场,由监理人员对关键部位或关键工序施工过程实施连续性的全过程检查、监督。

(3)巡视:监理人员对正在施工的部位或工序在现场进行监督,其目的是了解施工情况和发现施工问题。

(4)平行检验:现场监理人员利用一定的检查或检测手段,在施工企业自检的基础上,按照一定的比例独立进行检查或检测的活动。

5.7 工程质量验收制度

隐蔽、检验批、分项、分部和单位工程质量验收前,施工企业应根据《水利工程施工质量验收统一标准》进行自检,并将相关资料提前交给监理,由专业监理工程师进行验收。在验收中如发现质量缺陷,向施工企业提出整改意见,要求限期整改,整改完毕及时进行复验,合格后签认验收通过。对地基基础、主体工程结构技术性能要求严格关乎到整个工程安全的分部工程和单位工程,则要求勘察、设计单位工程项目负责人也共同参加验收签认。

5.8　签发监理工作联系单、监理工程师通知单、工程暂停令制度

项目监理组利用口头或书面通知,对施工过程中发生的问题,发出指示,进行整改处理,使问题最终得以解决。

(1)口头通知:对一般工程问题,口头通知施工企业进行整改或执行,取得问题的及时解决。

(2)监理工作联系单:对一般工程问题口头通知无法解决时,可以通过书面的形式,用监理工作联系单提示施工企业进行整改或执行,取得问题解决。

(3)监理工程师通知单:现场监理人员在巡视、旁站等各种检查时发现较严重和较紧迫的问题并必须要进行整改的,则用监理工程师通知单发给施工企业并限期进行整改。待施工企业整改完毕自检合格后,还必须填写好监理工程师通知回复单,报请监理进行复验,经监理复验合格签认复查意见,方可达到要求。

(4)工程暂停令:当现场施工发现有重大质量或安全隐患时,立即停止施工,将会产生工程质量和安全事故时,则由总监给施工企业及时下达全部或局部工程暂停令(一般情况下宜事先与业主沟通,取得业主的支持),且待整改完毕清除隐患后,施工企业必须填写好"工程复工报审表"及相关资料报请监理。经监理组核实整改完毕情况,由总监填写好审查意见方可恢复施工。

5.9　工地例会制度

在施工过程中,总监应每周定时主持召开工地例会,会议纪要由项目监理组负责起草,并经与会各方盖章认可。

总监或专业监理工程师可根据需要及时组织专题会议,解决施工过程中的各种专项问题。

5.10　沟通制度

内部的沟通包括项目监理组、监理部、监理公司之间的沟通,可以通过交谈或会议讨论的形式进行;外部的沟通主要是与建设单位的沟通,一般也是通过与业主的交谈或会议讨论的形式进行。

6　监理设施

拟在本项目使用的主要仪器、检测设备及其他监理设备见表1-6。

表1-6

仪器或设备主要名称	型号规格	数量	备注
垂准仪	WILDZNL	1	间断使用
工程经纬仪	JZ2	1	间断使用
工程水准仪	DSZ2	1	间断使用
检测组合工具包	套	1	经常使用
回弹仪	套	1	经常使用
水平仪	0.2 mm/m×300 mm	1	经常使用
钳工水平仪	0.05 mm/m×200 mm	1	经常使用
方水平仪	0.02 mm×200 mm×200 mm	1	间断使用

续表 1-6

仪器或设备主要名称	型号规格	数量	备注
百分表	0～10 mm	1	间断使用
精密压力表	YB－150A	1	间断使用
空气压力盒	DYM3	1	间断使用
照相机	SONYF707	1	间断使用
摄像机	SONY	1	间断使用
兆欧表	ZC25－4,1000MQ	1	间断使用
数字万用表	DT9921	1	间断使用

项目二 水利工程施工准备阶段监理技能训练

任务一 训练目标

通过本项目的技能训练，达到如下目标：

1. 能进行水利工程施工准备阶段监理机构的准备工作。
2. 能进行水利工程施工准备阶段的监理工作。
3. 能具备监理员和监理工程师资格培训及考试的基本知识。

任务二 知识网络

一、监理机构的准备工作

（一）施工准备阶段概述

1. 施工准备阶段的概念

施工准备阶段是指初步设计完成后至工程开工前的建设阶段。

2. 施工准备阶段的主要工作内容

项目法人在施工准备阶段的主要工作包括施工现场的征地、拆迁；完成施工用水、用电、通信、道路和场地平整等工程，必需的生产、生活、临时建筑工程；组织招标设计、咨询、设备和物资采购等服务；组织工程监理和施工招标投标，并择优选定工程监理单位和施工单位。

施工单位在施工准备阶段应做好人力、材料、机具、经济、技术、设施等的组织调配工作。

监理单位在施工准备阶段的主要工作包括监理单位自身的准备工作，确认项目法人的准备工作，检查承包商的准备工作等。

（二）监理机构的准备工作

监理单位与项目法人签订委托监理合同后，在工程项目开工前，应依据监理合同约定，适时设立现场监理机构，配置监理人员，并进行必要的岗前培训；建立监理工作规章制度；接收、收集并熟悉有关工程建设资料，包括工程建设法律、法规、规章和技术标准，工程建设项目设计文件及其他相关文件，合同文件及相关资料等；接收由发包人提供的交通、通信、试验及办公设施和食宿等生活条件，完善工作和生活环境；组织编制监理规划和监理实施细则，在约定的期限内报送发包人。

监理机构的准备工作具体内容包括：

(1)熟悉工程建设合同文件；

(2)施工环境调查；

(3)编制监理规划；

(4)编制监理实施细则及表式文件；

(5)制定监理工作程序；

(6)编制综合进度控制计划；

(7)编制投资控制规划与资金投入计划；

(8)编制质量预控措施和分项监理流程图；

(9)准备监理设备；

(10)协助项目法人做好施工准备工作。

二、施工准备阶段的监理

(一)施工准备阶段的基本任务

为拟建工程的施工建立必要的技术、物质条件，统筹安排施工力量和施工现场，是工程施工顺利进行的根本保证。施工准备工作的主体是施工单位。在施工准备阶段监理机构应该积极参与，热情帮助，多出主意，当好参谋，为项目的尽早开工创造条件，与施工单位共同创建一个良好的施工环境。

(二)施工准备阶段监理工作内容

(1)尽快向施工单位办理有关交接工作；

(2)组织好图纸会审与技术交底；

(3)督促编制施工图预算；

(4)审查施工组织设计；

(5)审查施工组织机构；

(6)审查分包队伍；

(7)审查材料及混凝土配合比；

(8)施工准备阶段的协调工作；

(9)开工前对施工准备工作进行总检查再确认；

(10)签发开工令。

(三)开工条件的控制

1.审查开工条件

监理机构应在施工合同约定的期限内，经项目法人同意后向承包人发出进场通知，进场通知中应明确合同工期起算日期。承包人在接到进场通知后，应按约定及时调遣人员和施工设备、材料进场，按施工总进度要求完成施工准备工作。同时，监理机构应协助项目法人按施工合同约定向承包人移交施工设施或施工条件，包括施工用地、道路、测量基准点以及供水、供电、通信设施等。

承包人完成开工准备后，应向监理机构提交开工申请。监理机构应严格审查工程开工应具备的各项条件，并审批承包人提交的开工申请。监理机构经检查确认项目法人和承包人的施工准备满足开工条件后，签发开工令。

对于分部工程开工,监理机构应审批承包人报送的每一分部工程开工申请,审核承包人递交的施工措施计划,检查该分部工程的开工条件,确认后签发分部工程开工通知;对于单元工程开工,第一个单元工程在分部工程开工申请获批准后自行开工,后续单元工程凭监理机构签发的上一单元工程施工质量核验合格意见方可开工;对于混凝土浇筑开仓,监理机构应对承包人报送的混凝土浇筑开仓报审表进行审核,符合开仓条件后方可签发同意开仓的意见。

2. 延误开工的处理

由于承包人原因使工程未能按施工合同约定时间开工的,监理机构应通知承包人在约定时间内提交赶工措施报告并说明延误开工原因。赶工措施报告应详细说明不能及时进点的原因和赶工办法,由此增加的费用和工期延误责任,由承包人承担。

由于项目法人原因使工程未能按施工合同约定时间开工的,监理机构在收到承包人提出的顺延工期的要求后,应立即与项目法人和承包人共同协商补救方法。由此增加的费用和工期延误造成的损失,由项目法人承担。

任务三 基本知识训练

一、单项选择题(每题的备选项中,只有1个最符合题意)

1. 为了更好地控制投资,监理机构应于施工前做出投资控制规划,其目标就是使实际投资值不大于(　　)。

A. 投资估算　　B. 设计概算

C. 工程合同价　　D. 工程决算

2. 承包人按施工图纸要求完成混凝土及砂浆配合比试验后,须报(　　)审批。施工单位应按批准的配合比,严格计量、投料和搅拌,不得随意变更,需要变更时应重新申报。

A. 项目法人　　B. 质量监督机构

C. 设计单位　　D. 监理机构

3. 施工单位每完成一项准备工作,都要立即向(　　)书面报告,申请组织验收或报告转入下一项准备工作。

A. 项目法人　　B. 监理工程师

C. 监理员　　D. 质检员

4. 水利工程施工准备阶段监理机构审查施工总平面布置应掌握三个原则,即布局科学合理、(　　)和临建费用低。

A. 满足使用要求　　B. 有利于质量控制

C. 有利于进度控制　　D. 有利于投资控制

5. 对于单元工程开工,第一个单元工程在(　　)开工申请获批准后自行开工,后续单元工程凭监理机构签发的上一单元工程施工质量核验合格意见方可开工。

A. 单项工程　　B. 单位工程

C. 分部工程　　D. 分项工程

二、多项选择题(每题的备选项中,有2个或2个以上符合题意,至少有1个错项)

1. 水利工程施工准备阶段监理机构的准备工作内容有(　　)。
A. 施工现场的征地、拆迁
B. 熟悉工程建设合同文件
C. 编制监理规划
D. 制定监理工作程序
E. 协助项目法人做好施工准备工作

2. 水利工程施工准备阶段监理机构的监理工作内容有(　　)。
A. 组织好图纸会审与技术交底
B. 完成施工用水、用电、通信、道路和场地平整等工程
C. 审查施工组织设计
D. 审查材料及混凝土配合比
E. 审查分包队伍

3. 水利工程施工准备阶段监理机构审查施工组织设计的重点是(　　)。
A. 施工方案　　B. 施工进度计划
C. 分包队伍　　D. 协调工作
E. 施工平面布置

4. 施工程序就是根据施工生产的固有特点和规律,合理安排施工的起点、流向和顺序,这种程序一般是遵循(　　)的原则。
A. 先地下后地上　　B. 先土建后安装
C. 先主体后围护　　D. 先结构后装修
E. 先大型后小型

5. 水利工程施工准备阶段监理机构审查施工流水段的重点是(　　)。
A. 流水段的施工时间应大致相等
B. 流水段的分界必须是结构上允许停歇的地方
C. 流水段的工程量应大致相等,施工生产做到连续均衡
D. 流水段的数量与主要施工过程数量间的关系符合常规要求
E. 流水段的材料数量投入应大致相等

6. 工程项目开工前,总监理工程师应审查承包人现场项目管理机构的(　　)。
A. 合同管理体系　　B. 质量管理体系
C. 技术管理体系　　D. 质量保证体系
E. 检查验收体系

7. 技术交底与图纸会审应由(　　)主持,各方都要做好图纸会审记录并由监理机构整理编写成图纸会审纪要,交由参加图纸会审各方会签,设计单位审定盖章后,下发施工单位实施。

A. 设计单位　　　　　　　　　　B. 质量监督机构
C. 监理机构　　　　　　　　　　D. 监理机构与项目法人联合
E. 施工单位

8. 施工准备的监理工作，应检查开工前应由项目法人提供的施工条件完成情况，包括（　　）。

A. 首批开工项目施工图纸和文件的供应
B. 测量基准点的移交
C. 施工设备
D. 施工用地的征用
E. 施工合同中约定应由项目法人提供的道路、供电、供水、通信等条件

9. 施工准备的监理工作，应检查开工前承包单位的下列（　　）施工准备情况。

A. 承包单位派驻现场的主要管理、技术人员数量及资格是否与施工合同文件一致
B. 承包单位进场施工设备的数量和规格、性能是否符合施工合同约定要求
C. 承包单位施工人员福利条件
D. 承包单位试验室应具备的条件是否符合有关规定要求
E. 承包单位的质量保证体系

三、问答题

1. 监理单位与项目法人签订委托监理合同后，在工程项目开工前，依据监理合同约定，应做好各项监理准备工作。

问题：

1）施工准备阶段监理机构的准备工作内容有哪些？

2）施工准备阶段监理机构协助项目法人应做好哪些施工准备工作？

2. 在施工准备阶段监理机构应该积极参与各项工作，热情帮助，多出主意，当好参谋，为工程项目的尽早开工创造条件。

1）施工准备阶段监理机构的监理工作内容有哪些？

2）施工准备阶段监理机构审查施工组织设计的原则和重点有哪些？

3. 开工条件的控制是监理工程师实现其目标控制的基础。开工条件控制的好坏直接关系到建设工程能否按计划顺利完成，是关系到今后主体工程施工正常进行和保证工程目标实现的重要环节。为了使施工承包商能够在合理、可能的情况下尽快开工，监理工程师应严格审查工程开工应具备的各项条件，做好开工条件的控制工作。

问题：

1）监理机构如何审查工程开工应具备的各项条件？

2）监理机构如何对分部工程开工、单元工程开工、混凝土浇筑开仓等开工条件进行控制？

任务四 案例分析

某实行监理的工程，实施过程中发生下列事件：

事件1：建设单位于2005年11月底向中标的监理单位发出监理中标通知书，监理中标价为280万元；建设单位与监理单位协商后，于2006年1月10日签订了委托监理合同。监理合同约定：合同价为260万元；因非监理单位原因导致监理服务期延长，每延长1个月增加监理费8万元；监理服务自合同签订之日起开始，服务期26个月。

建设单位通过招标确定了施工单位，并与施工单位签订了施工承包合同，合同约定：开工日期为2006年2月10日，施工总工期为24个月。

事件2：由于吊装作业危险性较大，施工项目部编制了专项施工方案，并送现场监理员签收。吊装作业前，吊车司机使用风速仪检测到风力过大，拒绝进行吊装作业。

施工项目经理便安排另一名吊车司机进行吊装作业，监理员发现后立即向专业监理工程师汇报，该专业监理工程师回答说：这是施工单位内部的事情。

事件3：监理员将施工项目部编制的专项施工方案交给总监理工程师后，发现现场吊装作业吊车发生故障。为了不影响进度，施工项目经理调来另一台吊车，该吊车比施工方案确定的吊车吨位稍小，但经安全检测可以使用。监理员立即将此事向总监理工程师汇报，总监理工程师以专项施工方案未经审查批准就实施为由，签发了停止吊装作业的指令。施工项目经理签收暂停令后,仍要求施工人员继续进行吊装。总监理工程师报告了建设单位,建设单位负责人称工期紧迫,要求总监理工程师收回吊装作业暂停令。

事件4:由于施工单位的原因,施工总工期延误5个月,监理服务期达30个月。

监理单位要求建设单位增加监理费32万元,而建设单位认为监理服务期延长是施工单位造成的,监理单位对此负有责任,不同意增加监理费。

问题:

1)指出事件1中建设单位做法的不妥之处,写出正确做法。

2)指出事件2中专业监理工程师的不妥之处,写出正确做法。

3)指出事件2和事件3中施工项目经理在吊装作业中的不妥之处,写出正确做法。

4)分别指出事件3中建设单位、总监理工程师工作中的不妥之处,写出正确做法。

5)事件4中监理单位要求建设单位增加监理费是否合理?说明理由。

任务五　实际操作训练

请根据项目一中的日照市东港区罗城子水库除险加固工程项目基本资料,制定该工程在施工准备阶段监理机构的监理工作内容。

参考答案

一、单项选择题

1. C　2. D　3. B　4. A　5. C

二、多项选择题

1. BCDE　2. ACDE　3. ABE　4. ABCD　5. BCD　6. BCD　7. CD　8. ABDE　9. ABDE

三、问答题

1. 答:

1)施工准备阶段监理机构的准备工作内容:①熟悉工程建设合同文件。②施工环境调查。③编制监理规划。④编制监理实施细则及表式文件。⑤制定监理工作程序。⑥编制综合进度控制计划。⑦编制投资控制规划与资金投入计划。⑧编制质量预控措施和分项监理流程图。⑨准备监理设备。⑩协助项目法人做好施工准备工作。

2)施工准备阶段监理机构应协助项目法人做好施工准备工作:①检查核对施工图纸。②检查开工前需要办理的各种手续。③检查施工现场及"四通一平"(水通、路通、电通、讯通,平整施工场地)工作。④了解资金到位情况并根据施工合同及施工组织设计编制资金使用计划。⑤了解大型设备定货情况。⑥了解工程保险情况。

2. 答:

1)施工准备阶段监理机构的监理工作内容:①尽快向施工单位办理有关交接工作。②组织好图纸会审与技术交底。③督促编制施工图预算。④审查施工组织设计。⑤审查施工组织机构。⑥审查分包队伍。⑦审查材料及混凝土配合比。⑧施工准备阶段的协调工作。⑨开工前对施工准备工作进行总检查再确认。⑩签发开工令。

2)施工准备阶段监理机构审查施工组织设计的原则:

(1)施工组织设计应符合当前国家基本建设方针与政策,突出"质量第一、安全第一"的原则。

(2)施工组织设计应与施工合同条件相一致。

(3)施工组织设计中的施工程序和顺序,应符合施工工艺原则和工程的特点,对冬季、雨季施工应制定有效措施,且在工序上有所考虑。

(4)施工组织设计应优先选用当前先进成熟的施工技术。

(5)施工组织设计应采用流水施工方法和网络计划技术,做到连续均衡施工。

(6)施工机械的选用配备应经济合理,满足工期与质量的要求。

(7)施工平面图的布置与地貌环境、建筑平面协调一致,并符合紧凑合理、文明安全、节约方便的原则。

(8)降低成本、确保质量和安全的措施科学合理。

施工准备阶段监理机构审查施工组织设计的重点：施工方案（施工方法）、施工进度计划及施工总平面布置。

3. 答：

1）监理机构审查工程开工应具备的各项条件：

（1）监理机构应在施工合同约定的期限内，经发包人同意后向承包人发出进场通知，要求承包人按约定及时调遣人员和施工设备、材料进场进行施工准备。进场通知中应明确合同工期起算日期。

（2）监理机构应协助发包人按施工合同约定向承包人移交施工设施或施工条件，包括施工用地、道路、测量基准点以及供水、供电、通信设施等。

（3）承包人完成开工准备后，应向监理机构提交开工申请。监理机构经检查确认发包人和承包人的施工准备满足开工条件后，签发开工令。

（4）由于承包人原因使工程未能按施工合同约定时间开工的，监理机构应通知承包人在约定时间内提交赶工措施报告并说明延误开工原因。由此增加的费用和工期延误造成的损失由承包人承担。

（5）由于发包人原因使工程未能按施工合同约定时间开工的，监理机构在收到承包人提出的顺延工期的要求后，应立即与发包人和承包人共同协商补救办法。由此增加的费用和工期延误造成的损失由发包人承担。

2）监理机构对分部工程开工、单元工程开工、混凝土浇筑开仓等开工条件控制：

（1）对于分部工程开工，监理机构应审批承包人报送的每一分部工程开工申请，审核承包人递交的施工措施计划，检查该分部工程的开工条件，确认后签发分部工程开工通知。

（2）对于单元工程开工，第一个单元工程在分部工程开工申请获批准后自行开工，后续单元工程凭监理机构签发的上一单元工程施工质量核验合格意见方可开工。

（3）对于混凝土浇筑开仓，监理机构应对承包人报送的混凝土浇筑开仓报审表进行审核，符合开仓条件后方可签发同意开仓的意见。

四、案例分析

答：

1）不妥之处及正确做法：

（1）2006 年 1 月 10 日签订委托监理合同不妥，应在发出监理中标通知书后的 30 天内签订监理合同。

（2）监理合同价为 260 万元不妥，应为 280 万元。

2）不妥之处及正确做法：

回答“这是施工单位内部的事情”不妥，应及时制止并向总监理工程师汇报。

3）不妥之处及正确做法：

（1）安排另一名司机进行吊装作业不妥，应停止吊装作业；

（2）专项施工方案未经总监理工程师批准便实施不妥，应经总监理工程师批准后实施；

(3)签收工程暂停令后仍要求继续吊装作业不妥,应停止吊装作业。

4)不妥之处及正确做法:

(1)建设单位要求总监理工程师收回吊装作业暂停令不妥,应支持总监理工程师的决定;

(2)总监理工程师未报告政府主管部门不妥,应及时报告政府主管部门。

5)是否合理及其理由:

合理,因为监理合同中有相关约定且确为非监理单位的原因。

五、实际操作训练

日照市东港区罗城子水库除险加固工程项目在施工准备阶段监理机构的监理工作内容:

1 协助业主做好施工准备工作

监理人员在施工准备阶段要认真检查业主责任内的准备工作是否办妥和符合要求,如有不妥应尽早采取措施,督促帮助业主尽快予以完善,以满足开工的实际需要。

(1)检查核对施工图纸。一般情况下施工图纸已在招标前就已完成。而监理单位在进场后,应对施工图纸,包括标准图,进行一次认真的清点核对。如果施工图纸不够齐全,不能满足施工的需要,则应尽快与设计单位联系,查明原因,尽快落实补图时间。这个时间应与承包人的施工准备及开工时间相协调。如全部出齐图纸有困难,应根据施工进度需要要求设计单位列出供图时间表,可先将开工急需的施工图纸出齐。但图纸一定要配套,即建筑、结构、设备的预留孔洞图都应配齐。

(2)检查开工前需要办理的各类手续。

(3)检查施工现场及"四通一平"工作。

(4)尽快向施工单位办理有关交接工作。

为了帮助施工单位尽快进入工作程序,加快施工准备工作,监理公司应会同业主尽早将施工现场的有关情况向施工单位办理交接工作,主要内容包括:

(1)施工场地。

(2)水源、电源接入点。

(3)水准点、坐标点交接。

(4)占道及开路口的批准文件、具体位置及注意事项。

(5)地下电缆、水管等管线线路情况。

(6)按合同规定份数向施工单位移交施工图纸、地质勘察报告及有关技术资料。

2 熟悉设计文件

在设计交底前,总监理工程师应组织监理人员熟悉设计文件,并对图纸中存在的问题通过建设单位向设计单位提出书面意见和建议。

3 主持召开施工图纸会审技术交底会议

设计图纸中难免会出现这样或那样的问题,故应于施工前主持召开施工图纸会审技术交底会议,组织设计单位、承包人进行施工图纸会审,尽可能早地发现图纸中的差错及不足,以减少不必要的浪费与损失。会后起草施工图交底会议纪要。

3.1 图纸会审主要审查下面几个关键环节:

(1)核对设计图纸是否符合国家有关技术政策、标准、规范和批准的设计文件。

(2)图纸及设计说明是否完整、清楚、明确、齐全,图中尺寸、坐标、标高是否正确,相互间有无矛盾。

(3)建筑、结构与设备安装之间在平面与空间上有无重大矛盾。

(4)有无特殊结构,如有,其设计深度是否足够,施工单位的技术装备条件能否完成。

(5)图中涉及的特殊材料及配件本地能否供应,要求的品种、规格、数量是否满足需要。

(6)图中有无表述含糊之处。

3.2 技术交底与图纸会审由监理公司代表业主进行,做好图纸会审记录并整理编写成图纸会审纪要,交由参加图纸会审各方会签,设计单位审定盖章后,下发施工单位实施。

4 审查施工组织设计(方案)

工程项目开工前,总监理工程师应组织专业监理工程师审查承包单位报送的施工组织设计(方案),提出审查意见,并经总监理工程师审核、批复后报建设单位。

4.1 对于施工组织设计的审查应注意掌握如下八条原则:

(1)施工组织设计应符合当前国家基本建设的方针与政策,突出"质量第一、安全第一"的原则。

(2)施工组织设计应与施工合同条件相一致。

(3)施工组织设计中的施工程序和顺序,应符合施工工艺学的原则和本工程的特点,对冬季、雨季施工应制定有效措施,且在工序上有所考虑。

(4)施工组织设计应优先选用目前先进成熟的施工技术,而这些新技术的使用对本工程的质量、安全与造价有利。

(5)施工组织设计应采用流水施工方法和网络计划技术,做到均衡连续施工。

(6)施工机械的选用配备应经济合理,满足工期与质量等要求。

(7)施工平面图的布置与地貌环境、建筑平面协调一致,并符合紧凑合理、文明安全、节约方便的原则。

(8)降低成本、确保质量和安全的措施齐全可行。

4.2 对于施工组织设计的审查应该抓住施工方案与施工方法、施工进度计划及施工平面布置三个重点。

(1)施工方案与施工方法的审查。

①审查施工程序与顺序有无不妥。

②审查选用的施工机械是否满足工程需求。

③主要施工方法的审查。

④审查技术组织措施。

A. 质量保证措施；

B. 安全生产措施。

(2)施工进度计划的审查。

对施工进度计划的审查应突出以下几个重点：

①施工进度计划的开工、竣工时间，即工期应与合同要求相一致，应与监理单位编制的综合进度控制计划相吻合，计划安排上留有一定的调节余地。

②检查施工进度计划图中所描述的施工程序、顺序与施工组织设计以及相应的技术、工艺、组织要求是否一致。

③审查每一个施工过程的持续时间有无不当，这个时间应与机械设备、劳力调配及材料半成品供应计划相一致。

④对该进度计划均衡特征及工期费用特征做出评价。

(3)施工平面布置的审查。

对施工平面布置的审查掌握三个原则，即布局科学合理、满足施工使用要求、费用低。

5 审查承包人现场项目管理机构体系

工程项目开工前，总监理工程师应审查承包人现场项目管理机构的质量管理体系、技术管理体系和质量保证体系，确能保证工程项目施工质量时予以确认。对质量管理体系、技术管理体系和质量保证体系应审核以下内容：

(1)质量管理、技术管理和质量保证的组织机构；

(2)质量管理、技术管理制度；

(3)专职管理人员和特种作业人员的资格证、上岗证。

6 审查施工测量成果

监理工程师应按以下要求对承包单位报送的测量放线控制成果及保护措施进行检查，符合要求时，专业监理工程师对承包单位报送的施工测量成果予以签认：

(1)检查承包单位专职测量人员的岗位证书及测量设备检定证书；

(2)复核控制桩的校核成果、控制桩的保护措施以及平面控制网、高程控制网和临时水准点的测量成果。

7 审查材料及混凝土配合比

本工程需要的水泥、河砂与石子等原材料的质量需要经过科学的检验手段才能确认。混凝土、砂浆配合比，由于技术上的要求，确认需要的时间更长一些。这些工作必须于施工准备阶段完成，才能满足开工后的需要，所以监理工程师首先要做的一件工作，就是督促施工单位尽早、尽快开始原材料的调查选点和混凝土配合比的试配工作，并配合施工单位及时做好原材料材质的认证工作和混凝土配合比的审批工作。

同意使用的配合比应向施工单位发出混凝土配合比批准使用通知书，施工单位应按批准的配合比，严格计量、投料和搅拌，不得随意变更，需要变更时应重新申报。

8 签发开工令

监理工程师应审查承包单位报送的合同项目开工申请表及相关资料，具备以下开工条件时，由总监理工程师签发合同项目开工令，并报建设单位：

(1)施工许可证已获政府主管部门批准；

(2)征地拆迁工作能满足工程进度的需要；

(3)施工组织设计已获总监理工程师批准；

(4)承包单位现场管理人员已到位，机具、施工人员已进场，主要工程材料已落实；

(5)进场道路及水、电、通信等已满足开工要求。

9 组织召开第一次工地会议

工程项目开工前，监理机构主持召开第一次工地会议。

第一次工地会议应包括以下主要内容：

(1)建设单位、承包单位和监理单位分别介绍各自驻现场的组织机构、人员及其分工；

(2)建设单位根据委托监理合同宣布对总监理工程师的授权；

(3)建设单位介绍工程开工准备情况；

(4)承包单位介绍施工准备情况；

(5)建设单位和总监理工程师对施工准备情况提出意见与要求；

(6)总监理工程师介绍监理规划的主要内容；

(7)研究确定各方在施工过程中参加工地例会的主要人员，召开工地例会周期、地点及主要议题。

第一次工地会议纪要由项目监理机构负责起草，并经与会各方代表会签。

项目三　水利工程施工实施阶段监理技能训练

任务一　训练目标

通过本项目的技能训练,达到如下目标:

1. 能进行水利工程施工实施阶段的质量控制、进度控制和投资控制。
2. 能进行水利工程施工实施阶段的合同管理、信息管理、施工安全与环境保护管理。
3. 能进行水利工程施工实施阶段的组织协调工作。
4. 能具备监理员和监理工程师资格培训及考试的基本知识。

任务二　知识网络

一、质量控制

(一)工程质量管理体系

水利部《水利工程质量管理规定》(水利部令第7号)第六条规定:水利工程质量实行项目法人(建设单位)负责、监理单位控制、施工单位保证和政府监督相结合的质量管理体制。水利工程质量由项目法人(建设单位)负全面责任。监理、施工、设计单位按照合同及有关规定对各自承担的工作负责。质量监督机构履行政府部门监督职能,不代替项目法人(建设单位)、监理、设计、施工单位的质量管理工作。水利工程建设各方均有责任和权利向有关部门和质量监督机构反映工程质量问题。由此可见,水利工程质量管理的三个体系分别为:政府部门的质量监督体系、项目法人/监理单位的质量控制体系和设计单位/施工单位的质量保证体系。

(二)监理机构工程质量控制的目标与原则

1. 工程质量控制的目标

监理机构通过有效的质量控制工作和具体的质量控制措施,使建设工程项目施工质量满足设计要求和规范规定,施工质量等级达到合格或者优良。

2. 工程质量控制的原则

工程质量控制的原则包括:

(1)坚持质量第一。

(2)坚持以人为控制核心。

(3)坚持以预防为主。

(4)坚持质量标准。

(5)坚持"守法、诚信、公正、科学"的执业准则。

(三)监理单位的质量责任及质量控制的依据

1.监理单位的质量责任

《建设工程质量管理条例》(国务院令第279号)明确规定了工程监理单位的质量责任和义务。

2.质量控制的依据

据其适用范围及性质,施工阶段质量控制的依据可分为共同性依据和有关质量检验与控制的专门技术法规性依据。

(四)影响工程质量控制的因素

影响工程质量控制的因素多种多样,但归结起来可分为五个方面,即人(Man)、材料(Material)、机械(Machine)、方法(Method)、环境(Environment),简称为"4M1E"。

(五)施工阶段工程质量控制的内容及程序

1.开工条件的控制

监理机构应严格审查工程开工应具备的各项条件,并审批开工申请。

2.工程质量控制的内容及要求

水利部《水利工程施工监理规范》(SL 288—2014)规定了工程质量控制的内容及要求。

3.工程质量控制、质量评定监理工作程序

工程质量控制监理工作程序如图3-1所示。

工程质量评定监理工作程序如图3-2所示。

(六)单元(工序)质量控制

1.单元(工序)质量控制的含义

工序质量控制是指对施工过程的每一道工序质量进行控制,使每一道工序质量符合要求。

2.单元(工序)分析的步骤

工序质量控制应以工序分析为基础,工序分析为工序质量控制提供了信息和方法。

工序分析的步骤如下:

(1)采用排列图、直方图、控制图、因果分析图、分层法、相关图法、调查表等方法进行分析,找出工序支配性要素。

(2)找出质量特性和工序支配性要素之间的关系,按试验方案进行试验,确定试验结果。

(3)制定质量标准,控制工序支配性要素。

3.单元(工序)质量控制的内容

工序质量控制的内容包括:

(1)工序施工前的控制,首先要检查上一道工序有无监理机构签发的核验合格意见。

(2)工序施工过程中的质量控制,重点对承包人设置的两类质量检验点("见证点"、"待检点")进行检查和控制。

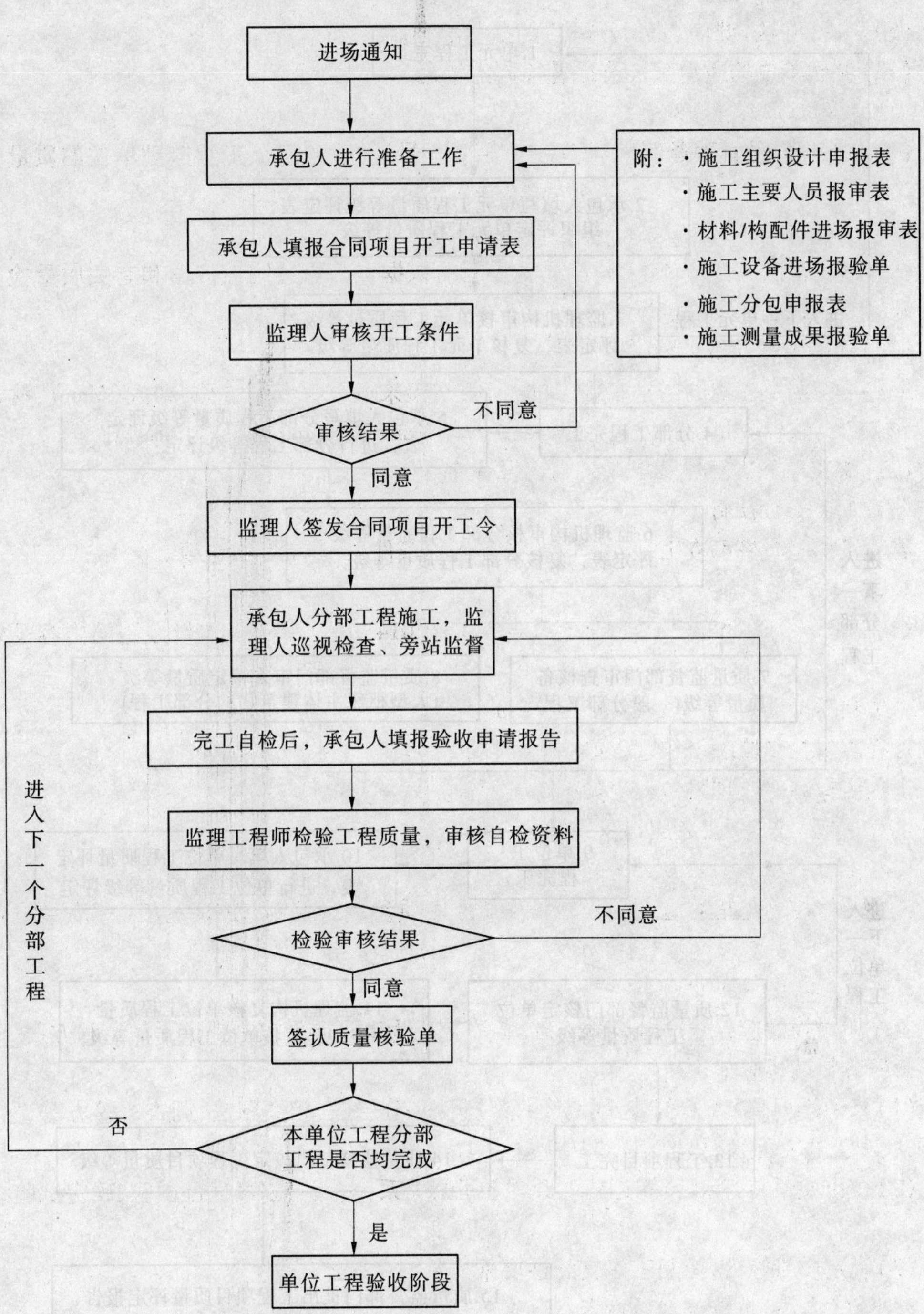

图3-1 工程质量控制监理工作程序图

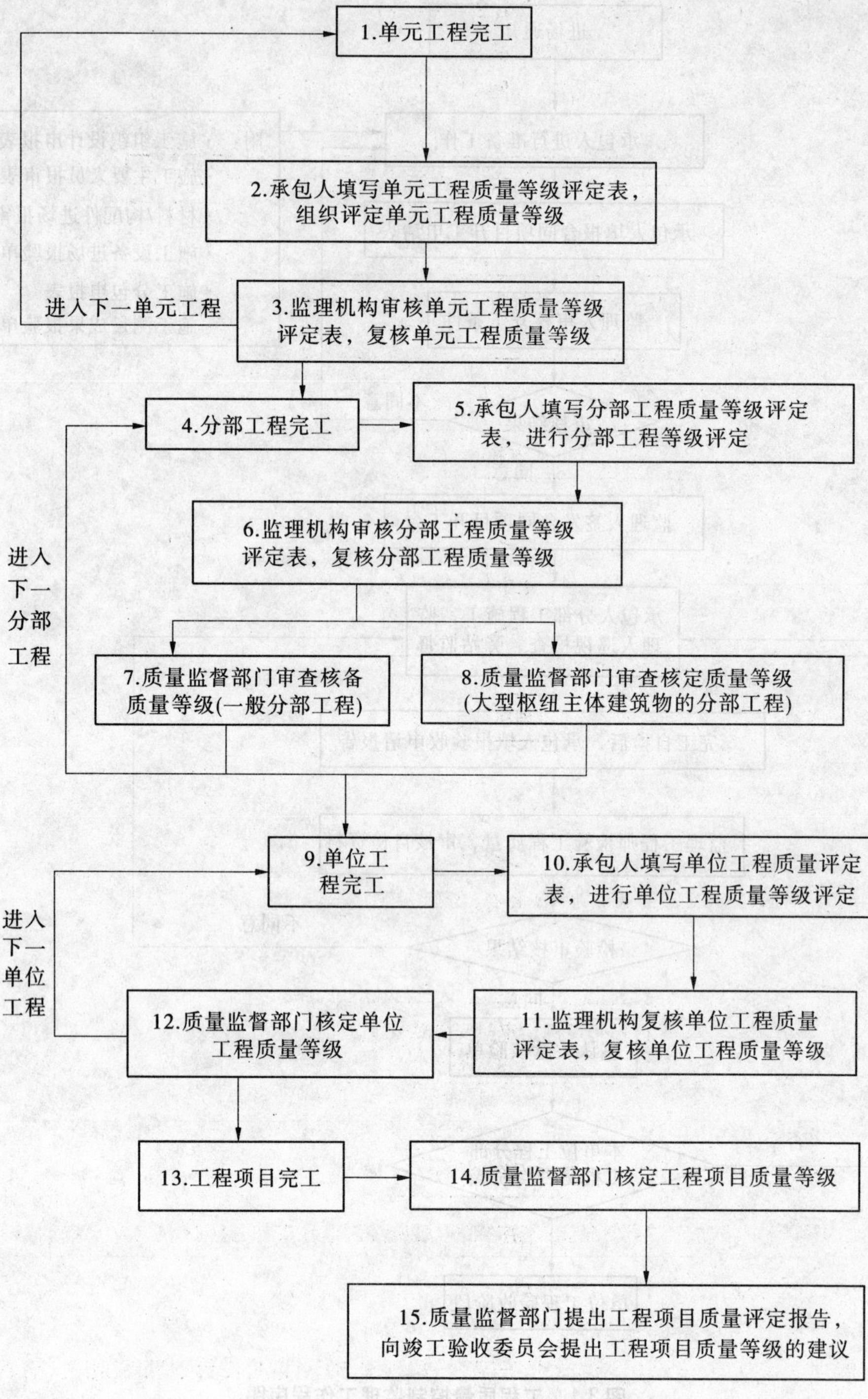

图 3-2　工程质量评定监理工作程序图

(3)工序完成后的施工质量检验,应符合相关规定(水利部《水利水电工程施工质量检验与评定规程》(SL 176—2007) 第4.2.1条规定)。

4. 单元(工序)质量控制监理工作程序

单元(工序)工程质量控制监理工作程序如图3-3所示。

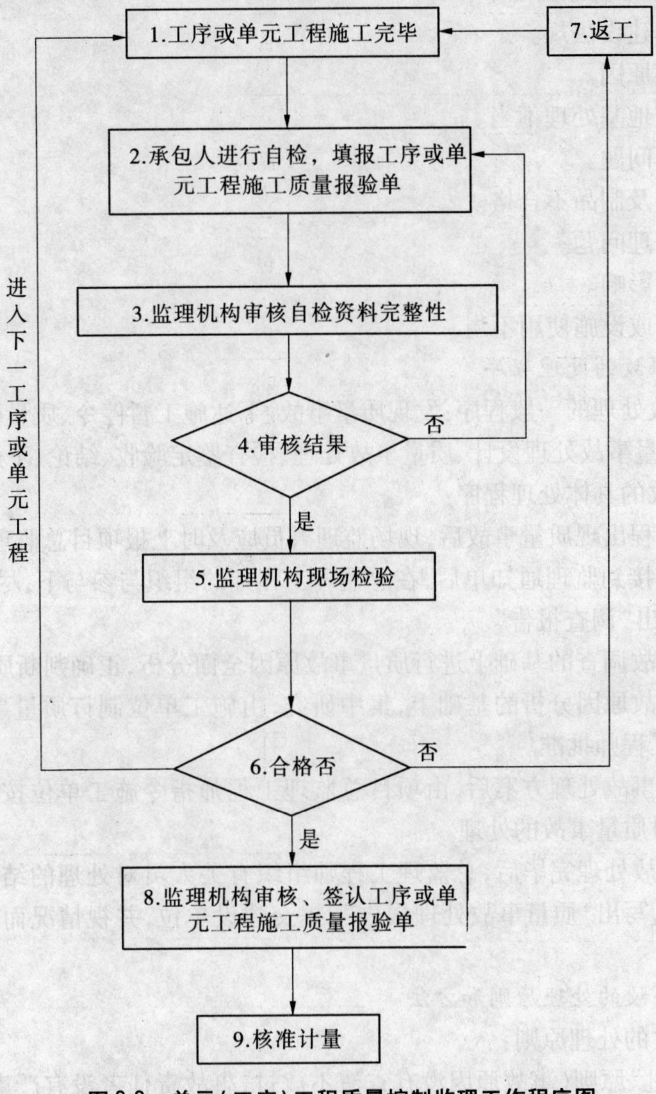

图3-3　单元(工序)工程质量控制监理工作程序图

(七)工程质量事故的分析与处理

1. 工程质量事故的概念与分类

在水利水电工程建设过程中,由于建设管理、监理、勘测、设计、咨询、施工、材料、设备等原因造成工程质量不符合国家和行业相关标准以及合同约定的质量标准,影响使用寿命和对工程安全运行造成隐患与危害的事件,称为工程质量事故。它具有复杂性、严重性、可变性和多发性等特点。

水利工程质量事故按照直接经济损失大小、处理事故对工期影响时间的长短以及事故处理后对工程功能和寿命的影响,分为一般质量事故、较大质量事故、重大质量事故和特大质量事故。

2. 工程质量事故原因分析

工程质量事故常见原因如下:

(1)违背基本建设法规。

(2)地质勘察原因。

(3)对不均匀地基处理不当。

(4)设计计算问题。

(5)建筑材料及制品不合格。

(6)施工与管理问题。

(7)自然条件影响。

(8)建筑结构或设施使用不当。

3. 工程质量事故的处理程序

工程质量事故处理的一般程序:发现质量事故、下达施工暂停令、质量事故调查、质量事故原因分析、质量事故处理设计、质量事故处理、检查鉴定验收、结论、下达复工令。

工程质量事故的具体处理程序:

(1)当发现工程出现质量事故后,现场监理人员应及时上报项目总监理工程师。

(2)施工单位接到监理通知单后,在总监理工程师的组织与参与下,尽快进行工程质量事故的调查,写出"调查报告"。

(3)在质量事故调查的基础上进行质量事故原因全面分析,正确判断质量事故原因。

(4)在质量事故原因分析的基础上,集中研究,由施工单位制订质量事故处理方案,并报项目总监理工程师批准。

(5)确定质量事故处理方案后,由项目总监理工程师指令施工单位按既定的质量事故处理方案实施对质量事故的处理。

(6)在质量事故处理完毕后,总监理工程师组织有关人员对处理的结果进行严格的检查、鉴定和验收,写出"质量事故处理报告",提交建设单位,并视情况而定是否上报有关主管部门。

4. 工程质量事故的处理原则和方法

工程质量事故的处理原则:

(1)"四不放过"原则(事故原因没有查清不放过、事故责任者没有严肃处理不放过、广大职工没有受到教育不放过、防范措施没有落实不放过)。

(2)经济损失负担原则(由质量事故而造成的损失费用,坚持"谁承担事故责任,谁负担"的原则)。

工程质量事故的处理方法:

(1)不需进行处理。

(2)修补处理。

(3)返工处理。

5. 工程质量缺陷的处理

工程质量缺陷是指对工程质量有影响,但小于一般质量事故的质量问题。

工程建设中属于质量缺陷的质量问题包括:

(1)发生在大体积混凝土、金属结构制作安装及机电设备安装工程中,处理所需物资、器材及设备、人工等直接损失费用不超过20万元。

(2)发生在土石方工程或混凝土薄壁工程中,处理所需物资、器材及设备、人工等直接损失费用不超过10万元。

(3)处理后不影响工程正常使用和寿命。

在施工过程中,工程个别部位或局部发生达不到技术标准和设计要求(但不影响使用),且未能及时进行处理的工程质量缺陷问题(质量评定仍为合格),应以工程质量缺陷备案形式进行记录备案。质量缺陷备案表由监理机构组织填写,内容应真实、准确、完整。

二、进度控制

(一)监理机构工程进度控制的目标与原则

1. 工程进度控制的目标

建设工程进度控制的总目标是建设工期,即监理机构以施工合同工期为基准,采取有力的动态控制手段和措施,通过资源调配,加强施工协调,力争使建设工程项目在合同工期前完成。

2. 工程进度控制的原则

工程进度控制的原则包括:

(1)工程进度控制的依据是施工合同约定的工期目标。

(2)在确保工程质量和安全的原则下,控制工程进度。

(3)采用动态的控制方法,对工程进度进行主动控制。

(二)监理人施工进度控制的合同权限

1. 监理人施工进度控制的权限

监理人施工进度控制的权限包括:

(1)签发开工通知(或称进场通知)。

(2)审批施工进度计划。

(3)审批施工组织设计和施工措施计划。

(4)审核劳动力、材料、设备使用监督权和分包单位。

(5)监督检查施工进度。

(6)下达施工暂停指示和复工通知。

(7)协调施工进度。

(8)建议工程变更与签署变更指示。

(9)核定工期索赔。

(10)建议撤换承包人不称职的工作人员或更换施工设备。

(11)确定完工日期。

2. 监理人施工进度控制的任务

监理人施工进度控制的任务包括：

(1)编制工程项目建设监理工作进度控制计划。

(2)审查承包单位提交的施工进度计划。

(3)检查并掌握工程实际进度情况。

(4)比较实际进度与计划进度目标，分析计划提前或拖后的主要原因。

(5)决定应该采取的相应措施和补救方法。

(6)及时调整计划，使总目标得以实现。

(三)影响工程进度的因素

在工程项目建设过程中，常见的影响进度的因素有业主因素、勘测设计因素、施工技术因素、组织管理因素、材料因素、设备因素、资金因素、环境因素等。归纳起来，主要影响因素有：①人的干扰因素。②材料、机具、设备干扰因素。③地基干扰因素。④资金干扰因素。⑤环境干扰因素。

受以上因素的影响，工程会产生进度拖延。工程进度拖延归纳为两大类：一类是指由于承包单位自身的原因而造成工程进度拖延，称为工程延误，其一切损失由承包单位自己承担，同时建设单位还有权对承包单位施行违约误期罚款；另一类是指由于承包单位以外的原因而造成工程进度拖延，称为工程延期，经监理工程师批准的工程延期，所延长的时间属于合同工期的一部分，承包单位不仅有权要求延长工期，而且还有向建设单位提出赔偿的要求，以弥补由此造成的额外损失。

(四)施工阶段工程进度控制的内容及程序

1. 工程进度控制的内容及要求

水利部《水利工程施工监理规范》(SL 288—2014)规定了工程进度控制的内容及要求。

2. 工程进度控制监理工作程序

工程进度控制监理工作程序如图3-4所示。

(五)工程进度控制、分析的方法

主要有：施工进度的监督、检查，施工关键线路的进度控制，逐月、逐季施工进度计划的审批及其资源核查，实际进度与计划进度的对比、分析等。

监理人员将定期检查并整理的实际进度信息与项目计划进度信息进行比较，得出实际进度比计划进度拖后、超前还是一致的结论。常用的比较方法有：横道图比较法、S曲线比较法、前锋线比较法、香蕉曲线比较法和列表比较法等。

横道图比较法是指将在工程项目实施中检查实际进度收集的信息，经整理统计后直接用横道线并列标于原计划横道线处，进行直观比较的方法。一般用粗实线表示计划进度，阴影线表示工程施工的实际进度。

S曲线比较法是以横坐标表示时间，纵坐标表示累计完成任务量，首先绘制一条按计划时间累计完成任务量的S曲线(即计划进度S曲线)，然后将工程项目实施过程中各检查时间实际累计完成任务量的S曲线(即实际进度S曲线)也绘制在同一坐标系中，进行实际进度与计划进度的比较。

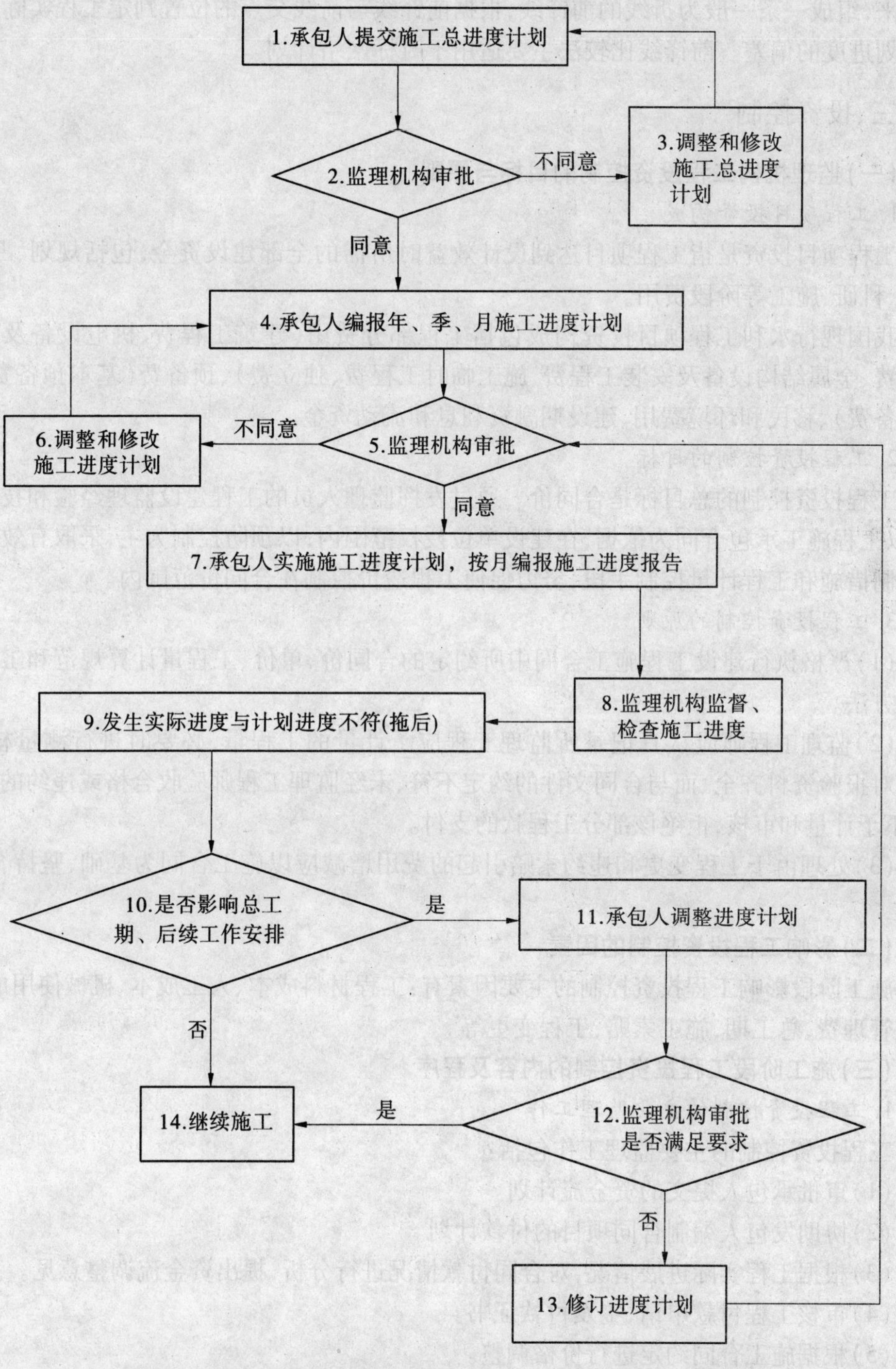

图 3-4　工程进度控制监理工作程序图

前锋线比较法是从检查时刻的时标点出发,将检查时刻正在进行工作的点都依次连接起来,组成一条一般为折线的前锋线,根据前锋线与箭线交点的位置判定工程实际进度与计划进度的偏差。前锋线比较法主要适用于时标网络计划。

三、投资控制

(一)监理机构工程投资控制的目标与原则

1. 工程项目投资构成

工程项目投资是指工程项目达到设计效益时所需的全部建设资金,包括规划、勘测、设计、科研、施工等阶段费用。

我国现行水利工程项目投资构成包括工程部分费用(建筑工程费、机电设备及安装工程费、金属结构设备及安装工程费、施工临时工程费、独立费)、预备费(基本预备费、价差预备费)、移民和环境费用、建设期融资利息和流动资金。

2. 工程投资控制的目标

工程投资控制的总目标是合同价。通过发挥监理人员的工程建设监理经验和技术优势,以工程施工承包合同为依据,在建设单位授权范围内,以预防控制为主,采取有效的动态控制措施和工程计量控制手段,努力促使工程造价控制在合同价范围内。

3. 工程投资控制的原则

(1)严格执行建设工程施工合同中所约定的合同价、单价、工程量计算规范和工程款支付方法。

(2)监理工程师应认真记录所监理工程应予计量的工程量,必要时进行测量核实。坚持对报验资料齐全、而与合同文件的约定不符、未经监理工程师验收合格或违约的工程量,不予计量和审核,拒绝该部分工程款的支付。

(3)处理由于工程变更和违约索赔引起的费用增减应以施工合同为基础,坚持合理、公正。

(二)影响工程投资控制的因素

施工阶段影响工程投资控制的主要因素有:工程材料成本、人工成本、机械使用成本,施工管理费,总工期,施工索赔,工程变更等。

(三)施工阶段工程投资控制的内容及程序

1. 工程投资控制的主要监理工作

工程投资控制的主要监理工作包括:

(1)审批承包人提交的资金流计划。

(2)协助发包人编制合同项目的付款计划。

(3)根据工程实际进展情况,对合同付款情况进行分析,提出资金流调整意见。

(4)审核工程付款申请,签发付款证书。

(5)根据施工合同约定进行价格调整。

(6)根据授权处理工程变更所引起的工程费用变化事宜。

(7)根据授权处理合同索赔中的费用问题。

(8)审核完工付款申请,签发完工付款证书。

(9)审核最终付款申请,签发最终付款证书。

2. 工程投资控制的内容及要求

水利部《水利工程施工监理规范》(SL 288—2014)规定了工程投资控制的内容及要求。

3. 工程投资控制流程

工程投资控制流程如图3-5所示。

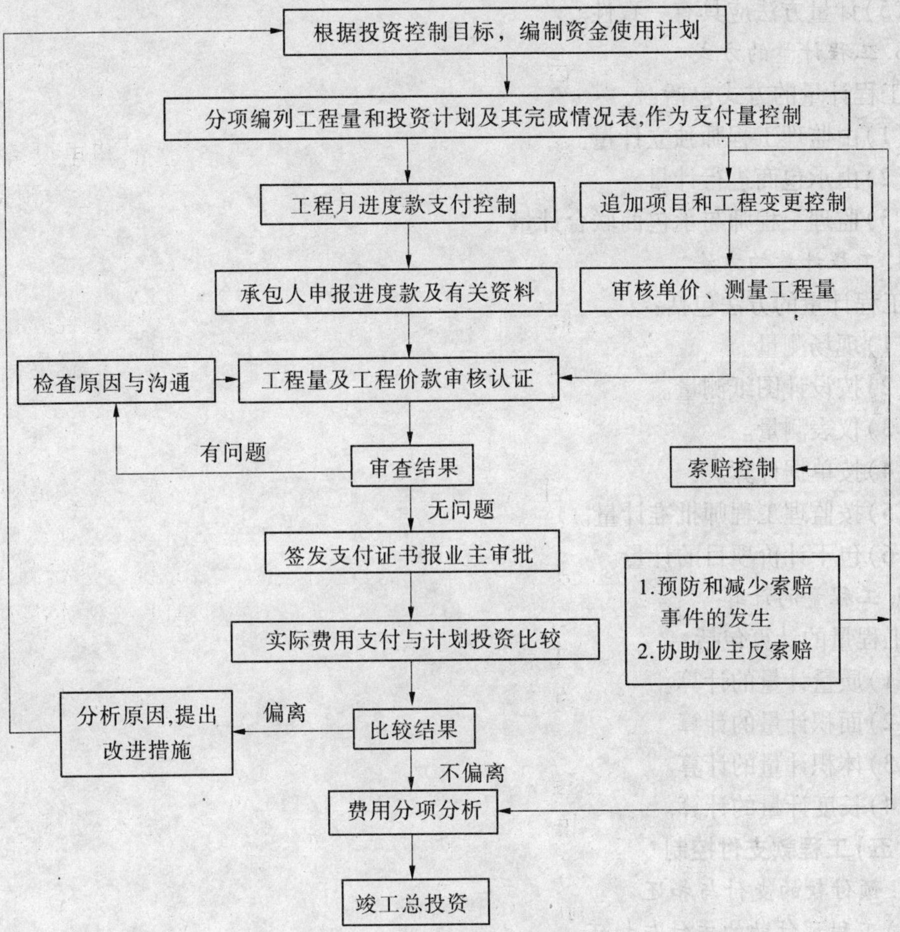

图3-5　工程投资控制流程

(四)工程计量

工程计量是指根据设计文件及承包合同中关于工程量计算的规定,项目监理机构对承包商已完成的工程量进行的测量和计算。工程计量是投资控制的重要内容、工程款支付的凭证、控制投资支出的关键环节、约束承包商履行合同义务的手段。

1. 工程计量的程序

水利部《水利工程施工监理规范》(SL 288—2014)、《建设工程施工合同(示范文本)》(GF－2013－0201)规定了工程计量的程序。

2. 工程计量的原则

工程计量的原则包括：

(1)计量项目必须是合同中规定的项目。

(2)计量项目的质量应达到合同规定的技术标准。

(3)计量项目的申报资料和验收手续应该齐全。

(4)计量结果必须得到监理工程师和承包商双方确认。

(5)计量方法应具有一致性。

3. 工程计量的方式

工程计量的方式包括：

(1)由监理工程师独立计量。

(2)由承包商进行计量。

(3)监理工程师与承包商联合计量。

4. 工程计量的方法

工程计量的方法包括：

(1)现场测量。

(2)按设计图纸测量。

(3)仪表测量。

(4)按单据计算。

(5)按监理工程师批准计量。

(6)包干计价项目的计量。

5. 工程量的计算

工程量的计算包括：

(1)质量计量的计算。

(2)面积计量的计算。

(3)体积计量的计算。

(4)长度计量的计算。

(五)工程款支付控制

1. 预付款的支付与扣还

1)工程预付款的支付与扣还

工程预付款是指项目法人与中标的承包人签订施工合同后、工程正式开工前预付给承包人的一部分资金，帮助承包人尽快做好施工准备，并用于工程施工初期各项费用的支出。

工程预付款的支付条件：承包人必须按合同规定办理预付款保函或担保。该保函应在建设单位收回全部预付款之前一直有效。

《建设工程价款结算暂行办法》(财建〔2004〕369 号)第十二条规定：包工包料工程的预付款按合同约定拨付，原则上预付比例不低于合同金额的 10%，不高于合同金额的 30%，对重大工程项目，按年度工程计划逐年预付。计价执行《建设工程工程量清单计价规范》(GB 50500—2003)的工程，实体性消耗和非实体性消耗部分应在合同中分别约定预付款比例。

工程预付款由发包人从月进度付款中逐渐扣回。在合同累计完成金额达到专用合同条款规定的数额时开始扣款，直至合同累计完成金额达到专用合同条款规定的数额时全部扣清。

2）材料预付款的支付与扣还

材料预付款是指发包人用于帮助承包人在施工初期购进成为永久工程组成部分的主要材料或设施的款项。

材料预付款的支付条件：①材料的质量和储存条件符合技术条款的要求。②材料已到达工地，并经承包人和监理人共同验点入库。③承包人按监理人的要求提交材料的订货单、收据或价格证明文件。

材料预付款金额为经监理人审核后的实际材料价的90%，在月进度付款中支付。

材料预付款从付款月后的6个月内在月进度付款中每月按该预付款金额的1/6平均扣还。

2. 保留金的扣留与退还

保留金也叫滞留金或滞付金，是发包人从承包人完成的合同工程款中扣留的用于承包人修补工程缺陷和完成尾工义务的担保。

施工合同一般规定，发包人应从承包人有权得到的进度款中扣留一定比例（一般为应支付价款的10%）的金额，直到该项金额达到合同规定的保留金最高限额（一般为合同总价的5%）为止。因此，监理工程师应从第一个月开始，在给承包人的月进度付款中扣留按专用合同条款规定百分比的金额作为保留金（其计算额度不包括预付款和价格调整金额），直至扣留的保留金总额达到专用合同条款规定的数额为止。

随着工程项目的完工和保修期满，发包人应依据合同规定向承包人退还扣留的保留金，一般分两次退还。

（1）当整个工程通过完工验收并颁发工程移交证书后14天内，由监理工程师开具保留金付款证书，项目法人将保留金总额的一半支付给承包人。在单位工程验收并签发移交证书后，将其相应的保留金总额的一半在月进度付款中支付给承包人。

（2）在全部工程保修期（缺陷责任期）满后，由监理工程师开具剩余的保留金付款证书。项目法人应在收到上述付款证书后14天内将剩余的保留金支付给承包人。若保修期满时尚需承包人完成剩余工作，则监理工程师有权在付款证书中扣留与剩余工作所需金额相应的保留金余额。

3. 工程进度付款控制

工程进度款的支付也称中间结算，在水利工程施工合同中，一般规定按月支付。承包人应在每月末按监理人规定的格式提交月进度付款申请单，并附上完成工程量月报表。

工程款支付监理工作程序如图3-6所示。

4. 完工结算

合同项目完工并经验收、移交，颁发移交证书后，在合同规定时间内，承包人应向监理人提交完工付款申请及支持性材料，经监理人审核后签发完工支付证书并报项目法人批准。

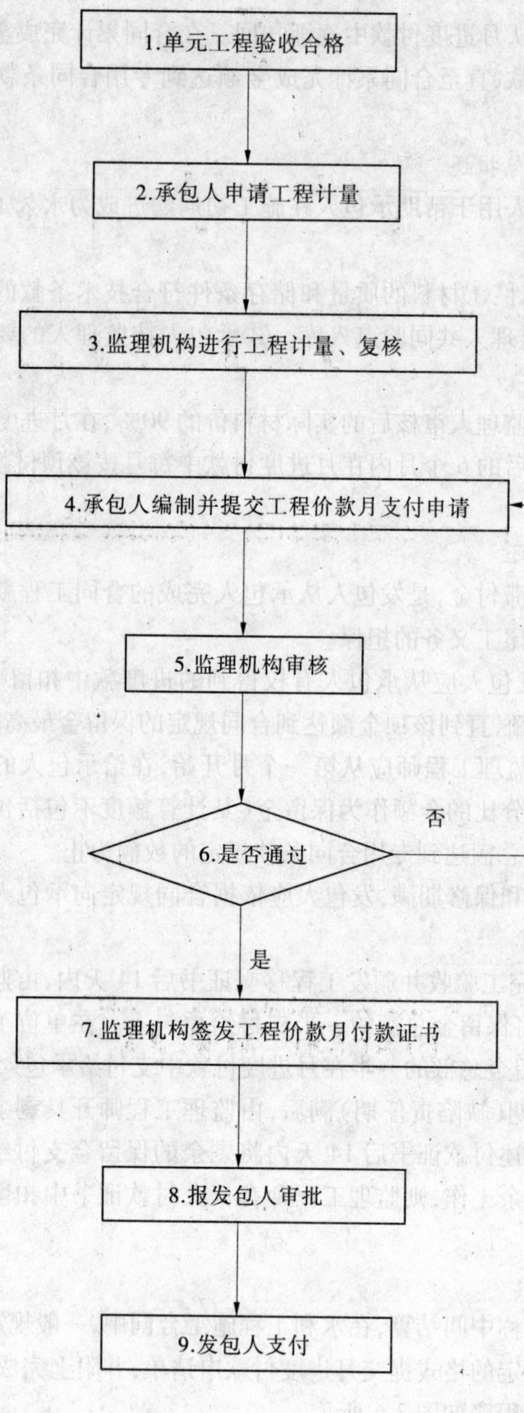

图 3-6　工程款支付监理工作程序图

5. 最终结算(最终支付)

在工程保修期终止后,且监理人向承包人颁发了保修责任终止证书,施工合同双方可进行工程的最终结算。

最终结算的程序:

(1)承包人向监理人提交最终付款申请单。

(2)监理人签发最终支付证书。

(3)最终支付。

(六)投资偏差分析

1. 挣值法的三个费用值

挣值法又称为赢得值法或偏差分析法,是用以分析目标实施与目标期望之间差异的一种方法。挣值法是通过测量和计算已完成工作的预算费用与已完成工作的实际费用,将其与计划完成工作的预算费用相比较,得到项目费用偏差和进度偏差,从而达到判断项目费用和进度计划执行状况的目的。

挣值法的三个费用值:计划完成工作预算费用(BCWS)、已完工作预算费用(BCWP)、已完工作实际费用(ACWP)。

挣值法的四个评价指标:费用偏差(CV)、进度偏差(SV)、费用绩效指数(CPI)、进度绩效指数(SPI)。

2. 投资偏差参数

投资偏差是指在投资控制中,投资的实际值与计划值的差值。

进度偏差是指在投资控制中,工程的实际时间与计划时间的差值。

局部偏差有两层含义:一是对于整个项目而言,是指各单位工程、分部工程、单元工程的投资偏差;二是对于整个项目已经实施的时间而言,是指每一控制周期内所发生的投资偏差。

累计偏差是指各局部偏差累计之和。累计偏差是一个动态的概念,其数值总是与具体的时间联系在一起的,第一个累计偏差在数值上等于局部偏差,最终的累计偏差就是整个项目的投资偏差。

绝对偏差是指在投资控制中,投资实际值与计划值的差值。

相对偏差是指绝对偏差与投资计划值的比值。

投资偏差程度是指投资实际值对计划值的偏离程度。

进度偏差程度是指工程实际时间对计划时间的偏离程度。

3. 投资偏差分析的方法

投资偏差分析常用横道图法、表格法和投资曲线法等方法。

4. 投资偏差原因分析

一般来说,产生投资偏差的原因主要包括设计原因、业主原因、施工原因、物价上涨因素、自然因素、法律法规变化等。

5. 投资纠偏措施

对偏差原因进行分析的目的是有针对性地采取纠偏措施,从而实现投资的动态控制和主动控制。纠偏的主要对象是业主原因、设计原因和施工原因造成的投资偏差。纠偏可综合采用组织措施、经济措施、技术措施和合同措施等。

四、合同管理

(一)监理机构合同管理的目标与原则

1. 合同管理的目标

处理好工程变更,防范索赔、风险和其他损失,努力排除或减少合同争议,使承包人在尽可能节省投资的情况下,保质、按期或提前完成工程施工任务。

2. 合同管理的原则

监理人员在施工阶段认真分析研究合同条款内容,充分理解合同的各项条款。跟踪检查合同的执行情况,避免违约事件的发生。发现有违约行为,及时向违约方发出监理通知,防止违约扩大。

(二)合同基本知识

1. 合同的概念

合同是平等主体的自然人、法人、其他组织之间设立、变更、终止民事权利义务关系的协议。合同具有三大要素,即合同主体、合同客体和合同内容。

2.《合同法》的基本原则

平等原则、自愿原则、公平原则、诚实信用原则和合法原则共同构成了《合同法》的基本原则,贯穿了合同从签订到终止的全过程,也是每一个合同当事人均应遵守、不得违反的基本原则。

3. 合同的形式

合同的形式主要有:口头合同、书面合同、公证形式、鉴证形式、批准形式、登记形式、合同确认书等。

4. 合同的基本内容

合同的基本内容包括:当事人的名称或者姓名和住所,标的,数量,质量,价款或者报酬,履行的期限、地点和方式,违约责任,解决争议的方法。

5. 合同订立

合同订立的一般程序从法律上可分为要约和承诺两个阶段。要约是希望和他人订立合同的意思表示。承诺是受要约人同意要约的意思表示。要约与承诺属于法律行为,当事人双方一旦做出相应的意思表示,就要受到法律的约束,否则必须承担法律责任。

6. 合同的生效、无效、变更、撤销

合同生效是指合同对双方当事人的法律约束力的开始。合同生效的条件:①当事人具有相应的民事权利能力和民事行为能力;②意思表示真实;③不违反法律和社会公共利益。

合同无效根据《合同法》第52条的规定。

合同变更、撤销根据《合同法》第54条的规定。

7. 合同范本

为了避免当事人订立的合同条款不完备、责任划分不公平、管理程序不严谨,造成履行中的各种不便、理解歧义,产生合同争议等问题,我国建设行政主管部门和国际权威机构(如国际咨询工程师联合会“FIDIC”),针对项目建设的不同类型合同,颁布了许多合同范本,以供当事人订立合同时参考使用。合同范本一般采用协议书(或合同书)、通用条款(或通用条件)、专用条款(或专用条件)、附件的格式编制。合同范本属于推荐性质,不具有强制性法律效力。

(三)工程施工合同

1.施工合同的概念

施工合同是发包人与承包人就完成具体工程建设项目的土建施工、设备安装、设备调试、工程保修等工作内容,明确合同双方权利义务关系的协议。施工合同是建设工程合同的一种,它与其他建设工程施工合同一样是双务有偿合同。

2.施工合同的特点

施工合同的特点主要有:

(1)施工合同应当采取书面形式。

(2)列入国家计划内的重点建筑安装工程,必须按照国家规定的基本建设程序和国家批准的投资计划签订合同,如果双方不能达成一致意见,由双方上级主管部门处理。

(3)签订施工合同必须遵守国家法律、法规,并具备规定的基本条件。

3.施工合同的分类

施工合同按计价方式进行划分,可分为总价合同、单价合同、成本加酬金合同等。

总价合同是指在合同中确定一个完成项目的总价,承包单位据此完成项目全部内容的合同。

单价合同是指承包商按工程量报价单内分项工作内容填报单价,以实际完成工程量乘以所报单价计算结算款的合同。

成本加酬金合同是指业主向承包商支付工程项目的实际成本,并按事先约定的某一种方式支付酬金的合同。

4.施工合同的内容

施工合同的内容包括:工程范围、建设工期、中间交工工程的开工和竣工时间、工程质量、工程造价、技术资料交付时间、材料和设备供应责任、拨款和结算、竣工验收、质量保修范围和质量保修期、双方相互协作的事项等。

5.施工合同文件

施工合同文件的组成包括:合同条款、技术条款、图纸、已标价的工程量清单、投标报价书、中标通知书、合同协议书、其他。

施工合同文件的解释优先次序如下:

(1)施工合同协议书(包括补充协议书)。

(2)中标通知书。

(3)投标报价书。

(4)合同条款第二部分,即专用合同条款。

(5)合同条款第一部分,即通用合同条款。

(6)技术条款。

(7)图纸。

(8)已标价的工程量清单。

(9)经双方确认进入合同的其他文件。

(四)施工阶段合同管理的内容及程序

1. 合同管理的内容及要求

水利部《水利工程施工监理规范》(SL 288—2014)规定了合同管理的内容及要求。

2. 合同管理的程序

根据设计变更、工程延期、费用索赔、合同争议和违约事件处理管理程序的要求,监理机构在监理过程中应记录、收集详细资料,依据事件的事实审核、评估施工单位提交的延长工期申报表、索赔意向通知、索赔申请报告等,对有关事件做出公正处理。

(五)工程变更处理

1. 工程变更的概念

工程变更是指因设计条件、设计方案、施工现场条件、施工方案发生变化,或项目法人与监理单位认为必要时,为实现合同目的对设计文件或施工状态所做出的改变与修改。工程变更包括设计变更和施工变更。

2. 工程变更的组织管理

变更涉及的工程参建方很多,但主要是发包人、监理人和承包人三方,或者说均通过该三方来处理。比如涉及设计单位的设计变更时,由发包人提出变更;涉及分包人的分包工程变更时,由承包人提出。但其中,监理人是变更管理的中枢和纽带,无论是何方要求的变更,均需通过监理人发布变更令来实施。

3. 工程变更的范围和内容

工程变更的范围和内容包括:

(1)增加或减少合同中任何一项工作内容。

(2)增加或减少合同中关键项目的工程量超过专用合同条款规定的百分比(可在15%~25%范围内)。

(3)取消合同中任何一项工作。

(4)改变合同中任何一项工作的标准或性质。

(5)改变工程建筑物的形式、基线、标高、位置或尺寸。

(6)改变合同中任何一项工程的完工日期或改变已批准的施工顺序。

(7)追加为完成工程所需的任何额外工作。

4. 工程变更的处理原则

工程变更的处理原则包括:

(1)工程变更需要延长工期时,应按合同有关规定办理;若变更使合同工作量减少,监理人认为应予提前变更项目的工期时,由监理人和承包人协商确定。

(2)工程变更需要调整合同价格时,若合同《工程量清单》中有适用于变更工作的项目,应采用该项目单价或合价;若合同《工程量清单》中无适用于变更工作的项目,则可在合理的范围内参考类似项目的单价或合价作为变更估计的基础,由监理人与承包人协商确定变更后的单价或合价;若合同《工程量清单》中无类似项目的单价或合价可供参考,则应由监理人与发包人和承包人协商确定新的单价或合价。

5. 工程变更指示

不论是由何方提出的变更要求或建议,均需经监理人与有关方面协商,并得到发包人批准或授权后,再由监理人按合同规定及时向承包人发出变更指示。变更指示的内容应包括变更项目的详细变更内容、变更工程量和有关文件图纸以及监理人按合同规定指明的变更处理原则。

6. 工程变更报价

承包人在收到监理人发出的变更指示后,应在合同规定的时限内(一般为 28 天),向监理人提交一份变更报价书,并抄送发包人。变更报价书的内容应包括承包人确认的变更处理原则和变更工程量及变更项目的报价单。监理人认为有必要时,可要求承包人提交重大变更项目的施工措施、进度计划和单价分析等。

7. 工程变更处理决定

监理人应在收到承包人的变更报价书后,在合同规定的时限内(一般为 28 天)对变更报价书进行审核,并作出变更处理决定,而后将变更处理决定通知承包人,抄送发包人。

发包人和承包人未能就监理人的决定取得一致意见,则监理人有权暂定他认为合适的价格和需要调整的工期,并将其暂定的变更处理意见通知承包人,抄送发包人,为了不影响工程进度,承包人应遵照执行。对已实施的变更,监理人可将其暂定的变更费用列入合同规定的月进度付款中予以支付。但发包人和承包人均有权在收到监理人的变更决定后,在合同规定的时间内(一般为 28 天)要求按合同规定提请争议评审组评审,若在合同规定时限内发包人和承包人双方均未提出上述要求,则监理人的变更决定即为最终决定。

工程变更监理工作程序如图 3-7 所示。

(六)施工索赔管理

1. 施工索赔概述

施工索赔是指在工程的施工、安装阶段,建设工程合同的一方当事人因对方不履行合同义务或应由对方承担的风险事件发生而遭受的损失,向对方提出的赔偿或者补偿要求。对施工合同的双方当事人来说,都有通过索赔来维护自己合法利益的权利,依据双方约定的合同责任,构成正确履行合同义务的制约关系。在工程施工索赔实践中,习惯上一般把承包人向发包人提出的赔偿或补偿要求称为索赔,把发包人向承包人提出的赔偿或补偿要求称为反索赔。

2. 索赔的特征

索赔的特征主要有:主体双向特征、合法特征、客观特性、合理特性、形式特性、目的特性等。

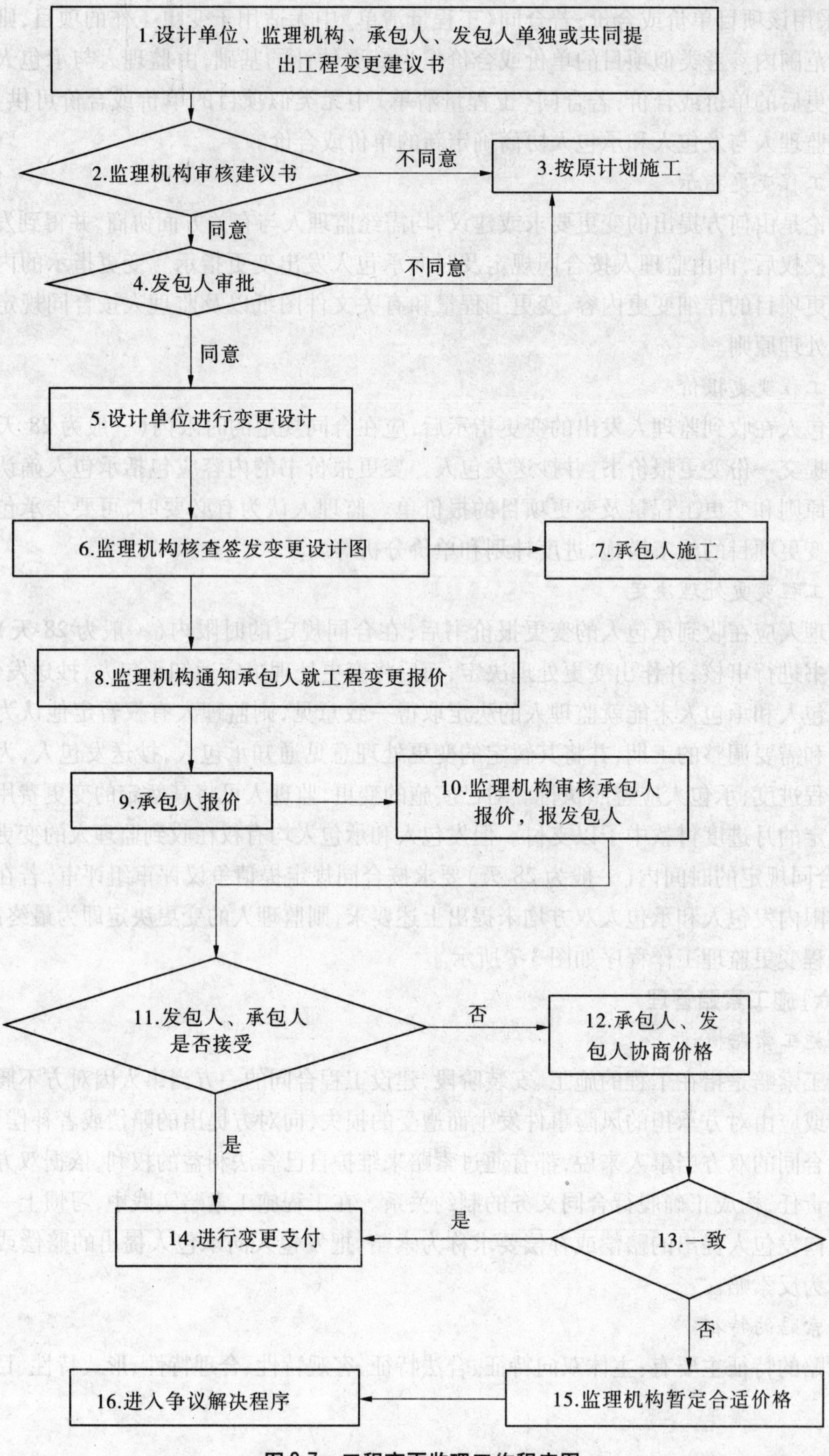

图 3-7 工程变更监理工作程序图

3. 施工索赔分类

按照索赔的合同依据分类,可分为合同规定的索赔、非合同规定的索赔、道义索赔。按照索赔的目的分类,可分为工期索赔、经济索赔。按照发生索赔的原因分类,可分为工期延误索赔、加速施工索赔、增加或减少工程量索赔、地质条件变化索赔、工程变更索赔、暂停施工索赔、施工图纸拖交索赔、延迟支付工程款索赔、物价波动上涨索赔、不可预见和意外风险索赔、法规变化索赔、发包人违约索赔、合同文件缺陷索赔等。按照索赔的处理方法分类,可分为单项索赔、综合索赔。按照索赔当事人之间的关系分类,可分为承包人和发包人之间的索赔、承包人和分包人之间的索赔、承包人和供货人之间的索赔。按照合同的主从关系分类,可分为施工承包主合同索赔、施工合同涉及的从属合同(如分包合同、供应合同、劳务合同等)索赔。按照索赔事件使合同所处状态分类,可分为正常施工索赔、停工索赔、解除合同索赔等。

4. 索赔的原因

索赔的原因主要包括:

(1)合同文件引起的索赔。

(2)不可抗力原因引起的索赔。

(3)发包人违约引起的索赔。

(4)监理人的原因引起的索赔。

(5)价格调整引起的索赔。

(6)法律变化引起的索赔。

5. 索赔程序和期限

承包人向发包人提出索赔要求的程序如下:

(1)提交索赔意向书。

(2)提交索赔申请报告。

(3)提交中期索赔报告。

(4)提交最终索赔申请报告。

承包人按合同规定提交了完工付款申请单后,应认为已无权再提出在本合同工程移交证书颁发前所发生的任何索赔。承包人按合同规定提交的最终付款申请单中,只限于提出本合同工程移交证书颁发后发生的索赔。提出索赔的终止期限是提交最终付款申请单的时间。

工程索赔处理监理工作程序如图 3-8 所示。

6. 索赔应注意的事项

索赔应注意的事项包括:

(1)及时发现索赔机会。

(2)签商好合同协议。

(3)对口头变更指令要得到确认。

(4)及时发出“索赔通知书”。

(5)索赔事件论证要充分。

(6)索赔计算方法和款额要适当。

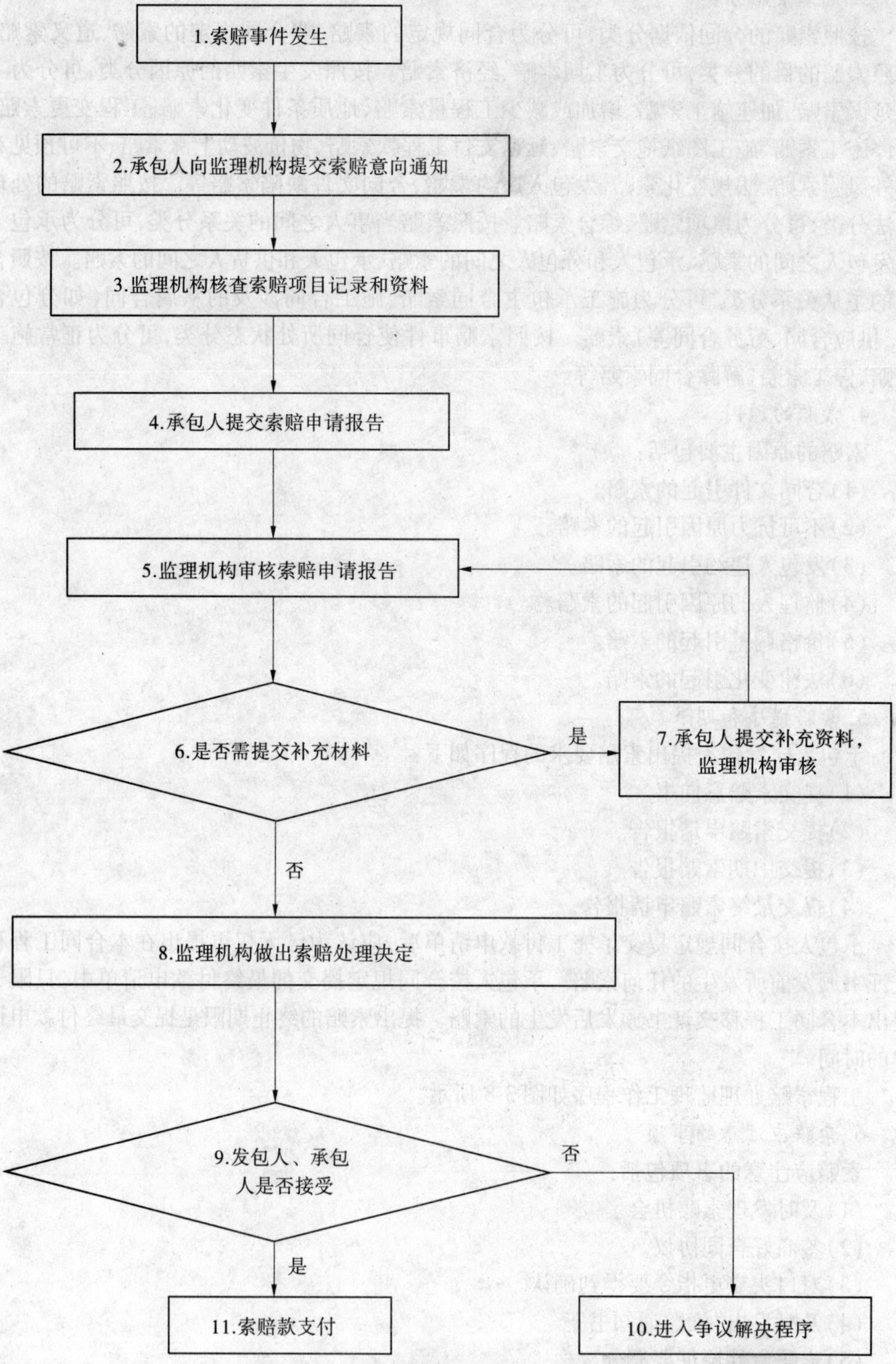

图 3-8　工程索赔处理监理工作程序图

(7)力争单项索赔,避免一揽子索赔。

(8)坚持采用“清理账目法”。

(9)力争友好解决,防止对立情绪。

7. 建设工程反索赔

反索赔是相对索赔而言的。在工程索赔中,反索赔通常指发包人向承包人提出的索赔。由于承包人不履行或不完全履行约定的义务,或是由于承包人的行为使业主受到损失时,发包人为了维护自己的利益,向承包人提出索赔。

建设工程反索赔的特点:

(1)索赔与反索赔同时性。

(2)技巧性强。

(3)发包人地位的主动性。

建设工程反索赔的内容包括:

(1)工程质量缺陷的反索赔。

(2)拖延工期的反索赔。

(3)保留金的反索赔。

(4)发包人其他损失的反索赔。

(5)业主反驳与修正承包商提出的索赔。

五、信息管理

(一)监理机构信息管理的目标与原则

1. 信息管理的目标

建立监理信息系统、信息编码系统等工程信息管理系统,保证工程信息采集、处理的准确、全面和及时,为工程建设的目标控制提供及时、准确、完整的信息。

2. 信息管理的原则

及时收集、处理、储存、传递和使用工程建设中的各种工程信息,及时为发包人和其他参建单位提供科学的决策依据。

(二)信息的概念与特征

1. 信息的概念

信息是指有意义的数据,是经过加工并对人们行动产生决策影响的数据。此处的数据是指广义上的数据,包括文字、数值、语言、图表、图像等表达形式。经过整理加工以后的数据,经人的解释即赋予一定的意义后,才能成为信息。

2. 监理信息的特征

信息具有真实性、时效性、价值性、可加工性、共享性、可存储性、等级性、传递性等一般特征。对于监理信息,其基本特征是真实性、系统性、时效性和不完全性。

(三)监理信息的构成及类型

1. 监理信息的构成

监理信息主要由文字图形信息、语言信息、现代信息和市场信息构成。

2. 监理信息的类型

监理信息按照建设监理的目的划分，可分为质量控制信息、进度控制信息、投资控制信息。按照建设监理信息的来源划分，可分为项目内部信息、项目外部信息。按照信息功能划分，可分为监理日志、记录、会议纪要，监理月报、年报、监理专题报告、监理工作报告，申请与批复；通知、指示，检查与检测记录及验收报告，合同文件、设计文件、监理规划、监理实施细则、监理制度、施工组织设计、施工措施计划、进度计划等技术和管理文件等。按照信息形式划分，可分为纸质(文字、图表)信息、声像信息、图片信息、电子文档信息。按照信息的稳定程度划分，可分为固定信息(静态信息)、流动信息(动态信息)。按照信息的层次划分，可分为战略性信息(决策层信息)、策略性信息(管理层信息)、业务性信息(作业层信息)。按照信息范围的不同划分，可分为精细的信息、摘要的信息。按照信息时间的不同划分，可分为历史性的信息、预测性的信息。按照监理阶段的不同划分，可分为计划的信息、作业的信息、核算的信息、报告的信息。按照信息的期待性不同划分，可分为预知的信息、突发的信息。

(四)信息管理与信息系统

1. 信息管理

信息管理是指信息资料的收集、分类、整编、归档、保管、传阅、查阅、复制、移交、保密等一系列工作的总称。信息管理目的就是通过有组织的信息流通，使决策者能及时、准确地获得有用的信息。

监理信息管理的基本任务是及时掌握准确完整的信息，依靠有效信息对质量、进度、投资进行有效控制，以卓越成效完成监理任务。

2. 信息系统

信息系统是指由人和计算机等组成，以系统思维为依据，以计算机为手段，进行数据(情况)收集、传递、处理、存储、分发、加工产生信息，为决策、预测和管理提供依据的系统。根据系统原理，信息系统由输入、处理、输出、反馈、控制五个基本要素组成。

监理信息系统就是管理信息系统(MIS)原理和方法在建设监理工作中的具体应用。监理信息系统一般由质量控制子系统、进度控制子系统、投资控制子系统、合同管理子系统、施工安全与环境保护子系统、行政事务管理子系统等六个子系统和一个数据库管理系统组成。各子系统之间既相互独立，各有其自身目标控制的内容和方法，又相互联系，互为其他子系统提供信息。

质量控制子系统、进度控制子系统、投资控制子系统、合同管理子系统、行政事务管理子系统的内容及功能分别如图3-9～图3-13所示。

(五)施工阶段信息管理的内容及程序

1. 信息管理的内容及要求

水利部《水利工程施工监理规范》(SL 288—2014)规定了信息管理的内容及要求。

2. 监理信息管理的程序

(1)建立信息管理制度。

(2)确定信息流内容。

(3)确定常用报告、报表格式。

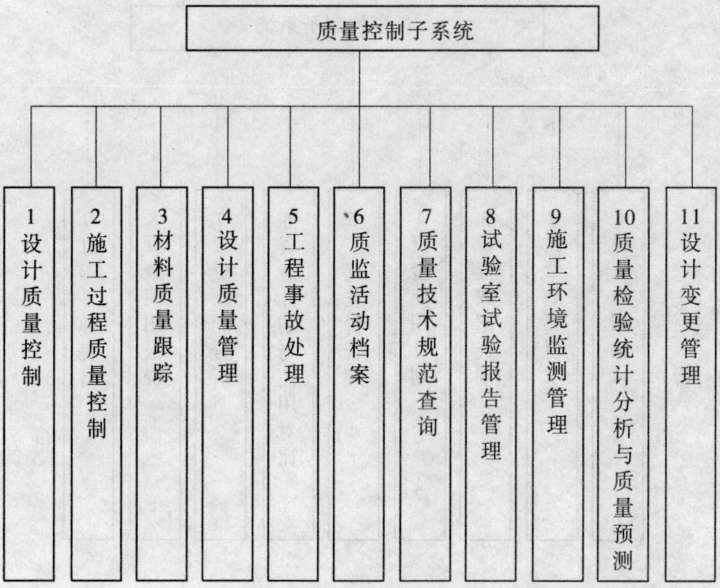

图3-9 质量控制子系统

图3-10 进度控制子系统

(4)建立监理信息库(信息采集系统、信息整理系统、信息查询系统等)。

(5)建立现场监理信息分析系统。

(6)建立现场监理常用报告、报表编制处理系统。

(7)建立文件档案管理系统。

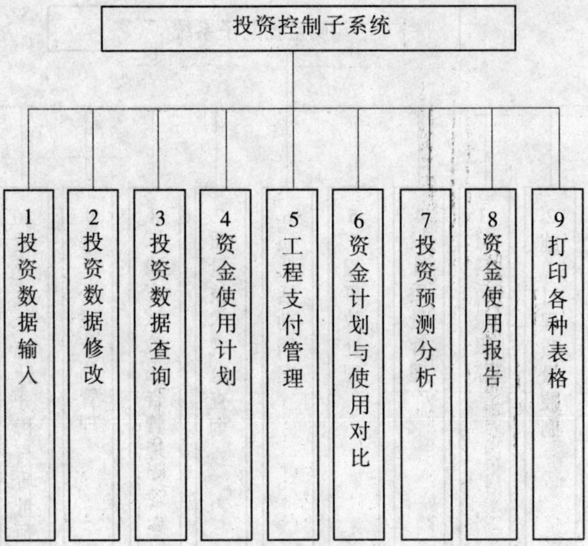

图 3-11 投资控制子系统

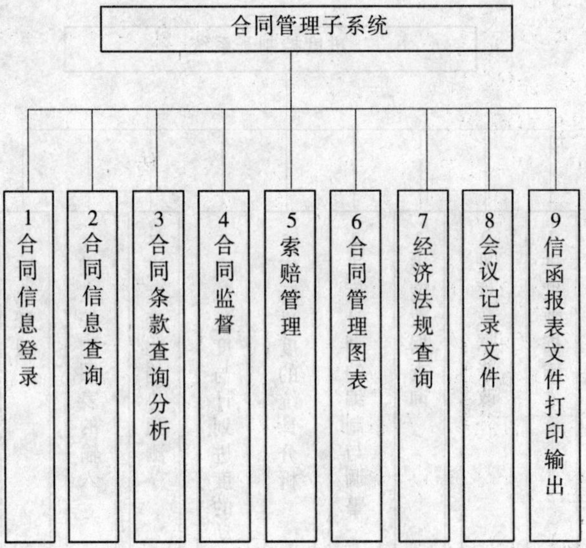

图 3-12 合同管理子系统

(8)按合同规定移交业主。

(六)建设项目信息收集

1.施工前的信息资料收集

施工前的信息资料包括:批准的可行性研究报告及其他资料、工程设计文件及有关资料、施工承包合同文件及有关资料等。

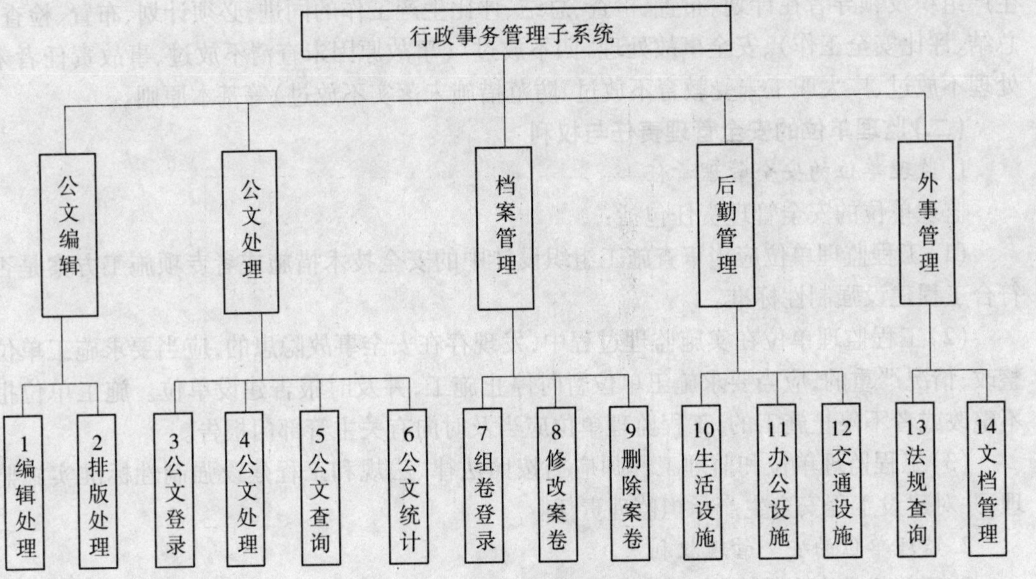

图3-13　行政事务管理子系统

2. 施工过程中的信息资料收集

施工过程中收集的信息资料包括:来自业主的信息、来自承包商的信息、来自监理机构的信息(监理记录、会议记录、监理月报等)等。

(七)建设项目信息处理

建设项目信息处理一般包含信息收集、加工整理、传输、存储、检索和应用六项内容。信息处理必须借助于一定的载体和信息管理系统进行。

(八)建设项目监理文档管理

建设项目监理文档管理是指监理机构在开展监理工作期间,对工程建设实施过程中形成的文件资料进行收集、加工整理、立卷归档和检索利用等一系列工作。

建设项目监理文档管理的主要内容包括监理文件资料传递流程的确定、监理文件资料的登录与分类存放、监理文件资料的立卷归档等。

六、施工安全与环境保护管理

(一)监理机构安全管理的方针、目标与原则

1. 安全管理的方针

我国工程建设项目安全管理的方针是:“安全第一,预防为主”。

2. 安全管理的目标

通过对生产因素具体的状态控制,使生产因素不安全的行为和状态减少或消除,不引发为事故,尤其是不引发使人受到伤害的事故,使建设项目效益目标的实现得到充分保证。

3. 安全管理的原则

安全管理必须坚持管生产必须管安全、安全一票否决权、安全生产“五同时”(企业的生产组织及领导者在计划、布置、检查、总结、评比生产工作的同进,必须计划、布置、检查、总结、评比安全工作)、安全事故处理"四不放过"(事故原因未查清不放过、事故责任者未处理不放过、广大职工未受教育不放过、防范措施未落实不放过)等基本原则。

(二)监理单位的安全管理责任与权利

1. 监理单位的安全管理责任

监理单位的安全管理责任包括:

(1)工程监理单位应当审查施工组织设计中的安全技术措施或者专项施工方案是否符合工程建设强制性标准。

(2)工程监理单位在实施监理过程中,发现存在安全事故隐患的,应当要求施工单位整改;情况严重的,应当要求施工单位暂时停止施工,并及时报告建设单位。施工单位拒不整改或者不停止施工的,工程监理单位应当及时向有关主管部门报告。

(3)工程监理单位和监理工程师应当按照法律、法规和工程建设强制性标准实施监理,并对建设工程安全生产承担监理责任。

2. 监理单位的安全管理权利

监理单位的安全管理权利包括:

(1)监督检查权。

(2)限期整改权。

(3)停工整顿权。

(4)开工、复工权。

(5)奖罚权。

(6)验收权。

(7)审批核准权。

(8)调解权。

(三)安全监理的工作任务及依据

1. 安全监理的工作任务

安全监理的工作任务包括:

(1)建立以安全责任制为中心的安全监理制度及运行机制,把安全生产作为日常监理工作的重要内容,及时纠正施工单位在安全生产中的违规行为。

(2)在"监理大纲"、"监理规划"中,明确安全监理目标、措施、计划和工作程序,并据此编制"安全监理实施细则",严格执行监理工作制度,重要施工工序确保做到旁站和平行检测。

(3)审查施工单位的施工组织设计、重大技术方案及现场总平面布置所涉及的安全文明施工和环境保护措施。

(4)监督检查施工单位现场安全文明施工状况,发现问题及时督促整改。

(5)审查施工单位大中型起重机械安全准用证、安装(拆除)资质证、操作许可证,监督检查施工机械安装、拆除、使用和维修过程中的安全技术状况,发现问题及时督促整改。

(6)审查设计单位的设计体系履行安全职责的状况,发现问题及时向建设单位反映,督促解决。

(7)审查施工单位编制的安全、职业健康与环境管理工作程序,审批单位工程开工报告。

(8)审查重大项目、重要工序、危险性作业和特殊作业的安全措施,并监督实施。

(9)协调解决各承包商交叉作业和工序交接中存在的影响安全文明施工的问题,对重大问题,应跟踪控制。

(10)严格控制土建交付安装、安装交付调试以及整套启动、移交生产所应具备的安全条件。

(11)协助建设单位组织安全大检查,并督促落实整改要求,对危及工程安全的水利工程建设施工活动,按照监理权限下达停工指令,并及时向水利工程建设行政主管或安全监督机构报告拒不整改安全隐患的行为。

(12)参加人身重伤以上事故和重大机械设备、火灾事故以及重大场区内交通事故的调查处理工作。

(13)对水利工程建设方案的安全性和水利工程建设单位的安全生产管理作出评价,并列入安全竣工验收资料。

(14)协调建设单位落实安全技术措施费用。

2. 安全监理的依据

水利工程建设项目安全监理的工作依据包括:

(1)设计的水利建设图纸(包括变更设计)。

(2)设计的水利工程建设说明书。

(3)工程投标书。

(4)本工程委托安全监理合同书。

(5)经过建设单位审定的水利工程建设组织计划。

(6)建设单位与承包单位签订的水利工程建设施工合同及附件。

(7)建设单位认可的安全监理方案和安全监理实施细则。

(8)《建设工程安全生产管理条例》。

(9)《水利工程建设安全生产管理规定》。

(10)《水利工程建设监理规定》。

(11)政府有关安全生产的法令、法规、政策和规定。

(四)施工阶段施工安全与环境保护监理的内容及程序

1. 施工安全与环境保护监理的内容及要求

水利部《水利工程施工监理规范》(SL 288—2014)规定了施工安全与环境保护监理的内容及要求。

2. 安全监理的程序

安全监理的一般程序为:建立健全安全监理制度→明确安全监理责任→编制危险源辨识清单→制定安全监理控制措施→进行安全监理教育及交底→过程安全监督检查。

监理机构应按照监理规范要求编制包含有安全生产监督管理内容的监理规划和监理实施细则。在施工准备阶段,监理机构应当审查核验施工单位的有关安全生产文件及安全技术措施。审查未通过的安全技术措施及安全专项方案不得实施。施工阶段监理机构应核查施工单位提交的有关施工机械、安全设施等的验收记录,并由项目总监理工程师在验收记录上签署意见;派专人对施工现场安全生产情况进行巡视检查,对发现的各类安全隐患,应书面通知施工单位,并督促其立即整改;情况严重的,监理单位应立即下达工程暂停令,要求施工单位停工整改,并同时报建设单位;隐患消除后,监理单位应检查整改结果,签署复查或复工意见。施工单位拒不整改或不停工整改的,监理单位应当及时向工程所在地建设行政主管部门报告。有关检查、整改、复查、报告等应在监理日记、监理月报上记载。工程竣工验收后,监理单位应将有关安全管理资料立卷归档,如安全生产技术文件、验收记录、安全监理规划、监理细则、监理日记、监理月报、会议纪要等。

(五)安全监理方法与施工安全控制

1. 安全监理方法

安全监理方法主要有:

(1)审核有关文件、报告和报表。

(2)现场安全检查。

(3)隐患处理。

(4)安全生产奖惩制。

(5)安全监理记录与报告。

2. 施工安全控制

施工安全控制主要包括:

(1)施工作业活动准备状态的控制。

(2)施工作业活动运行过程的控制。

(3)施工作业活动后结果的控制。

(六)环境保护监理

水利工程建设施工现场环境保护的主要目的是保障从业人员的健康,不发生群体健康事故,同时也避免施工对周围环境造成污染,以达到项目安全管理整体目标。

1. 环境保护监理的依据

环境保护监理主要依据有关法律法规,例如《中华人民共和国水法》、《中华人民共和国环境保护法》、《中华人民共和国土地法》、《中华人民共和国水土保持法》、《中华人民共和国水污染防治法》、《中华人民共和国噪声污染防治法》、《中华人民共和国固体废物污染环境防治法》、《土地复垦条例》、《建设项目竣工环境保护验收管理办法》等。

2. 环境保护监理的内容

环境保护监理的内容主要包括:

(1)废水的管理。

(2)废弃物的管理。

(3)噪声的管理。

七、组织协调

(一)监理机构组织协调的目标与原则

1. 协调的概念

协调又称协调管理或界面管理,是指通过协商、沟通、调度,联合所有的力量,使各项活动衔接有序地正常展开,以实现预定目标。

2. 协调的目标

为参建单位营造一个良好的施工氛围,融洽各方关系,充分调动各方的积极性,以全面实现工程项目的建设目标。

3. 协调的原则

坚持实事求是,平等协商,公正合理,兼顾参建各方的利益。针对可能发生的相关各方之间的矛盾做好对策准备,做到事先协调防范,事后及时排除,保证工程的顺利进行。

(二)组织协调的依据

组织协调的依据主要包括:

(1)国家和政府有关部门颁发的法令、法规、规范、标准。

(2)国家计委、主管部门和地方政府对项目建设所做的各种批示、批文。

(3)国家批准的项目初步设计文件、建设工期、总投资。

(4)投资各方达成的合资协议。

(5)董事会或管委会历次会议纪要。

(6)建设各方相互签订的具有法律效力的合同和协议。

(三)施工阶段组织协调的内容

1. 项目系统内部的协调

项目系统内部的协调包括:项目系统内部人际关系的协调、组织关系的协调、需求关系的协调和建设各方之间关系的协调等。

2. 项目系统外部的协调

项目系统外部的协调包括:与政府部门关系的协调、与社会团体关系的协调等。

(四)组织协调的方法

1. 召开协调会议

协调会议包括第一次工地会议、监理例会和监理专题会议等。

2. 其他协调方式

其他协调方式包括:交谈协调法、书面协调法、访问协调法、情况介绍法等。

任务三 基本知识训练

一、单项选择题(每题的备选项中,只有1个最符合题意)

1. 在监理工作中,监理工程师对质量控制的技术措施是(　　)。

A. 制定质量监督制度　　B. 落实技术控制责任制

C. 加强质量检查监督　　D. 制定协调控制程序

2. 建设工程项目信息可按信息层次划分为策略性、业务性和(　　)信息。

A. 内部型　　B. 定型

C. 战略性　　D. 历史性

3.《中华人民共和国建筑法》规定,按照国务院有关规定批准开工报告的建筑工程,因故不能按期开工或者中止施工的,应当及时向批准机关报告情况。因故不能按期开工超过(　　)个月的,应当重新办理开工报告的批准手续。

A. 1　　B. 3

C. 6　　D. 12

4.《中华人民共和国建筑法》规定,建筑工程主体结构的施工(　　)。

A. 经总监理工程师批准,可以由总承包单位分包给具有相应资质的其他施工单位

B. 经建设单位批准,可以由总承包单位分包给具有相应资质的其他施工单位

C. 可以由总承包单位分包给具有相应资质的其他施工单位

D. 必须由总承包单位自行完成

5.《建设工程安全生产管理条例》规定,分包单位应当服从总承包单位的安全生产管理,分包单位不服从管理导致生产安全事故的,(　　)。

A. 由总承包单位承担主要责任

B. 由分包单位承担主要责任

C. 由总承包单位和分包单位共同承担主要责任

D. 由分包单位承担责任,总承包单位不承担责任

6.《建设工程质量管理条例》规定,建设工程发包单位不得迫使承包方以(　　)。

A. 低于市场的价格竞标,不得任意压缩合理工期

B. 低于成本的价格竞标,不得任意压缩合理工期

C. 低于预算的价格竞标,不得降低工程质量

D. 低于标底的价格竞标,不得降低工程质量

7.《建设工程监理规范》规定,施工过程中,总监理工程师应定期主持召开工地例会。会议纪要应由(　　)负责起草,并经与会各方代表会签。

A. 总监理工程师　　B. 项目监理机构

C. 建设单位　　D. 施工单位

8.《建设工程监理规范》规定,对隐蔽工程的隐蔽过程、下道工序施工完成后难以检查的重点部位,(　　)。

A. 总监理工程师代表应安排监理员进行旁站

B. 专业监理工程师应安排监理员进行旁站

C. 总监理工程师应安排专业监理工程师进行巡视

D. 总监理工程师代表应安排专业监理工程师进行巡视

9. 建设工程数据库中的数据是(　　)。

A. 静止的、孤立的　　B. 动态的、孤立的

C. 动态的、有联系的　　D. 静止的、有联系的

10. 建筑工程合同应采用(　　)。

A. 信件形式　　B. 合同书形式

C. 数据电文　　D. 口头形式

11. 合同是平等主体的自然人、法人、其他组织之间设立、变更、终止(　　)的协议。

A. 各自经济责任关系　　B. 民事权利义务关系

C. 相互经济利益关系　　D. 各自经济义务关系

12. 向投标人发出中标通知书是(　　)。

A. 要约　　B. 承诺

C. 要约邀请　　D. 要约通知

13. 在建设工程监理活动中,要保证项目的参与各方围绕建设工程开展工作,使项目目标顺利实现,监理单位最重要也最困难的工作是(　　)。

A. 合同管理　　B. 组织协调

C. 目标控制　　D. 信息管理

14. (　　)是通过分析项目目标实施与项目目标期望值之间的差异,从而判断项目实施的费用、进度绩效的一种方法。

A. 挣值法　　B. 价值工程分析

C. 百分比法　　D. 量本利分析法

15. 挣值法计算过程中,费用偏差用公式(　　)求得。

A. 已完成工作预算费用 - 计划完成工作预算费用

B. 已完成工作预算费用 - 已完成工作实际费用

C. 计划完成工作预算费用 - 已完成工作实际费用

D. 已完成工作实际费用 - 已完成工作预算费用

16. 挣值法计算过程中,进度偏差用公式(　　)求得。

A. 已完成工作实际费用 - 已完成工作预算费用

B. 已完成工作预算费用 - 已完成工作实际费用

C. 计划完成工作预算费用 - 已完成工作实际费用

D. 已完成工作预算费用 - 计划完成工作预算费用

二、多项选择题(每题的备选项中,有 2 个或 2 个以上符合题意,至少有 1 个错项)

1. 建设工程实施过程中投入的生产要素包括(　　)。

A. 工程设备　　B. 设计图纸

C. 目标控制措施　　D. 施工方法

E. 信息

2. 项目监理机构的工作效率在很大程度上取决于人际关系的协调,总监理工程师在进行项目监理机构内部人际关系的协调时,可从(　　)等方面进行。

A. 部门职能划分　　B. 监理设备调配

C. 工作职责委任　　D. 人员使用安排

E. 信息沟通制度

3.《中华人民共和国建筑法》规定,从事建筑活动的建筑施工企业、勘察单位、设计单位和工程监理单位应当具备的条件包括(　　)。

A. 有已经完成的建筑工程业绩

B. 有符合国家规定的注册资本

C. 有从事相关建筑活动所应有的技术装备

D. 企业负责人或企业技术负责人应具有高级职称

E. 有与从事建筑活动相适应的具有法定执业资格的专业技术人员

4.《建设工程安全生产管理条例》规定,施工单位的安全责任包括(　　)。

A. 设置安全生产管理机构

B. 施工单位负责人对工程项目的安全施工负责

C. 配备专职安全生产管理人员

D. 施工单位项目负责人在施工前应向作业人员作出安全施工说明

E. 及时、如实报告生产安全事故

5.《建设工程质量管理条例》中,工程监理单位的质量责任和义务包括(　　)。

A. 工程监理单位应当依法取得相应等级的资质证书,并在其资质等级许可的范围内承担工程监理业务

B. 禁止工程监理单位允许其他单位或者个人以本单位的名义承担工程监理业务

C. 工程监理单位应当依照建设单位的要求和建设工程承包合同,代表建设单位对施工质量实施监理

D. 未经监理工程师签字,建筑材料、建筑构配件和设备不得在工程上使用或者安装

E. 未经总监理工程师签字,建设单位不拨付工程款,不进行竣工验收

6. 专业监理工程师对施工单位的试验室应考核的内容包括(　　)。

A. 试验室的资质等级及其试验范围

B. 法定计量单位对试验设备出具的计量检定证明

C. 试验室的组织机构

D. 试验室的管理制度

E. 试验人员的资格证书

7.《建设工程监理规范》规定,工程项目的重点部位、关键工序应由(　　)共同确认。

A. 建设单位　　B. 设计单位

C. 项目监理机构　　D. 施工单位

E. 施工分包单位

8.《中华人民共和国合同法》基本原则有(　　)。

A. 平等原则　　B. 公开原则

C. 公正原则　　D. 诚信原则

E. 合法原则

9. 组成施工合同的文件包括(　　)等。

A. 招标公告　　B. 协议书

C. 中标通知书　　D. 图纸

E. 工程量清单

10. 有权提出工程变更的是(　　)。

A. 业主　　B. 监理单位

C. 承包商　　D. 设计单位
E. 政府

11. 挣值法主要运用以下值中(　　)进行分析。
A. 已完成工作预算进度　　B. 已完成工作预算费用
C. 计划完成工作预算费用　　D. 已完成工作实际费用
E. 计划工作进度

12. 下列情况中(　　)表示进度延误。
A. 进度绩效指数 SPI < 1　　B. 进度偏差 SV 为负值
C. 进度绩效指数 SPI > 1　　D. 进度偏差 SV 为正值
E. 费用绩效指数 CPI < 1

三、问答题

1. 工程施工是使工程设计意图最终实现并形成工程实体的阶段,也是最终形成工程产品质量和工程项目使用价值的重要阶段。因此,施工阶段的质量控制不但是施工监理重要的工作内容,也是工程项目质量控制的重点。

问题:

1)按工程实体质量形成过程的时间,可分为哪三个施工阶段的质量控制环节?

2)施工阶段监理工程师进行质量控制的依据有哪些?

3)采用新工艺、新材料、新技术的工程,事先应进行试验,并由谁出具技术鉴定书?

2. 在水利水电工程建设过程中,由于建设管理、监理、勘测、设计、咨询、施工、材料、设备等原因造成工程质量不符合国家和行业相关标准以及合同约定的质量标准,影响使用寿命和对工程安全运行造成隐患和危害的事件,称为工程质量事故。它具有复杂性、严重性、可变性和多发性等特点。

问题:

1)水利工程质量事故按照直接经济损失大小、处理事故对工期影响时间的长短以及事故处理后对工程功能和寿命的影响,分为哪四类?

2)发生工程质量事故的常见原因有哪些?

3)工程质量事故处理的具体程序是怎样的?

4)工程质量事故的处理原则有哪些?

5)工程质量事故的处理方法有哪些?

6)什么叫工程质量缺陷?工程建设中发生的哪些质量问题属于质量缺陷?

3. 监理人员将定期检查并整理的实际进度信息与项目计划进度信息进行比较,得出实际进度比计划进度拖后、超前还是一致的结论。常用的比较方法有:横道图比较法、S曲线比较法、前锋线比较法、香蕉曲线比较法和列表比较法等。通过比较得出实际进度与计划进度的对比结果。对比结果有三种情况:相一致、超前、拖后。

问题:

1)什么叫横道图比较法？该方法的适用场合是什么？该方法具有哪些优点和缺点？

2)什么叫S曲线比较法？通过比较实际进度S曲线和计划进度S曲线，可以获得哪些信息？

3)什么叫前锋线比较法？该方法的适用场合是什么？前锋线比较法的步骤是怎样的？

4. 工程变更是指因设计条件、设计方案、施工现场条件、施工方案发生变化，或项目法人与监理单位认为必要时，为实现合同目的对设计文件或施工状态所做出的改变与修改。工程变更包括设计变更和施工变更。由于水利水电土建工程受自然条件等外界因素的影响较大，工程情况比较复杂，且在招标阶段未完成施工图纸，因此在施工合同签订后的实施过程中不可避免地发生变更。

问题：

1)工程变更的范围和内容包括哪些？

2)工程变更的处理原则有哪些？

3)工程变更监理工作程序是怎样的?

5."索赔"一词已日渐深入到社会经济生活的各个领域,为人们所熟悉。同样,在履行建设工程合同过程中,也常常发生索赔的情况。施工索赔是指在工程的施工、安装阶段,建设工程合同的一方当事人因对方不履行合同义务或应由对方承担的风险事件发生而遭受的损失,向对方提出的赔偿或者补偿要求。在工程建设各个阶段,都有可能发生索赔,但在施工阶段发生较多。对施工合同的双方当事人来说,都有通过索赔来维护自己的合法利益的权利,依据双方约定的合同责任,构成正确履行合同义务的制约关系。在工程施工索赔实践中,习惯上把施工索赔分为索赔和反索赔两种。

问题:

1)什么叫索赔?什么叫反索赔?

2)工程施工中索赔的常见原因有哪些?

3)工程索赔处理监理工作程序是怎样的?

4)工程施工中业主反索赔的内容有哪些?

6. 监理机构监理信息管理的基本任务是及时掌握准确完整的信息,依靠有效信息对质量、进度、投资进行有效控制，以卓越成效完成监理任务。

问题：

1）什么叫信息管理？信息管理的目的是什么？

2）什么叫信息系统？监理信息系统一般由哪些子系统组成？

3）建设项目信息处理的内容有哪些？

7. 安全管理贯穿于工程建设项目的整个始末，这是一个很重要的工作，随着社会化大生产的不断发展，劳动者在生产经营活动中的地位不断提高，安全问题也越来越受到政府及公众的重视。在项目建设过程中，提高安全生产和文明施工的管理水平，实现安全生产的标准化、规范化，预防伤亡事故的发生，确保职工的安全与身体健康，是每个监理机构及施工企业日常管理工作的重中之重和首要职责。

问题：

1）我国工程建设项目安全管理的方针是什么？安全管理的基本原则有哪些？

2）《建设工程安全生产管理条例》（国务院令第393号）规定的监理单位的安全管理责任有哪些？

3)监理机构安全监理的工作任务有哪些?

4)监理机构安全监理常用的方法有哪些?

8. 协调工作贯穿于水利工程建设项目的全过程,渗透到水利工程建设项目的每一个环节。工程建设的每个过程、每个环节,都存在着不同程度的矛盾和干扰,甚至会产生冲突,这就需要不同层次的人员去协调。协调的内容包罗万象,小到短时间的停工停电,大到不可抗力的破坏和重大设计变更而引起的资金、施工方案的调整。

问题:

1)项目系统内部协调的内容包括哪些?

2)施工阶段监理机构与施工单位关系协调的内容有哪些?

3)工程建设项目组织协调常用的方法有哪些?

四、计算题

1. 某工程项目施工合同采用《水利水电土建工程施工合同条件》,合同价格 2 000 万元,合同工期 12 个月。工程预付款为合同价格的 10%,工程开工前由发包人一次付清。合同实施到第 3 个月时,累计扣还工程预付款 50 万元;合同实施到第 4 个月时,累计完成合同金额 890 万元。试计算第 4 个月应扣还的工程预付款是多少?

2. 某混凝土结构工程,合同计划价为 1 000 万元。5 月底拟完成合同计划价的 80%,实际完成合同计划价的 70%,5 月底实际结算工程款 750 万元,试计算 5 月底的投资偏差和进度偏差分别是多少?

3. 某施工项目进行到 17 周时对前 16 周的工作进行了统计检查,有关情况见表 3-1。

表 3-1

工作代号	计划完成工作预算费用（万元）	已完成工作量（%）	实际发生费用（万元）
A	300	100	310
B	280	100	290
C	260	100	250
D	560	100	560
E	720	50	320
F	450	100	430
G	600	40	270
H	360	0	0
I	350	80	300
J	290	100	260
K	150	0	0
L	180	100	180

问题:

1)简述挣值法中三个参数(费用值)的代号及含义。

2)求出前 16 周的挣得值及 16 周末的挣得值。

3) 求出 16 周的费用偏差(CV)与进度偏差(SV)。

4) 求出 16 周的费用绩效指数(CPI)、进度绩效指数(SPI),并分析成本和进度情况。

4. 某工程计划进度与实际进度如表 3-2 所示,表中粗实线表示计划进度(进度线上方的数据为每周计划投资),粗虚线表示实际进度(进度线上方的数据为每周实际投资),假定各分项工程每周计划完成和实际完成的工程量相等,且进度匀速进展。

表 3-2　工程计划进度与实际进度表　　(资金单位:万元)

分项工程	进度计划(周)									
	1	2	3	4	5	6	7	8	9	10
A	6	6	6							
	6	6	5							
B		5	5	5	5					
				4	4	5	5			
C				8	8	8	8			
					8	8	7	7		
D						3	3	3	3	
							4	4	3	3

问题:

1) 计算每周投资数据,并将结果填入表 3-3 中。

表 3-3

项 目	投资数据									
	1	2	3	4	5	6	7	8	9	10
每周拟完工程计划投资										
拟完工程计划投资累计										
每周已完工程实际投资										
已完工程实际投资累计										
每周已完工程计划投资										
已完工程计划投资累计										

2)绘制该工程三种投资曲线,即:①拟完工程计划投资曲线;②已完工程实际投资曲线;③已完工程计划投资曲线。

3)分析第 5 周和第 8 周末的投资偏差和进度偏差。

任务四 案例分析

1. 某实行监理的工程,施工合同价为 15 000 万元,合同工期为 18 个月,预付款为合同价的 20%,预付款自第 7 个月起在每月应支付的进度款中扣回 300 万元,直至扣完为止,保留金按进度款的 5% 从第 1 个月开始扣除。

工程施工到第 5 个月,监理工程师检查发现第 3 个月浇筑的混凝土工程出现细微裂缝。经查验分析,产生裂缝的原因是混凝土养护措施不到位,须进行裂缝处理。为此,项目监理机构提出:“出现细微裂缝的混凝土工程暂按不合格项目处理,第 3 个月已付该部分工程款在第 5 个月的工程进度款中扣回,在细微裂缝处理完毕并验收合格后的次月再支付。”经计算,该混凝土工程的直接工程费为 200 万元,措施费为直接工程费的 5%,间接费费率为8%,利润率为4%,综合计税系数为3.41%。

施工单位委托一家具有相应资质的专业公司进行裂缝处理,处理费用为4.8万元,工作时间为10天。该工程施工到第6个月,施工单位提出补偿4.8万元和延长10天工期的申请。

该工程前7个月施工单位实际完成的进度款如表3-4所示。

表3-4 施工单位实际完成的进度款

时间(月)	1	2	3	4	5	6	7
实际完成的进度款(万元)	200	300	500	500	600	800	800

问题:

1)项目监理机构在前3个月可签认的工程进度款分别是多少(考虑扣保留金)?

2)写出项目监理机构对混凝土工程中出现细微裂缝质量问题的处理程序。

3)计算出现细微裂缝的混凝土工程的造价。项目监理机构是否应同意施工单位提出的补偿4.8万元和延长10天工期的要求?说明理由。

4)如果第5个月无其他异常情况发生,计算该月项目监理机构可签认的工程进度款。

5)如果施工单位按项目监理机构要求执行,在第6个月将裂缝处理完成并验收合格,计算第7个月项目监理机构可签认的工程进度款。

2. 某引水渠工程长5 km,渠道断面为梯形开敞式,用浆砌石衬砌。采用单价合同发包给承包人。合同条件采用《水利水电土建工程施工合同条件》。合同开工日期为3月1日。合同工程量清单中土方开挖工程量为10万m^3,单价为10元/m^3。合同规定工程量清单中项目的工程量增减变化超过20%时,属于变更。

在合同实施过程中发生下列要点事项:

(1)项目法人采用专家建议并通过专题会议论证,拟采用现浇混凝土板衬砌方案。承包人通过其他渠道得到信息后,在未得到监理人指示的情况下对现浇混凝土板衬砌方案进行了一定的准备工作,并对原有工作(如石料采购、运输、工人招聘等)进行了一定的调整。但是,由于其他原因现浇混凝土板衬砌方案最终未予正式采用实施。承包人在分析了由此造成的费用损失和工期延误基础上,向监理人提交了索赔报告。

(2)合同签订后,承包人按规定时间向监理人提交了施工总进度计划并得到监理人的批准。但是,由于6、7、8、9四个月为当地雨季,降雨造成了必要的停工、工效降低等,实际施工进度比原施工进度计划缓慢。为保证工程按照合同工期完工,承包人增加了挖掘、运输设备和衬砌工人。由此,承包人向监理人提交了索赔报告。

(3)渠线某段长500 m,为深槽明挖段。实际施工中发现,地下水位比招标资料提供的地下水位高3.10 m(属于发包人提供资料不准),需要采取降水措施才能正常施工。据此,承包人提出了降低地下水位措施并按规定程序得到监理人的批准。同时,承包人提出了费用补偿要求,但未得到发包人的同意。发包人拒绝补偿的理由是:地下水位变化属于正常现象,属于承包人风险。在此情况下,承包人采取了暂停施工的做法。

(4)在合同实施中,承包人实际完成并经监理人签认的土方开挖工程量为12万m^3,经合同双方协商,对超过合同规定百分比的工程量按照调整单价11元/m^3结算。工程量的变化未发生合同规定的施工组织和进度计划调整引起的价格调整。

问题:

1)上述"(1)"所述情况,监理人是否应同意承包人的索赔?

2)上述"(2)"所述情况,监理人是否应同意承包人的索赔?

3)上述"(3)"所述情况,承包人是否有权得到费用补偿?承包人的行为是否符合合同约定?

4)上述"(4)"所述情况,承包人是否有权延长工期?承包人有权得到土方开挖多少价款?

3. 某实行监理的工程,施工合同采用《建设工程施工合同(示范文本)》。合同约定,吊装机械闲置补偿费600元/台班,单独计算,不进入直接费。经项目监理机构审核批准的施工总进度计划如图3-14所示(时间单位:月)。

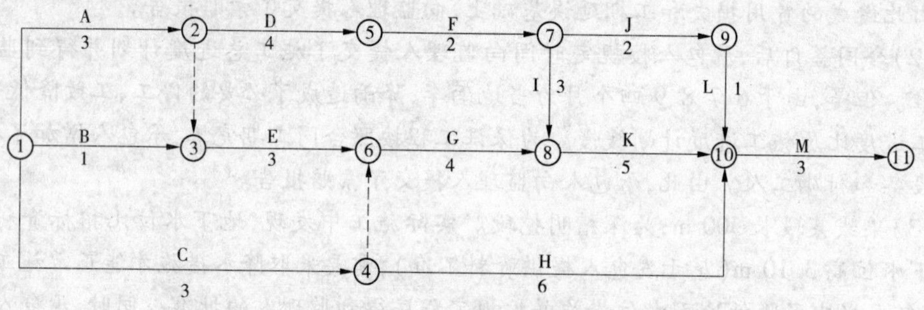

图3-14 施工总进度计划(初始计划)

施工过程中发生下列事件:

事件1:开工后,建设单位提出工程变更,致使工作E的持续时间延长2个月,吊装机械闲置30台班。

事件2:工作G开始后,受当地百年一遇洪水影响,该工作停工1个月,吊装机械闲置15台班,其他机械设备损坏及停工损失合计25万元。

事件3:工作I所安装的设备由建设单位采购。建设单位在没有通知施工单位共同清点的情况下,就将该设备存放在施工现场。施工单位安装前,发现该设备的部分部件损坏,调换损坏的部件使工作I的持续时间延长1个月,发生费用1.6万元。对此,建设单位要求施工单位承担部件损坏的责任。

事件4:工作K开始之前,建设单位又提出工程变更,致使该工作提前2个月完成,因此,建设单位提出要将原合同工期缩短2个月,项目监理机构认为不妥。

问题:

1)确定初始计划的总工期,并确定关键线路及工作E的总时差。

2)事件1发生后,吊装机械闲置补偿费为多少?工程延期为多少?说明理由。

3)事件2发生后,项目监理机构应批准的费用补偿为多少?应批准的工程延期为多少?说明理由。

4)指出事件3中建设单位的不妥之处,说明理由。项目监理机构应如何批复所发生的费用和工程延期问题?说明理由。

5)事件4发生后,预计工程实际工期为多少?项目监理机构认为建设单位要求缩短合同工期不妥是否正确?说明理由。

4. 某建设单位开发建设一栋17层水利信息综合大楼,委托A监理公司进行该工程施工阶段监理工作。经过工程招标,建设单位选择了B建筑公司总承包工程施工任务。B建筑公司自行完成该大楼主体结构的施工。获得建设单位许可后,B建筑公司将水电、暖通工程分包给C安装公司,装饰工程分包给D装修公司。在该工程中,监理单位进行了如下工作:

(1)总监理工程师组建了项目监理机构,采用了直线制监理组织形式,设立了总监办公室,任命了总监理工程师代表。

(2)总监理工程师组织制定了监理规划,在监理规划中明确,监理机构的工作任务之一是做好与建设单位、施工单位的协调工作。

(3)总监理工程师要求专业监理工程师在编制监理实施细则时,制订旁站监理方案,明确旁站监理的范围和旁站监理人员职责。此方案报送一份给建设单位,另抄送工程所在地的建设行政主管部门或其委托的工程质量监督机构。

(4)在监理机构制订的旁站监理方案中,旁站监理人员的职责有:

①核查进场材料、构配件、设备等的质量检验报告等,并在现场监督施工单位进行检验;

②做好旁站监理记录和监理日记,保存旁站监理原始资料。

问题:

1)总监理工程师应如何确定适宜本工程实际的直线制监理组织形式?画出图示。

2)在施工阶段,项目监理机构与施工单位的协调工作应注意哪些内容?

3)旁站监理方案中旁站监理人员的职责是否全面?若不全面,请补充其缺项。

5. 在某建设工程施工阶段,总监理工程师编制了监理规划,为了有效地进行投资控制,特派一名监理工程师定期进行投资计划值与实际值的比较。当实际值偏离计划值时,就分析其产生偏差的原因,并采取相应适当的纠偏措施,以使投资超支尽可能减小。监理工程师在工程结束后总结本次监理过程出现投资偏差的原因有以下内容:当地工人工资的涨价,设计错误,增加了施工内容,赶工,施工期法规的变化,施工方案不当,业主未及时提供场地,建设手续不全,利率变化,基础处理加固,施工中使用代用材料等。

问题:

1)产生投资偏差的原因有哪些?

2)监理工程师对投资偏差进行分析的目的是什么?

3)以上发生的偏差属于哪一种原因?

4)纠偏的主要对象是什么?

5）针对以上原因，哪些原因引起的偏差是主要纠偏对象？

6. 某开发公司与某施工单位签订了一栋大型水泵机房的施工承包合同，并与某监理单位签订了该工程的委托监理合同。该工程项目结构复杂，位于河流湍急的山谷地段，施工场地狭窄，高空作业多。该项目的总监理工程师为此专门组织了项目监理机构有关人员学习《建设工程安全生产管理条例》等文件。在实施监理过程中，特别强调了对安全管理问题应当严格按照法律、法规和工程建设强制性标准实施监理。

问题：

1）在《建设工程安全生产管理条例》中，提出了哪些安全生产管理制度？

2）施工单位在编制施工组织设计中的安全技术措施和施工现场用电方案时，对于哪些危险性较大的达到一定规模的分部分项工程需要编制专项的施工方案，并应经总监理工程师签字确认后实施？

3）监理单位在实施监理过程中，发现安全事故隐患未及时要求施工单位整改或暂时停止施工的，要承担什么法律责任？

7. 某监理单位承担了一工业项目的施工监理工作。经过招标，建设单位选择了甲、乙施工单位分别承担A、B标段工程的施工，并按照《建设工程施工合同（示范文本）》分别和甲、乙施工单位签订了施工合同。建设单位与乙施工单位在合同中约定，B标段所需的部分设备由建设单位负责采购。乙施工单位按照正常的程序将B标段的安装工程分包给丙施工单位。在施工过程中，发生了如下事件：

事件1：建设单位在采购B标段的锅炉设备时，设备生产厂商提出由自己的施工队伍进行安装更能保证质量，建设单位便与设备生产厂商签订了供货和安装合同并通知了监理单位和乙施工单位。

事件2：总监理工程师根据现场反馈信息及质量记录分析，对A标段某部位隐蔽工程的质量有怀疑,随即指令甲施工单位暂停施工,并要求剥离检验。甲施工单位称:该部位隐蔽工程已经专业监理工程师验收,若剥离检验,监理单位需赔偿由此造成的损失并相应延长工期。

事件3:专业监理工程师对B标段进场的配电设备进行检验时,发现由建设单位采购的某设备不合格,建设单位对该设备进行了更换,从而导致丙施工单位停工。因此,丙施工单位致函监理单位,要求补偿其被迫停工所遭受的损失并延长工期。

问题:

1)在事件1中,建设单位将设备交由厂商安装的做法是否正确?为什么?

2)在事件1中,若乙施工单位同意由该设备生产厂商的施工队伍安装该设备,监理单位应该如何处理?

3)在事件2中,总监理工程师的做法是否正确?为什么?试分析剥离检验的可能结果及总监理工程师相应的处理方法。

4)在事件3中,丙施工单位的索赔要求是否应该向监理单位提出?为什么?对该索赔事件应如何处理。

任务五　实际操作训练

请根据项目一中的日照市莒县2012年度农村饮水安全工程项目基本资料,制定该工程在施工阶段监理机构进行质量、进度、投资控制的原则、内容、方法和措施。

参考答案

一、单项选择题

1. C　2. C　3. C　4. D　5. B　6. B　7. B　8. B　9. C　10. B　11. B　12. B　13. B　14. A　15. B　16. D

二、多项选择题

1. ADE　2. CD　3. BCE　4. ACE　5. ABDE　6. ABDE　7. CD　8. ADE　9. BCDE　10. ABCD　11. BCD　12. AB

三、问答题

1. 答:

1)施工阶段质量控制的三个环节:①施工准备控制。②施工过程控制。③竣工验收控制。

2)施工阶段监理工程师进行质量控制的依据:①工程合同文件。②设计文件。③国家及政府有关部门颁发的有关质量管理方面的法律、法规性文件。④有关质量检验与控制的专门技术法规性文件。

3)采用新工艺、新材料、新技术的工程,应由有权威性的技术部门出具技术鉴定书。

2. 答:

1)水利工程质量事故按照直接经济损失大小、处理事故对工期影响时间的长短以及事故处理后对工程功能和寿命的影响,分为一般质量事故、较大质量事故、重大质量事故和特大质量事故。

2)发生工程质量事故的常见原因有:①违背基本建设法规。②地质勘察原因。③对不均匀地基处理不当。④设计计算问题。⑤建筑材料及制品不合格。⑥施工与管理问题。⑦自然条件影响。⑧建筑结构或设施使用不当。

3)工程质量事故的具体处理程序:①当发现工程出现质量事故后,现场监理人员应及时上报项目总监理工程师。②施工单位接到监理通知单后,在总监理工程师的组织与参与下,尽快进行工程质量事故的调查,写出“调查报告”。③在质量事故调查的基础上进行质量事故原因全面分析,正确判断质量事故原因。④在质量事故原因分析的基础上,集中研究,由施工单位制订质量事故处理方案,并报项目总监理工程师批准。⑤确定质量事故处理方案后,由项目总监理工程师指令施工单位按既定的质量事故处理方案实施对质量事故的处理。⑥在质量事故处理完毕后,总监理工程师应组织有关人员对处理的结果进行严格的检查、鉴定和验收,写出“质量事故处理报告”,提交建设单位,并视情况而定是否上报有关主管部门。

4)工程质量事故的处理原则:①“四不放过”原则(事故原因没有查清不放过、事故责任者没有严肃处理不放过、广大职工没有受到教育不放过、防范措施没有落实不放过)。

②经济损失负担原则(由质量事故而造成的损失费用,坚持"谁承担事故责任,谁负担"的原则)。

5)工程质量事故的处理方法:①不需进行处理。②修补处理。③返工处理。

6)工程质量缺陷是指对工程质量有影响,但小于一般质量事故的质量问题。工程建设中属于质量缺陷的质量问题包括:①发生在大体积混凝土、金属结构制作安装及机电设备安装工程中,处理所需物资、器材及设备、人工等直接损失费用不超过20万元。②发生在土石方工程或混凝土薄壁工程中,处理所需物资、器材及设备、人工等直接损失费用不超过10万元。③处理后不影响工程正常使用和寿命。

3. 答:

1)横道图比较法:横道图比较法是指将在工程项目实施中检查实际进度收集的信息,经整理统计后直接用横道线并列标于原计划的横道线处,进行直观比较的方法。一般用粗实线表示计划进度,阴影线表示工程施工的实际进度。

横道图比较法的适用场合:横道图比较法适用于横道图进度计划,并且工作从开始到完成的整个过程中其进展速度是不变的,累计完成的任务量与时间成正比。

横道图比较法的优点:①能明确地表示出各项工作的开始时间、结束时间和持续时间。②直观、形象、一目了然,易于理解、掌握和运用。

横道图比较法的缺点:①不能明确地反映出各项工作之间的相互关系,在计划执行过程中,某些工作的进度提前或拖延时,不便于分析其对其他工作及总工期的影响程度。②不能明确地反映出影响工期的关键工作和关键线路,不便于进度控制人员抓住主要矛盾。③不能反映出各项工作所具有的机动时间,因而不便于施工进度管理和资源调配。

2)S曲线比较法:S曲线比较法是以横坐标表示时间,纵坐标表示累计完成任务量,首先绘制一条按计划时间累计完成任务量的S曲线(即计划进度S曲线),然后将工程项目实施过程中各检查时间实际累计完成任务量的S曲线(即实际进度S曲线)也绘制在同一坐标系中,进行实际进度与计划进度的比较。

通过比较实际进度S曲线和计划进度S曲线,可以获得的信息:①工程项目整体实际进展状况。②工程项目实际进度超前或拖后的时间。③工程项目实际超额或拖欠的任务量。④后期工程进度预测。

3)前锋线比较法:前锋线比较法是从检查时刻的时标点出发,将检查时刻正在进行工作的点都依次连接起来,组成一条一般为折线的前锋线,根据前锋线与箭线交点的位置判定工程实际进度与计划进度的偏差。

前锋线比较法的适用场合:前锋线比较法主要适用于时标网络计划。

前锋线比较法的步骤:

(1)绘制时标网络计划图。

(2)绘制实际进度前锋线。一般从时标网络计划图上方时间坐标的检查日期开始绘制,依次连接相邻工作的实际进展位置点,最后与时标网络计划图下方时间坐标的检查日期相连接。

(3)比较实际进度与计划进度。对某项工作来说,其实际进度与计划进度之间的关系可能存在三种情况:①工作实际进展点落在检查日期左侧,表明该工作实际进度拖后,拖后的时间为二者之差;②工作实际进展点落在检查日期右侧,表明该工作实际进度超前,超前的时间为二者之差;③工作实际进展点与检查日期重合,表明该工作实际进度与计划进度一致。

(4)预测进度偏差对后续工作及总工期的影响。

4. 答:

1)工程变更的范围和内容:①增加或减少合同中任何一项工作内容。②增加或减少合同中关键项目的工程量超过专用合同条款规定的百分比(可在15% ~25%范围内)。③取消合同中任何一项工作。④改变合同中任何一项工作的标准或性质。⑤改变工程建筑物的形式、基线、标高、位置或尺寸。⑥改变合同中任何一项工程的完工日期或改变已批准的施工顺序。⑦追加为完成工程所需的任何额外工作。

2)工程变更的处理原则:①工程变更需要延长工期时,应按合同有关规定办理;若变更使合同工作量减少,监理人认为应予提前变更项目的工期时,由监理人和承包人协商确定。②工程变更需要调整合同价格时,若合同《工程量清单》中有适用于变更工作的项目,应采用该项目单价或合价;若合同《工程量清单》中无适用于变更工作的项目,则可在合理的范围内参考类似项目的单价或合价作为变更估计的基础,由监理人与承包人协商确定变更后的单价或合价;若合同《工程量清单》中无类似项目的单价或合价可供参考,则应由监理人与发包人和承包人协商确定新的单价或合价。

3)工程变更监理工作程序:工程变更监理工作程序如图3-7所示。

5. 答:

1)索赔、反索赔:在工程施工索赔实践中,习惯上把承包人向发包人提出的赔偿或补偿要求称为索赔,把发包人向承包人提出的赔偿或补偿要求称为反索赔。

2)工程施工中索赔的常见原因:①合同文件引起的索赔。②不可抗力原因引起的索赔。③发包人违约引起的索赔。④监理人的原因引起的索赔。⑤价格调整引起的索赔。⑥法律变化引起的索赔。

3)工程索赔处理监理工作程序:工程索赔处理监理工作程序如图3-8所示。

4)工程施工中业主反索赔的内容:①工程质量缺陷的反索赔。②拖延工期的反索赔。③保留金的反索赔。④发包人其他损失的反索赔。⑤业主反驳与修正承包商提出的索赔。

6. 答:

1)信息管理:信息管理是指信息资料的收集、分类、整编、归档、保管、传阅、查阅、复制、移交、保密等一系列工作的总称。

信息管理的目的:通过有组织的信息流通,使决策者能及时、准确地获得有用的信息。

2)信息系统:信息系统是指由人和计算机等组成,以系统思维为依据,以计算机为手段,进行数据(情况)收集、传递、处理、存储、分发、加工产生信息,为决策、预测和管理提供依据的系统。根据系统原理,信息系统由输入、处理、输出、反馈、控制五个基本要素组成。

监理信息系统的一般组成:监理信息系统一般由质量控制子系统、进度控制子系统、投资控制子系统、合同管理子系统、施工安全与环境保护子系统、行政事务管理子系统等六个子系统和一个数据库管理系统组成。各子系统之间既相互独立,各有其自身目标控制的内容和方法,又相互联系,互为其他子系统提供信息。

3)建设项目信息处理的内容:信息收集、信息加工整理、信息传输、信息存储、信息检索、信息应用。

7. 答:

1)我国工程建设项目安全管理的方针:"安全第一,预防为主"。

安全管理的基本原则:①安全生产"五同时"管理制度(原则),即企业的生产组织及领导者在计划、布置、检查、总结、评比生产工作的同时,必须计划、布置、检查、总结、评比安全工作。②安全事故处理"四不放过"原则,即事故原因未查清不放过、事故责任者未处理不放过、广大职工未受教育不放过、防范措施未落实不放过。

2)《建设工程安全生产管理条例》(国务院令第393号)规定的监理单位的安全管理责任:①工程监理单位应当审查施工组织设计中的安全技术措施或者专项施工方案是否符合工程建设强制性标准。②工程监理单位在实施监理过程中,发现存在安全事故隐患的,应当要求施工单位整改;情况严重的,应当要求施工单位暂时停止施工,并及时报告建设单位。施工单位拒不整改或者不停止施工的,工程监理单位应当及时向有关主管部门报告。③工程监理单位和监理工程师应当按照法律、法规和工程建设强制性标准实施监理,并对建设工程安全生产承担监理责任。

3)监理机构安全监理的工作任务:①建立以安全责任制为中心的安全监理制度及运行机制,把安全生产作为日常监理工作的重要内容,及时纠正施工单位在安全生产中的违规行为。②在"监理大纲"、"监理规划"中,明确安全监理目标、措施、计划和工作程序,并据此编制"安全监理实施细则",严格执行监理工作制度,重要施工工序确保做到旁站和平行检测。③审查施工单位的施工组织设计、重大技术方案及现场总平面布置所涉及的安全文明施工和环境保护措施。④监督检查施工单位现场安全文明施工状况,发现问题及时督促整改。⑤审查施工单位大中型起重机械安全准用证、安装(拆除)资质证、操作许可证,监督检查施工机械安装、拆除、使用和维修过程中的安全技术状况,发现问题及时督促整改。⑥审查设计单位的设计体系履行安全职责的状况,发现问题及时向建设单位反映督促解决。⑦审查施工单位编制的安全、职业健康与环境管理工作程序,审批单位工程开工报告。⑧审查重大项目、重要工序、危险性作业和特殊作业的安全措施,并监督实施。⑨协调解决各承包商交叉作业和工序交接中存在的影响安全文明施工的问题,对重大问题,应跟踪控制。⑩严格控制土建交付安装、安装交付调试以及整套启动、移交生产所应具备的安全条件。⑪协助建设单位组织安全大检查,并督促落实整改要求,对危及工程安全的水利工程建设施工活动,按照监理权限下达停工指令,并及时向水利工程建设行政主管部门或安全监督机构报告拒不整改安全隐患的行为。⑫参加人身重伤以上事故和重大机械设备、火灾事故以及重大场区内交通事故的调查处理工作。⑬对水利工程建设方案的安全性和水利工程建设单位的安全生产管理作出评价,并列入安全竣工验收资料。⑭协调建设单位落实安全技术措施费用。

4)监理机构安全监理常用的方法:①审核有关文件、报告和报表。②现场安全检查。③隐患处理。④安全生产奖惩制。⑤安全监理记录与报告。

8. 答:

1)项目系统内部协调的内容:项目系统内部的协调主要包括项目系统内部人际关系的协调、组织关系的协调、需求关系的协调和建设各方之间关系的协调。

2)施工阶段监理机构与施工单位关系协调的内容:①与承包商项目经理关系的协调。②进度问题的协调。③质量问题的协调。④对承包商违约行为的处理。⑤合同争议的协调。⑥对分包单位的管理。⑦处理好人际关系。

3)工程建设项目组织协调常用的方法:①召开协调会议,包括第一次工地会议、监理例会和监理专题会议等。②其他协调方式,包括交谈协调法、书面协调法、访问协调法、情况介绍法等。

四、计算题

1. 解:第4个月应累计扣还的工程预付款为

$$F=\frac{A}{(F_2-F_1)S}(C-F_1S)=\frac{2\,000\times 10\%}{(90\%-20\%)\times 2\,000}\times(890-20\%\times 2\,000)=70(\text{万元})$$

则第4个月应扣还的工程预付款为

$$70-50=20(\text{万元})$$

2. 解:(1)投资偏差=已完工程实际投资-已完工程计划投资=750-1 000×70%=750-700=50(万元)。

(2)进度偏差=拟完工程计划投资-已完工程计划投资=1 000×80%-1 000×70%=800-700=100(万元)。

通过计算可知,5月底该工程投资超支、进度拖后。

3. 解:

1)三个参数(费用值)为:

(1)计划完成工作预算费用简称为BCWS,是指项目实施过程中某阶段计划要求完成的工作量所需的预算工时和费用,即

计划完成工作预算费用(BCWS)=计划工程量×预算单价

(2)已完工作预算费用简称为BCWP,是指项目实施过程中某阶段实际完成工作量按预算计算出来的工时或费用,即挣得值,即

已完工作预算费用(BCWP)=已完工程量×预算单价

(3)已完工作实际费用简称为ACWP,是指项目实施过程中某阶段实际完成工作量所消耗的工时或费用,即

已完工作实际费用(ACWP)=已完工程量×实际单价

2)计算结果如表3-5所示。

表 3-5

工作代号	计划完成工作预算费用(万元)	已完成工作量(%)	实际发生费用(万元)	挣得值
A	300	100	310	300
B	280	100	290	280
C	260	100	250	260
D	560	100	560	560
E	720	50	320	360
F	450	100	430	450
G	600	40	270	240
H	360	0	0	0
I	350	80	300	280
J	290	100	260	290
K	150	0	0	0
L	180	100	180	180
合计	4 500		3 170	3 200

3)第 16 周末的已完工作实际费用(ACWP)为 3 170 万元,计划完成工作预算费用(BCWS)为 4 500 万元,已完工作预算费用(BCWP)为 3 200 万元。

(1)费用偏差(CV)=已完工作预算费用(BCWP)-已完工作实际费用(ACWP)=3 200-3 170=30(万元),由于 CV 为正,说明费用节支;

(2)进度偏差(SV)=已完工作预算费用(BCWP)-计划完成工作预算费用(BCWS)=3 200-4 500=-1 300(万元),由于 SV 为负,说明进度延误。

4)(1)费用绩效指数(CPI)=已完工作预算费用(BCWP)/已完工作实际费用(ACWP)=1.009,由于 CPI>1,故费用节支;

(2)进度绩效指数(SPI)=已完工作预算费用(BCWP)/计划完成工作预算费用(BCWS)=0.711,由于 SPI<I,故进度延误。

4. 解:

1)每周投资数据结果,见表 3-6。

表 3-6

项目	投资数据(万元)									
	1	2	3	4	5	6	7	8	9	10
每周拟完工程计划投资	6	11	11	13	13	11	11	3	3	
拟完工程计划投资累计	6	17	28	41	54	65	76	79	82	
每周已完工程实际投资	6	6	5	4	12	13	16	11	3	3
已完工程实际投资累计	6	12	17	21	33	46	62	73	76	79
每周已完工程计划投资	6	6	6	5	13	13	18	11	3	3
已完工程计划投资累计	6	12	18	23	36	49	67	78	81	84

2）绘制该工程三种投资曲线，如图3-15所示。图中：①拟完工程计划投资曲线；②已完工程实际投资曲线；③已完工程计划投资曲线。

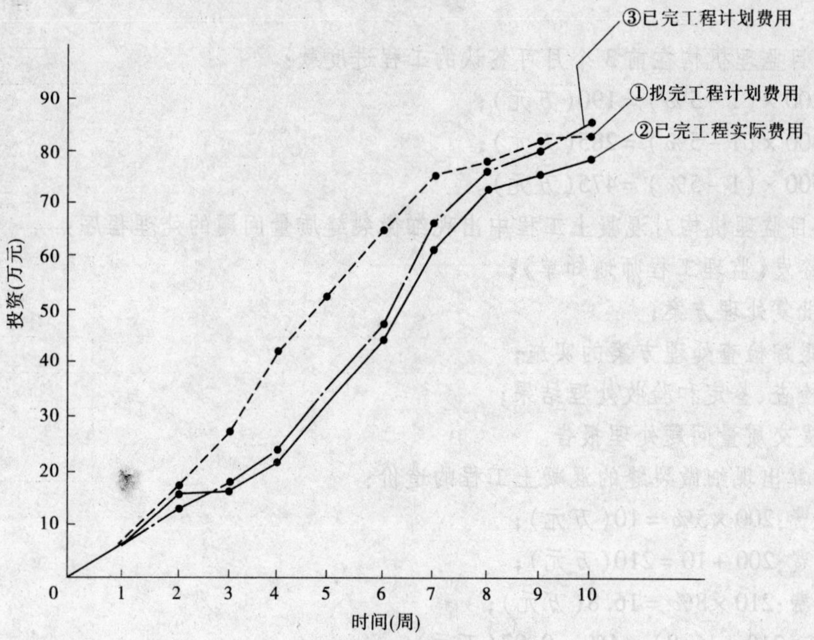

图3-15

3）分析第5周末和第8周末的投资偏差和进度偏差。

（1）第5周末的投资偏差和进度偏差：

投资偏差＝已完工程实际投资－已完工程计划投资＝33－36＝－3（万元）

即：投资节约3万元。

进度偏差＝拟完工程计划投资－已完工程计划投资＝54－36＝18（万元）

即：进度拖后18万元。

或：进度偏差＝拟完工程计划时间－已完工程计划时间＝5－［3＋（36－28）/（41－28）］＝1.38（周）。

即：进度拖后1.38周。

（2）第8周末的投资偏差和进度偏差为：

投资偏差＝已完工程实际投资－已完工程计划投资＝73－78＝－5（万元）

即：投资节约5万元。

进度偏差＝拟完工程计划投资－已完工程计划投资＝79－78＝1（万元）

即：进度拖后1万元。

或：进度偏差＝拟完工程计划时间－已完工程计划时间＝8－［6＋（78－65）/（76－65）］＝0.82（周）。

即：进度拖后0.82周。

五、案例分析

1. 答:

1)项目监理机构在前3个月可签认的工程进度款:

(1)200×(1-5%)=190(万元);

(2)300×(1-5%)=285(万元);

(3)500×(1-5%)=475(万元)。

2)项目监理机构对混凝土工程中出现细微裂缝质量问题的处理程序:

(1)签发《监理工程师通知单》;

(2)批复处理方案;

(3)跟踪检查处理方案的实施;

(4)检查、鉴定和验收处理结果;

(5)提交质量问题处理报告。

3)计算出现细微裂缝的混凝土工程的造价:

措施费:200×5%=10(万元);

直接费:200+10=210(万元);

间接费:210×8%=16.8(万元);

利润:(210+16.8)×4%=9.07(万元);

税金:(210+16.8+9.07)×3.41%=8.04(万元);

工程造价:210+16.8+9.07+8.04=243.91(万元)。

是否同意、理由:

不同意,因为是施工单位的责任。

4)计算第5个月项目监理机构可签认的工程进度款:

600×(1-5%)-243.91×(1-5%)=338.29(万元)。

5)计算第7个月项目监理机构可签认的工程进度款:

800×(1-5%)-300+243.91×(1-5%)=691.71(万元)。

2. 答:

1)上述"(1)"所述情况,监理人应拒绝承包人提出的索赔。合同条件规定,未经监理人指示,承包人不得进行任何变更。承包人自行安排造成工期延误和费用增加应由承包人承担。

2)上述"(2)"所述情况,监理人应拒绝承包人提出的索赔。合同条件规定,非异常气候引起的工期延误属于承包人风险。

3)上述"(3)"所述情况,属于发包人提供资料不准确造成的损失,承包人有权得到费用补偿。但是,承包人的行为不符合合同约定。依据合同原则,承包人不得因索赔处理未果而不履行合同义务。

4)上述"(4)"所述情况,土方实际完成工程量12万 m^3,虽然比工程量清单中的估计工程量10万 m^3 多,但未超过10万 m^3×(1+20%)=12万 m^3。因此,不构成变更,承包人无权延长工期。承包人有权得到土方开挖的价款为:

$$10\ 元/m^3 \times 12\ 万\ m^3 = 120\ 万元$$

3. 答：

1）初始计划的总工期、关键线路及工作 E 的总时差：

（1）初始计划的总工期 =（3+4+2+3+5+3）个月 =20 个月。

（2）关键线路为 A→D→F→I→K→M。

（3）工作 E 的总时差 =［20－（3+3+4+5+3）］个月 =2 个月。

2）吊装机械闲置补偿费、工程延期及理由：

（1）事件 1 发生后，吊装机械闲置补偿费 = 600 元/台班 ×30 台班 =18 000 元。

（2）事件 1 发生后，工程不会延期。

理由：由于工作 E 有 2 个月的总时差，因此工作 E 的持续时间延长 2 个月不会影响到总工期。

3）项目监理机构应批准的费用补偿、工程延期及理由：

（1）事件 2 发生后，项目监理机构不应批准费用补偿。

理由：百年一遇的洪水属于不可抗力事件，不可抗力事件发生后，承包人的机械设备损失及停工损失由承包人承担。

（2）事件 2 发生后，项目监理机构不应批准工程延期。

理由：工作 G 有 2 个月的总时差，虽然该工作停工 1 个月，但没有超过其总时差，不会影响到总工期，因此不应批准工程延期。

4）建设单位的不妥之处及理由、项目监理机构批复所发生的费用和工程延期问题及理由：

（1）事件 3 中建设单位的不妥之处：在没有通知施工单位共同清点的情况下，将其采购的设备存放在施工现场。

理由：建设单位在其所供应的材料设备到货前 24 h 应以书面形式通知承包人，由承包人派人与发包人共同清点。双方共同清点接收后，由承包人妥善保管，发包人支付相应的保管费用。

（2）项目监理机构应同意给予施工单位补偿费用 1.6 万元，并延长工期 1 个月。

理由：建设单位采购的材料设备未通知施工单位进行验收就存放于施工现场，由此发生的损坏丢失由建设单位负责，而且工作 I 为关键工作。

5）预计工程实际工期、项目监理机构认为建设单位要求缩短合同工期不妥是否正确及理由：

（1）事件 4 发生后，预计工程实际工期为 18 个月。

（2）项目监理机构认为建设单位要求缩短合同工期不妥是不正确的。

理由：造成工作 K 提前 2 个月完成的原因是工程变更，因此可以要求缩短工期。

4. 答：

1）根据本工程实际，直线制监理组织形式如图 3-16 所示。

直线制监理组织形式具有组织机构简单，权利集中、命令统一，职责分明、决策迅速，隶属关系明确的优点。但同时也存在职能部门与指挥部门易产生矛盾，信息传递路线长，不利于互通情报的缺点。比较适合能划分为若干相对独立的子项目的大中型建设工程。

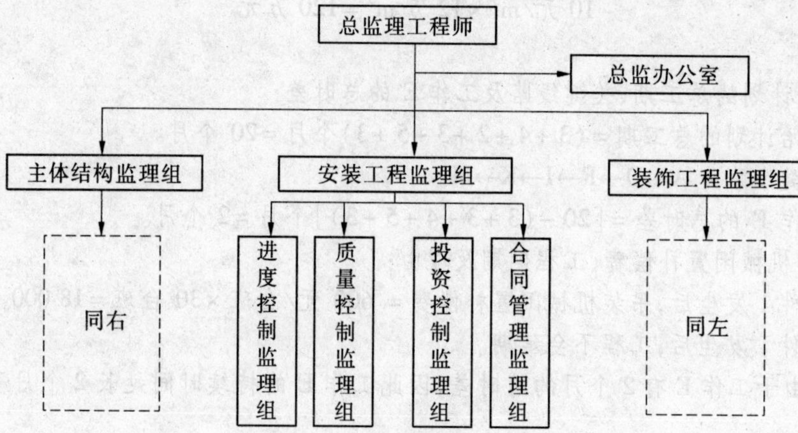

图 3-16　按专业内容分解的直线制监理组织形式

2)协调工作的主要内容有:

与施工单位项目经理关系的协调;进度问题的协调;质量问题的协调;对施工单位违约行为的处理;合同争议的协调;对分包单位的协调;处理好人际关系。

3)旁站监理人员的职责不全面。其缺项有:

(1)检查施工单位现场质检人员到岗、特殊工种人员持证上岗以及施工机械、建筑材料准备情况。

(2)在现场跟班监督关键部位、关键工序的施工,执行施工方案以及建设工程强制性标准情况。

5. 答:

1)归纳起来,产生投资偏差的原因有:物价上涨原因;设计原因;业主原因;施工原因;客观原因。

2)监理工程师对投资偏差进行分析的目的是有针对性地采取纠偏措施,从而实现投资的动态控制和主动控制。

3)当地工人工资的涨价、利率变化属于物价上涨原因。设计错误属于设计原因。增加施工内容、业主未及时提供场地、建设手续不全属于业主原因。赶工、施工方案不当、施工中使用代用材料属于施工原因。施工期法规的变化、基础处理加固属于客观原因。

4)纠偏的主要对象是业主原因和设计原因造成的投资偏差。

5)主要纠偏的对象是:设计错误,增加施工内容,业主未及时提供场地,建设手续不全。

6. 答:

1)《建设工程安全生产管理条例》中,对安全生产管理提出了13项主要制度,归纳如下:

监督把关方面:

(1)依法批准开工报告的建设工程和拆除工程备案制度;

(2)施工起重机械使用登记制度;

(3)政府的安全监督管理制度;

(4)专项施工方案专家论证审查制度;
(5)施工单位主要负责人、项目负责人、专职安全生产管理人员考核任职制度;
(6)特殊作业人员执证上岗制度;
(7)生产安全事故报告制度。
安全生产责任方面:
(1)安全生产责任制度;
(2)施工现场消防安全责任制度。
安全保证方面:
(1)意外伤害保险制度;
(2)生产安全事故应急救援制度;
(3)危及施工安全的工艺、设备、材料淘汰制度;
(4)安全生产教育培训制度。

2)《建设工程安全生产管理条例》第二十六条规定,需编制专项施工方案的分部分项工程有:
(1)基坑支护与降水工程;
(2)土方开挖工程;
(3)模板工程;
(4)起重吊装工程;
(5)脚手架工程;
(6)爆破、拆除工程;
(7)国务院建设行政主管部门或其他有关部门规定的其他危险性较大的工程。

3)按《建设工程安全生产管理条例》第五十七条规定:责令限期改正,逾期未改正的,责令停业整顿,并处10万元以上、30万元以下罚款;情节严重的,降低资质等级,直至吊销资质证书;造成重大安全事故,构成犯罪的,依法追究直接责任人员刑事责任;造成损失的,依法赔偿。

7. 答:

1)不正确,因为违反了合同约定。

2)监理单位应该对厂商的资质进行审查。若符合要求,可以由该厂安装。如乙单位接受该厂作为其分包单位,监理单位应协助建设单位变更与设备厂商的合同,如乙单位接受厂商直接从建设单位承包,监理单位应该协助建设单位变更与乙单位的合同;如不符合要求,监理单位应该拒绝由该厂商施工。

3)总监理工程师的做法是正确的。无论专业监理工程师是否参加了验收,当总监理工程师对某部分的工程质量有怀疑时,均可要求承包人对已经隐蔽的工程进行重新检验。

重新检验质量合格,发包人承担由此发生的全部追加合同价款,赔偿施工单位的损失,并相应顺延工期;检验不合格,施工单位承担发生的全部费用,工期不予顺延。

4)不应该,因为建设单位和丙施工单位没有合同关系。处理:
(1)丙向乙提出索赔,乙向监理单位提出索赔意向书。
(2)监理单位收集与索赔有关的资料。

(3)监理单位受理乙单位提交的索赔意向书。

(4)总监理工程师对索赔申请进行审查,初步确定费用额度和延期时间,与乙施工单位和建设单位协商。

(5)总监理工程师对索赔费用和工程延期作出决定。

六、实际操作训练

日照市莒县2012年度农村饮水安全工程项目施工阶段监理机构进行质量、进度、投资控制的原则、内容、方法和措施:

1 工程质量控制的方法和措施

1.1 工程质量控制的原则

为了使本工程的质量完全达到国家标准和施工合同文件规定的要求,监理工程师在实施质量控制的过程中,将严格遵循以下原则。

1.1.1 坚持"质量第一"的原则

由于本工程的质量关系到工程的后续建设的质量、进度和费用,以及后续工程的正常建设,所以监理工程师应自始至终把"质量第一"作为工程质量控制的基本原则和工程建设目标控制的最高原则,决不能为了抢进度或节约工程费用而牺牲工程质量或降低基本的质量要求,造成质量缺陷。

1.1.2 坚持"以人为核心"的原则

人是工程质量的创造者,因此质量控制必须坚持"以人为核心"的原则,把人作为质量控制的动力,在监理过程中发挥人的积极性和创造性,增强人的责任感,使所有与本工程建设有关的工作人员树立"质量第一"的思想,提高人的素质,避免人的失误,以人的工作质量来保证工序质量和工程质量。

1.1.3 坚持预防为主的原则

由于工程质量的隐蔽性和终检的局限性,在进行质量控制的过程中,监理工程师应重点做好事前控制和事中控制,认真细致进行开工前的审查,严格工作质量、工序质量和中间产品的质量检查,通过控制过程质量和工序质量达到保证工程质量的目的。

1.1.4 坚持质量标准的原则

质量标准是评价工程质量的尺度,是保证工程质量和结构安全的基本要求。因此,监理工程师在进行工程质量的控制时,必须按照国家标准和施工合同文件规定的要求严格检查,以检查的数据为依据并对照质量标准进行质量状况评价,绝不能降低质量标准而留下安全隐患,或无原则地提高质量标准而增加工程费用或影响工期。

1.1.5 坚持科学公正的原则

监理人员在监督、控制和处理质量问题的过程中,应尊重客观事实,尊重科学,采用科学检验的方法进行质量检验,以检查的数据为依据进行质量评价,通过认真细致的分析找出质量问题产生的原因,采用科学的手段有针对性地对影响质量的各种因素实施控制。

1.2 工程质量控制的内容

1.2.1 在施工过程中,当施工企业对已批准的施工组织设计进行调整、补充或变动时,将由专业监理工程师进行审查，并经总监理工程师签认，作好记录。

1.2.2　专业监理工程师将要求施工企业报送重点部位、关键工序的施工工艺和确保工程质量的措施，审核同意后在施工工艺措施报审表上予以签认，作好登记和记录。

1.2.3　当施工企业采用新材料、新工艺、新技术、新设备时，专业监理工程师将要求施工企业报送相应的施工工艺措施和证明材料，并组织专题论证，经审定后在施工工艺措施报审表上予以签认，作好登记和记录。

1.2.4　监理处将定期检查施工企业的直接影响工程质量的计量设备的技术情况，作好记录。

1.2.5　总监理工程师对确定的质量控制点安排监理人员对施工过程进行巡视和检查。监理机构将建立和完善监理质量监控体系，确定需旁站的工程关键部位、关键工序和质量控制点，督促施工企业建立健全质量保证体系，形成完善的质量管理体系。对隐蔽工程的隐蔽过程、下道工序施工完成后难以检查的重点部位，由专业监理工程师安排监理员进行旁站，并在监理日志上作好旁站记录。

1.2.5.1　该项目需旁站监理的工程关键部位是：各工程定位测量放线、基坑保护层开挖、混凝土浇筑、出水涵管施工、反滤层铺填、埋件安装、闸门及启闭机安装、机电设备安装、屋面施工。

1.2.5.2　需旁站监理的关键工序是：

(1)混凝土浇筑；

(2)基础开挖成形后鉴定；

(3)回填土方干密度检测；

(4)砌筑砂浆拌和；

(5)混凝土生产；

(6)各隐蔽工程覆盖；

(7)原材料(砂、石、水泥、填筑用土)鉴定；

(8)埋件、机电设备安装。

该工程项目主要质量控制点见表3-7。

表3-7　主要质量控制点

工程名称	控制部位名称	质量控制点		
		文件报审	待检点	见证点
土方填筑	清基范围		复检	
	铺填边线		复检	
	作业面长度			巡视
	土料含水量			抽检
	踩层厚度			旁站
	碾压遍数			巡视
	干密度		抽检	

续表 3-7

工程名称	控制部位名称	质量控制点		
		文件报审	待检点	见证点
砌石	水泥砂浆强度等级、配合比	审查		
	石料规格	审查		
	铺浆			巡视
	砂浆沉入度			抽检
	垫层基面		抽检	
	垫层材料	审查		
	垫层厚度		抽检	
土石方开挖	轮廓尺寸		复检	
	建基面高程(坡度)		复检	
	取样检验			抽检
	基础处理			旁站
混凝土工程	原材料、中间产品	审查		
	测量放线		复检	
	基础面处理		复检	
	钢筋制作、安装		复检	
	模板制作、安装		复检	
	混凝土试验、配合比	审查		
	混凝土浇筑			旁站
	混凝土养护			巡视
金属结构设备及安装工程	金属结构设备	审查		
	测量放线		复检	
	预埋件		复检	
	设备安装			抽检
	设备调试		旁站	巡视
	焊接			抽检
砌体工程	原材料、中间产品	审查		
	砂浆			抽检
	砌筑			巡视
	测量放线		复检	

续表 3-7

工程名称	控制部位名称	质量控制点		
		文件报审	待检点	见证点
机电设备及安装工程	机电设备	审查		
	测量放线		复检	
	预埋件		复检	
	设备安装			抽检

1.2.6 隐蔽工程和重要部位的质量检验

1.2.6.1 专业监理工程师将根据施工企业报送的隐蔽工程报验申请表和旁站及抽检结果进行现场检查,符合要求后方对质量予以签认,作好登记和记录。

对未经监理人员验收或验收不合格的工序,监理人员将拒绝签认,并严禁施工企业进行下一道工序的施工,如施工企业拒不执行监理指令而继续施工,监理人员将要求施工企业无条件返工,由此引起的费用和工期延误均由施工企业承担。

1.2.6.2 经施工企业的自检确认隐蔽工程和工程的隐蔽部位具备覆盖条件后,可要求施工企业通知监理机构进行检验,通知中应说明检查地点、内容和检查时间,并应附有施工企业自检记录和必要的检查资料。监理机构将按照通知约定的时间派员到场进行检查,在监理人员确认质量符合承包合同技术条款的要求,并在检查记录上签字后,施工企业才能进行覆盖。

1.2.6.3 监理机构将在约定的时间内到场进行隐蔽工程和工程隐蔽部位的检查,不得无故缺席或拖延。

1.2.6.4 对隐蔽工程或工程的隐蔽部位按规定进行检查覆盖后,若监理机构事后对质量有怀疑,有权要求施工企业对已覆盖的部位进行钻孔探测以致揭开重新检验。

1.2.6.5 施工企业未及时通知监理机构到场检查,私自将隐蔽部位覆盖,监理机构将有权指示施工企业采用钻孔探测以致揭开进行检查。

1.2.7 由专业监理工程师督促施工企业在自检合格的前提下及时报送单元工程质量评定表或工序工程质量评定表以及验收资料进行审核,并根据平时巡视、旁站和检查情况,及时评定单元或工序工程质量等级,作好记录。施工企业的自检和监理人员的抽检必须符合有关规程、规范的要求,使用的质量评定表必须正确,填写符合要求,否则不能评定质量等级。

1.2.8 对施工过程中出现的质量缺陷,专业监理工程师将及时下达监理工程师通知单,要求施工企业进行整改并填写监理工程师通知回复单,并检查整改结果,签署复查意见。

1.2.9 发现施工存在重大质量隐患,可能造成质量事故或已经造成质量事故时,总监理工程师将及时下达工程暂停令,要求施工企业停工整改。整改完毕并经监理人员复查,符合规定要求后,由总监理工程师签署施工企业报送的工程开工/复工报审表。总监理工程师下达工程暂停令和签署工程开工/复工报审表宜事先向业主报告。

1.2.10　对需要返工处理或加固补强的质量事故，由总监理工程师责令施工企业按“三不放过”的原则报送工程质量事故调查报告和设计单位等相关单位认可的处理方案。监理机构将对质量事故的处理过程和处理结果进行跟踪检查和验收，采用统计技术对质量事故进行分析，及时向业主及本监理单位提交质量事故的书面报告，并将完整的质量事故处理记录整理归档，提出预防措施。

1.2.11　在施工过程中，监理机构遇到重大技术问题时，总监理工程师将以“专题报告”的形式向公司报告，经公司研究后，及时给予答复或派人到现场了解情况后会同有关技术人员解决。

1.2.12　根据监理合同的规定，由总监理工程师组织分部工程验收。

1.3　工程质量控制的方法和措施

为控制好工程质量，对所有监理人员进行岗前培训，学习贯彻有关质量体系文件，建立完善的质量检验制度，制定质量控制程序，加强现场跟踪检查，严把工序质量检查关和质量验收关。

1.3.1　建立质量检验工作制度

建立质量检验工作制度，使质量控制有章可循、有法可依，任务明确、责任清楚。

主要质量检验工作如下：

(1)单项工程开工前，审查施工企业的开工准备情况，现场认证后批准开工。

(2)原材料、半成品购买前，对施工企业拟定的厂家进行审查，产品符合本工程材料技术要求后方同意购买。进场材料见证送检试验合格后，同意用于施工。

(3)督促不合格材料在规定的时间内运离现场，否则，监理工程师安排他人完成，由此发生的费用由施工企业承担。

(4)混凝土浇筑工程拆模后；未经监理工程师检验，不得做任何表面处理。

(5)隐蔽工程完成后未经监理工程师检验，不得覆盖和进行下一道工序。

(6)质量不合格的工程项目不得申请计量。

(7)经监理工程师检验不合格的工程部位，施工企业必须在合理时间内处理完毕，使监理工程师满意。

(8)检查施工企业“三检制”执行情况及自检记录，检查原始资料的整理、保存，检查技术资料的完整性和准确性，隐蔽工程和主要结构工程因技术资料不全、不实而无法确认质量等级的，不组织评定验收。

(9)单元工程质量在施工企业班组自检的基础上，由施工企业工程负责人组织有关人员评定，经施工企业专职质量检查员核定，并报监理工程师，再经监理工程师与质量监督员核定，评定其质量等级。

(10)建设单位或监理单位负责组织分部工程验收签证。

1.3.2　现场跟踪检查

根据工程质量控制的要求，安排监理人员对施工现场进行巡视、跟踪检查、抽检、旁站，监理人员全过程监督施工企业的工作人员、施工设备、使用的材料、工艺方法、施工环境，及时制止不规范的行为，避免发生工程质量事故。

1.3.2.1 现场跟踪检查的内容

(1)开工前检查。开工前检查是指检查施工企业开工前的各项准备工作完成情况，是否具备开工条件，能否保证工程连续施工和顺利完成。

(2)工序操作质量的巡视检查。有些质量问题是由于施工者操作不符合规程引起的，这种质量问题有时从表面看好像影响不大，但往往具有潜在危害，所以监理人员将加强对操作质量的巡视检查，发现违规操作及时纠正。

(3)工序交接检查。工序交接检查是指前一道工序完工后，经检查合格方能进行下一道工序的作业。在上一道工序作业完成后，在施工班组进行质量自检基础上，监理人员将进行工序质量的交接检查。

(4)隐蔽工程在封闭掩盖前的检查。隐蔽工程(或作业)在施工完成后，施工企业首先进行自检。在自检合格、封闭或掩盖前向监理工程师提出验收申请，监理工程师在接到申请后，将立即组织测量人员进行复测，组织地质人员进行地质测绘，组织测量、地质、设计和现场检查人员进行内部会签，然后由监理工程师进行现场签证。未经监理工程师检查、验收，自行封闭或掩盖，将不予以认可，并作违规处理。

(5)工程施工预验。施工预验是指监理工程师在施工前所进行的预先检查，以防出现差错，确保工程的质量。

(6)成品保护质量检查。成品保护质量检查是指在施工过程中，某单项工程或分部工程已完工，而其他单元工程还在继续施工，为保护已完工的成品免受损坏，监理人员对成品保护的质量经常进行巡视检查，要求施工企业对成品采取"护"、"盖"、"封"等保护措施。

(7)停工后复工前的检查。

(8)分部工程完工后的检查、验收。

(9)其他质量跟踪检查。

施工中，监理工程师在现场进行巡视、值班，临场监督，将根据合同和技术规程，对工程质量进行检查和监督。对于违反合同和技术规程，影响工程质量的施工活动，将及时劝阻或制止，如若劝阻无效，则可发出监理工程师通知单，直至工程暂停令。

1.3.2.2 现场质量跟踪检查的方法

(1)感觉性检查。包括观察、目测和手摸检查，如地基清理和处理，建筑物的布置及位置，材料的品种、规格和质量，混凝土浇筑的平整情况，出现麻面、蜂窝、狗洞、露筋情况，模板安装的稳定性、刚度和强度，模板表面的光洁情况，施工操作是否符合规程等项目的检查。

(2)量测检查。采用测量仪器和工具进行检查，如建筑物的轴线、标高、轮廓尺寸；混凝土拌和物温度，混凝土坍落度，混凝土浇筑厚度、表面平整度等。

(3)材料试验与工程质量抽样检验。试验是监理工程师确认各种材料品质、工艺方法、成品半成品质量、工程质量的重要手段。所有用于工程的材料、成品半成品必须经过性能试验，并经监理工程师批准才能使用。

对于混凝土的配合比、基础灌浆、压水、混凝土试块强度等试验，应对试验结果进行分析，看是否满足设计和规范要求。

工程质量通过抽样检验进行验证。基础灌浆、混凝土的质量均应随机地选取有代表性的样本做性能试验,来反映总体质量是否合格。

1.3.3 施工测量的质量控制

工程施工测量放线是本工程由设计转化为实体的第一步,施工测量质量的好坏和准确度的高低,直接影响到工程产品的综合质量,制约着施工过程中的某些关键工序,并且还关系到工程计量的正确性,进而影响工程计量支付的准确性和投资控制的有效性。因此,工程测量控制是施工之前事先控制中的一项基础工作,是施工准备阶段的一项重要内容,监理工程师应将它作为保证工程质量的一种重要监控手段。监理工程师施工测量质量控制的主要工作包括:

(1)向承包人移交施工测量控制网点的原始基准点和基准线。

(2)审查承包人的测量组织机构和施工测量方法,查验测量人员的岗位资格,检查使用的测量仪器或设备的性能和精度是否满足施工测量精度的要求,监督承包人按照国家计量法规的有关规定对测量仪器或设备进行定期校验。

(3)对于业主提供的施工测量控制网,监理工程师应在向承包人移交原始数据后监督承包人进行复测校核,发现问题及时通报业主进行处理。

(4)对于承包人因施工需要延伸或加密的控制点,监理工程师应审查并批准其总体布置、施测所使用的测量设备和施测方法,通过现场踏勘后确定控制点的位置并监督承包人进行标点埋设的施工,跟踪检查承包人的测量,审查其测量资料和平差计算成果。

(5)在每年的雨季结束后,监督承包人对控制网点进行一次全面复核测量。

(6)复核承包人对建筑物的定位放线资料,在满足要求时予以书面确认。

(7)跟踪监督承包人的计量测量,审查并确认施工计量测量资料和工程量计算成果。

(8)跟踪监督承包人的完工测量,审查其测量资料和成果,并签署确认意见。

1.3.4 工程材料、构配件和现场试验的质量控制

1.3.4.1 监理机构将从以下五个方面对施工企业的试验室进行审核:

(1)试验室的资质等级及其试验范围。

(2)法定计量部门对试验设备出具的计量检定证书。

(3)试验室的管理制度。

(4)试验人员的资格证书。

(5)本工程试验项目及其要求。

1.3.4.2 工程材料、构配件和设备的检验

(1)督促施工企业根据拟进场的工程材料、构配件和设备,填写工程材料/构配件/设备报审表连同质量证明资料报专业监理工程师进行审核。由专业监理工程师对进场的实物按照监理合同约定或有关规范规定的比例采用平行检验或见证取样方式进行抽检。具体要求按《施工工程材料质量控制监理实施细则》执行。监理人员应作好记录,填写工程材料/构配件/设备检验记录表。

对合同规定的材料和工程设备,将按与施工企业商定的时间和地点共同进行检查和

检验。若未按商定的时间派员到场参加检查或检验,除监理处另有指示外,施工企业可自行检查或检验,并立即将检查或检验结果提交监理处。监理处将在事后确认施工企业提交的检查或检验结果,若监理处对施工企业自行检验的结果有疑问,可进行抽样检验。

对未经监理人员验收或验收不合格的工程材料、构配件和设备,监理人员将拒绝签认,并签发监理工程师通知单,书面通知施工企业限期将不合格的工程材料、构配件和设备撤出现场。

(2)对于业主提供的工程设备。

①由业主提供的工程设备的名称、规格、数量、交货地点和计划交货日期,均规定在专用合同条款中。

②施工企业应根据合同进度计划的安排,提交一份满足工程设备安装进度要求的交货日期计划报送监理处审批,并抄送业主。监理处收到上述交货日期计划后,应与业主共同协商确定交货日期。

③当业主提供的工程设备不能按期交货时,监理处应用监理工作联系单,要求业主送交交货延期的说明,并及时通知施工企业。

④业主要求按专用合同条款中规定的提前交货期限交货时,施工企业不应拒绝,并不得要求增加任何费用。

⑤施工企业要求更改交货日期时,应事先报监理处批准。

(3)监理机构一旦发现施工企业使用的施工设备影响工程进度或质量,应发监理工程师通知单,要求施工企业更换施工设备。

(4)额外检验和重新检验。

①若监理机构要求施工企业对某项材料和工程设备的检查、检验在合同中未作规定,监理机构可以指示施工企业增加额外检验。

②不论何种原因,若监理机构对以往的检验结果有疑问,可以指示施工企业重新检验。

(5)施工企业未完成监理机构指示的检查和检验工作,监理机构可以派自己的人员或委托具有相应资质的检验机构或人员进行检查和检验。

(6)现场材料试验。

总监理工程师在审查施工企业的质量保证体系时,将查看施工企业在工地建立的试验室、配备的人员和设备。按合同规定要求施工企业进行各项材料试验,并为监理机构进行质量检查提供必要的试验资料和原始记录。监理机构在质量检查和检验过程中若需抽样试验,所需试件应由施工企业提供,监理机构可以使用施工企业合格的试验设备。

(7)主要建筑材料的检验频次。

监理机构将按表3-8规定的取样规则和检验方法督促施工企业抽样送检,并鉴证抽样送检过程和结果。

表 3-8　主要材料、中间产品取样规则和方法一览表

名称	取样规则		取样方法	必检项目	备注
水泥	散装	批量≤500 t	随机从不少于 3 个车罐中，各取等量水泥混拌均匀后，从中称取不少于 12 kg 作为试样	强度、安定性、凝结时间细度(灌浆)	同一水泥厂生产的同期出厂的同品种、同标号水泥，以同一交货状态、同一进场时间为一批。若进场存放超过 3 个月，尽管在进场时做了试验，在使用前仍须复检，并且按复检结果使用
	袋装	批量≤200 t	随机从不少于 20 袋中，各取等量水泥混拌均匀后，从中称取不少于 12 kg 作为试样		
钢筋	热轧	批量≤60 t	每批各取一组试件：拉伸 2 个，弯曲 2 个。 随机选取，任一端截去 500 mm 后再切取试件。 拉伸：$d<20$ mm，$L=10d+250$ mm $d\geq20$ mm，$L=5d+250$ mm 弯曲：$L=5d+150$ mm d 为钢筋直径	外形尺寸、屈服点、抗拉强度、冷弯	同一厂别、同一牌号、同一规格、同一炉罐(热轧)、同一交货状态、同一进场时间为一批
	冷轧	批量≤50 t			
钢筋焊接接头	批量≤300 个		每批随机选取 3 个试件，试件长度 L： 双面绑条焊： $L=13d+200$ mm 双面搭接焊、双面绑条焊： $L=15d+200$ mm 坡口焊： $L=8d+200$ mm d 为钢筋直径	拉伸、弯曲	同一级别、同一规格、同一接头形式、同一焊接位置，300 个接头为一批，不足 300 个时仍作为一批
粗骨料	机械生产	批量≤400～600 t	在料堆的上、中、下三层，每层各取等量 5 份，混拌均匀后，从中称取不少于 80 kg 作为试样。取样时应先将取样部位表层铲除	颗粒级配、含泥量、针/片状颗粒含量	同一产地、同一规格、同一进场时间为一批
	人工开采	批量≤200～300 t			
细骨料	机械生产	批量≤400～600 t	在料堆上等量抽取 8 份，混拌均匀后，从中称取不少于 80 kg 作为试样。取样时应先将取样部位表层铲除，取样部位应均匀分布	颗粒级配、含泥量、有机物含量	同一产地、同一规格、同一进场时间为一批
	人工开采	批量≤200～300 t			

1.3.5 混凝土浇筑质量控制

1.3.5.1 混凝土浇筑施工措施审批

混凝土浇筑施工措施的审批工作主要审查承包人拟采用的混凝土配合比、混凝土运输设备、振捣设备、模板、入仓手段、所投入的劳动力数量、技术水平、承包人的质量保证体系及主要的质检人员名单及履历、具体的施工方法等。应具体对混凝土的分段长度、分缝的位置、施工缝的处理方法、钢筋连接的位置等作出相应的规定。监理工程师的审查应保证施工措施完整、翔实、技术可行和先进。

1.3.5.2 混凝土浇筑前的准备工作检查验收

(1)基础面的检查。

①由测量工程师审核承包人提供的开挖断面测量资料,必要时进行复测。

②对于开挖面是否达到设计要求的建基面,由地质工程师与设计单位共同确认。

③岩基或混凝土上的混凝土,要保证浇筑面清洁,无油污、积水或流水、污泥、岩屑和松动岩石,断层、裂隙和软弱夹层的清理满足设计要求,混凝土表面粗糙、无松动骨料、无乳皮和污染,色泽新鲜,浇筑前被混凝土覆盖的表面应保持12 h的潮湿状态。

(2)模板的检查。

①根据结构物的形状和施工荷载条件审查承包人提交的模板图纸,在模板加工车间或现场对模板的制作误差进行检查,误差应满足有关规范的规定。

②模板表面应完整、平整,木模板无破碎,钢模板无扭曲,表面应无固结灰浆及其他异物;模板表面应涂有不污染混凝土表面的模板油;模板要有足够的密封性,保证不漏浆。

③由测量工程师审查承包人提供的施工放样资料并复核其现场定位是否准确;同时检查模板的支撑是否坚固,能否保证混凝土浇筑过程中不变形,模板与基础面的接缝是否严密不漏浆。

(3)钢筋检查。

钢筋不应有剥落层、锈蚀和结垢,也不应有油迹、润滑油、泥浆、灰浆或其他损坏或局部弯曲;钢筋的规格、弯曲、搭接或焊接必须满足规范及图纸的要求;布筋的规格、间距、数量、保护层厚度及其安装偏差,必须满足图纸要求;所有钢筋的支撑方式必须经监理工程师批准,且支撑要有足够的强度,保证在混凝土浇筑时钢筋不发生变形或位移。

(4)止水片的检查。

检查止水片是否按图纸要求的位置、形式和规格进行埋设,有无损伤、破坏或污染,搭接方式或工艺是否可靠并得到监理工程师的批准。

(5)预埋件的检查。

检查预埋件的位置、数量的出现是否满足图纸要求,是否有良好的支撑和保护。

(6)观测仪器预埋的检查。

检查预埋观测仪器的位置、数量是否满足图纸要求,是否有良好的支撑和保护。

1.3.5.3 混凝土拌和运输和浇筑

(1)混凝土配合比及拌和检查。

检查水泥、粗细骨料、配合比、拌和时间是否与工程师批准的一致,严格按照批准的执行。

(2)混凝土运输的检查。

检查混凝土的运输方式和设备是否与监理工程师批准的一致;无论采用什么方式运输混凝土,应严格控制混凝土在运输过程中的分离或漏浆。

对混凝土的吊斗、料斗、搅拌运输罐,监督承包人冲干净后使用,以保证每次将混凝土拌和物顺畅卸完;在卸料一次或几次后,监督承包人用清水冲洗保持清洁。

控制混凝土拌和物的运输时间不超过允许的时间,拒绝超过规定运输时间限制的混凝土入仓。

(3)混凝土浇筑作业。

控制卸料高度不超过规定距离,卸料应分开,监督承包人摊铺均匀,防止离析。

监督承包人的操作人员进行振捣作业,防止发生漏振、欠振或过振,纠正施工人员的错误振捣作业。

在浇筑仓内有止水片、各种仪器或埋件的部位,提醒承包人特别注意下料、平仓和振捣不能损害这些埋件。

对于混凝土振捣中泌出的多余水量,监督承包人在覆盖上一层混凝土之前采用适当的方式排除。

在泵送混凝土浇筑过程中,严格控制混凝土的坍落度,一旦发生堵管,指令承包人采取紧急措施纠正;如果在短期内无法使泵送管路畅通,监督承包人对仓面进行适当的处理,保证恢复浇筑后接缝的质量。

(4)混凝土浇筑过程中的其他检查。

混凝土浇筑过程中,应注意对模板的位移、变形和支撑的检查,避免在模板上搭设跳板做人行通道或卸料时对模板的撞击。如发生上述情况引起了模板的位移或变形,应立即要求承包人进行处理并进行模板的复测,情况严重时,可指令停工处理。

混凝土浇筑时,应检查钢筋是否因卸料而引起变形或位移,或溅起的水泥浆在钢筋被覆盖前已初凝或假凝。

浇筑过程中预埋观测仪器、预埋件保护及位置的检查:保护是否完好可行,位置是否有偏移,其埋设混凝土是否满足要求。

每层覆盖及上升速度的检查:避免出现冷缝;对于因大风或暴晒而使表面水泥浆干燥假凝的骨料,应监督承包人剔除。

在浇筑过程中还要特别注意观察混凝土料的颜色与和易性,如有异常,应立即查明原因,以便及时处理不合格的料。

1.3.5.4　混凝土浇筑后的养护和表面处理

(1)混凝土的养护。

监督承包人按照技术规范的要求和工程师批准的方法对混凝土进行养护,在养护时现场检查员应注意避免养护工作给相邻结构物混凝土造成的干扰,以及为消除这一干扰而停止养护洒水等对已浇筑混凝土表面养护的影响。

(2)混凝土表面的保护。

在模板拆除时应提醒承包人注意避免损坏混凝土表面,监督承包人采用正确的工具和方法拆除模板;模板拆除后的混凝土养护期内,严格督促承包人采取必要的保护措施,防止由于温度骤降引起混凝土裂缝。

(3)混凝土表面的修补和缺陷修复。

混凝土脱模后或无模混凝土浇筑完成并达到要求的强度后,监理工程师应在现场检查并记录混凝土表面突变、渐变、蜂窝、麻面、洞穴等缺陷,并指令或监督承包人在规定的时间内采用监理工程师批准的方法修复缺陷;混凝土表面缺陷修补后,应按修补部位混凝土同等的要求和方式进行养护。

对于混凝土的内部缺陷或其他重大缺陷,应按照“质量事故的处理”规定的程序进行处理。

1.3.5.5 高低温季节和雨季混凝土施工

(1)本工程所处地区的气候特点,决定了混凝土不可避免地将在高低温季节施工,承包人应编制专门的高低温季节混凝土施工组织设计,监理工程师应严格审查,确保满足有关规程和规范要求,以保证混凝土满足设计规定的强度、抗裂等各项指标的要求。

(2)由于本工程施工可能在雨季,雨季对混凝土施工的影响主要是在骨料含水量的控制上,监理工程师应注意监测骨料含水率变化,调节拌和加水量,严格控制水灰比。在混凝土现场浇筑过程中,如雨量超过5 mm/h应停止浇筑,并作好保护措施。

1.3.5.6 混凝土的质量评价

混凝土检测资料是对混凝土质量评定的最终依据,应及时收集、整理、分析、评定。按月、季、年、施工期和不同的部位、不同标号分区作评定报告,供有关部门和人员参考使用。

监理工程师应收集承包人提供的原材料、混凝土拌和物性能和混凝土强度资料,监理工程师自己进行的原材料及混凝土抽样试验资料以及现场检查验收资料,在对这些资料进行复核、汇总、采用数理统计的方法分析后,根据有关标准对混凝土拌和物以及混凝土工程进行评定。

1.3.6 金属结构制造安装的质量控制

1.3.6.1 金属结构制造质量控制

对本工程的金属结构的制造,监理机构将指派专人进行,并着重从材料、制作工艺、工序、试验及检测等几方面进行质量控制。

(1)材料质量控制。

按照材料质量控制规定的程序,对施工单位用于制造和安装金属结构的所有材料和构配件(包括钢板、型钢、焊条或自动焊丝、水封件、铸件、锻件、紧固件)的采购和验收进行控制,并监督施工单位按照技术规范的规定进行试验。

(2)作业人员的控制。

对从事本工程金属结构制造安装的操作人员的资格进行检查,并监督施工单位对焊接操作人员进行焊接资格考试,评价焊工的考核结果,批准焊接人员的操作许可。

(3)制作工艺和工序控制。

根据设计图纸或设计技术要求和制作规程规范,严格审查厂家的制作工艺,对制作工艺的合理性、科学性进行审查和评价,杜绝可能引起质量缺陷的制作工艺,特别是下料、预热、焊接等重要工艺上,严格按规程规范进行审查。

在制作过程中,监督施工单位严格按照批准的工艺过程进行加工,包括切割、弯曲、矫正、预热、焊接、机加工等。从操作人员、机械设备、焊接材料和作业环境等方面入手进行全面的控制，在每道工序完成后对施工单位进行检查，合格后予以确认，不允许不合格的产品进入下一道工序。

(4)检测及试验。

对各类焊缝监督施工单位按照规定的方法进行严格的探伤检测，所有探伤作业必须在有监理人员在场的情况下进行，监理工程师应确认探伤结果，并为业主保存所有探伤检查的资料，包括探伤照片。

对所有的重要焊缝，应进行外观检查，必要时在焊接作业的同时制作对比试件进行机械性能试验。

1.3.6.2　金属结构安装质量控制

(1)材料和操作人员的控制。

与金属结构制造的控制要求相同。

(2)安装技术措施审查。

要求安装单位在施工前提出书面的安装技术措施，说明拟采用的安装工艺、工序以及质量、安全保证措施，对其合理性、科学性进行审查和评价，杜绝不合理、不科学的工艺，确保安装质量。

(3)安装质量控制。

严格测量控制，确保安装的误差控制在允许范围内；监督施工单位按照批准的工艺进行安装，尤其是吊装和拼缝焊接、水封和行走机构安装等，每道工序完成后应进行检验，合格后允许进行下一个相关部件的安装，对有怀疑的现场拼装焊缝，必要时指令施工单位进行探伤检查。对检查发现的任何偏差或质量缺陷，指令施工单位进行纠正，并监督实施过程，检查实施效果。监督施工单位严格按照闸门防腐操作的技术规程进行喷涂作业，并对喷涂的质量进行检查。

对启闭机配电、驱动或控制电气设备的安装，对照设计图纸逐根电缆或电线进行检查，发现问题立即指令施工单位纠正；监督施工单位对液压设备的油缸、管路进行清洗，并经监理工程师检验认可后才能进行组装，在组装后进行气密性试验和耐压试验，满足规定的要求后方可允许就位。

(4)检验和试验。

电气设备安装完成后，监督施工单位进行电气测试(包括导通、绝缘、耐压、接地、操作等)，跟踪测试过程，复核测试结果。只有在电气测试完全合格后，才允许施工单位进行通电试验。

对机械运动部件或机构，监督施工单位添加润滑油脂，并进行手动盘车，在确认转动灵活无卡阻后，允许进行电气驱动盘车；启闭机与闸门进行联动调整时，监督施工单位调整水封间隙，观察启门力指示表，对发现的任何卡阻现象或超过设计启门力应予以消除。在进行带电联动试验过程中，检查电气驱动和控制装置的动作及负荷情况并进行记录，对不满足规定要求的数据查找原因，并通过必要的调整解决。

2　工程进度控制的方法和措施

2.1　工程进度控制的原则

根据工程建设合同总进度计划,编制控制性进度目标和年度施工计划,并审查批准施工企业提出的工程实施进度计划,检查实施情况,督促施工企业采取措施,以达到合同规定的完工目标。

当实施进度发生较大偏差时,及时要求施工企业提出调整进度计划的措施,报监理工程师审核同意后实施。当工程需要延期时,须经建设单位批准,完成进度计划的调整后实施。

2.2　工程进度控制的内容

2.2.1　开工通知

监理工程师在中标函颁发日期之后,于施工承包合同规定的期限内发出开工通知。

2.2.2　审批施工企业的施工进度计划

2.2.2.1　施工进度计划

要求施工企业在接到开工通知后按合同规定,以监理工程师规定的格式和详细程序,向监理工程师递交一份工程进度计划。

在施工过程中,监理工程师将要求施工企业报送月施工进度计划,经监理工程师批准后实施。

要求施工企业报送的施工进度计划以横道图或网络图的形式编制,同时说明施工方法、施工场地、道路利用的时间和范围、建设单位所提供的临时工程和辅助设施的利用计划,并附机械设备需要计划、主要材料需求计划、劳动力计划、资金计划及附属设施计划等。

(1)物资供应计划

为了实现月施工计划,对需要的物资必须落实,主要包括:机械需要计划、主要材料需要计划等。

(2)劳动力平衡计划

根据施工进度及工程量,安排落实劳动力的调配计划,包括各个时段和各工程部位所需劳动力的技术工种、人数、工日数等。

(3)财务资金计划

详细安排计划期间的资金流计划,包括工程收入计划,固定资产折旧计划,设备、材料、人工等支出计划,以及专用资金收支计划等。

(4)技术组织措施计划

根据施工进度计划及施工组织设计等合同要求,编制在技术组织措施方面的具体工作计划,如保证完成关键作业项目,实现安全施工等。

2.2.2.2　工程进度计划的审批

监理工程师审核施工企业呈报的进度计划,重点审核进度安排是否满足合同规定的开竣工日期;施工顺序的安排是否符合逻辑,是否符合施工程序的要求;施工单位的劳动力、材料、机具设备供应计划能否保证进度计划的实现;进度安排的合理性,以防止施工企业利用进度计划的安排造成建设单位违约，并以此向建设单位提出索赔；该进度计划是否与其他工作计划协调；进度计划的安排是否满足连续性、均衡性的要求；各施工企业的进度计划之间是否协调；施工企业的进度计划是否与建设单位的工作计划协调等。

2.2.3 对施工进度进行监督、检查和控制

监理工程师将随时跟踪检查施工企业的现场施工进度，监督施工企业按照经批准的进度计划施工，并作记录。对实际进度与计划进度之间的差别应作出具体的分析，从而根据当时的施工进度动态预测后继施工进度的动向，必要时采取相应的控制措施。

2.2.4 落实按合同规定应由建设单位提供的施工条件

施工承包合同中除规定施工企业应为建设单位完成的工程建设任务外，建设单位也应为施工企业施工提供必需的施工条件，包括：支付工程款，给出施工场地与交通道路，提供水、电、风和通信，提供某些特定的工程设备、施工图纸与技术资料（一般由建设单位另外委托设计院设计）等。监理工程师除监督施工企业的施工进度外，也应及时落实合同规定应由建设单位提供的施工条件。

2.2.5 进度协调

2.2.5.1 施工企业与建设单位之间的协调

主要对建设单位提供的材料、场地、交通、设施、资金等与施工企业施工进度计划之间进行协调。当施工企业与建设单位之间因某种原因发生冲突，甚至形成僵持局面时，将由监理工程师从中进行协调。

2.2.5.2 供图计划的协调

当实际供图时间与施工企业的施工进度计划发生矛盾时，原则上应尽量满足进度计划的要求；若设计单位确有困难，监理工程师将建议对施工进度计划作适当调整。施工企业对设计图纸提出修改意见或建议时，监理工程师将负责与设计代表协商处理。

2.3 工程进度控制的方法和措施

监理人员监督现场施工进度，是一项经常性的工作。在施工进度检查、监督中，监理人员如果发现实际进度较计划进度拖延，一方面应分析这种偏差对工程后续进度及工程工期的影响，另一方面应分析造成进度拖延的原因。

2.3.1 监督、检查施工进度

2.3.1.1 施工进度检查的主要内容

(1)检查工程形象进度。

(2)检查设计图纸及技术报告的编制工作进展情况。

(3)检查设备采购的进展情况。

(4)检查材料的加工供应情况。

2.3.1.2 施工进度检查的方式

(1)监督、检查和分析承包人的日进度报表和作业状况表。

(2)检查工程进度执行情况。

(3)定期召开施工进度监理例会。结合现场监理例会（如周例会、月例会），要求承包人对上次例会以来的施工进度计划完成情况进行汇报，对进度延误说明原因；依据承包人的汇报和监理人掌握的现场情况，对存在的问题进行分析，并要求承包人提出合理、可行

的赶工措施方案，经监理人同意后落实到后续阶段的进度计划中。

2.3.2 控制关键线路的施工进度

在进度计划实施过程中，控制关键线路的进度，是保证工程按期完成的关键。因此，监理人应从施工方案、作业程序、资源投入、外部条件、工作效率等方面，全方位督促承包人加强关键线路的进度控制。

2.3.2.1 加强监督、检查、预控管理

对每一标段的关键线路作业，监理人应逐日、逐周、逐月检查施工准备、施工条件和工程进度计划的实施情况，及时发现问题，研究赶工措施，抓住有利赶工时机，及时纠正进度偏差。

2.3.2.2 研究、建议采用新技术

当工程工期延误较严重时，采用新技术、新工艺，是加快施工进度的有效措施。对这一问题，监理人应抓住时机，深入开展调查研究，仔细分析问题的严重性与对策。对于承包人原因造成的进度延误，应督促承包人及时提出相应措施方案；对于发包人原因造成的进度延误，监理人应协助发包人研究、比较相应的措施方案，对由于采用新技术引起的承包人的成本增加，应尽快与发包人、承包人协商解决，避免这一问题长期悬而未决，影响承包人的工作积极性，造成工程进度的进一步延误。

2.3.3 审批月、季施工进度计划及核查各类资源

根据合同规定，承包人应按照监理人要求的格式、详细程度、方式、时间，向监理人逐月、逐季递交施工进度计划，以得到监理人的同意。监理人审批月、季施工进度计划的目的，是看其是否满足合同工期和总进度计划的要求。如果承包人计划完成的工程量或工程面貌满足不了合同工期和总进度计划的要求，则应要求承包人采取措施，如增加计划完成工程量，加大施工强度，加强管理，改变施工工艺，增加设备等。同时，监理人还应审批施工进度计划对施工质量和施工安全的保证程度。

一般来说，监理人在审批月、季进度计划中应注意以下几点：

(1)首先应了解承包人上个计划期完成的工程量和形象面貌情况。

(2)分析承包人所提供的施工进度计划(包括季、月)是否能满足合同工期和施工总进度计划的要求。

(3)为完成计划所采取的措施是否得当，施工设备、人力能否满足要求，施工管理上有无问题。

(4)核实承包人的材料供应计划与库存材料数量，分析是否满足施工进度计划的要求。

(5)施工进度计划中所需的施工场地、通道是否能够保证。

(6)施工图供应计划是否与进度计划协调。

(7)工程设备供应计划是否与进度计划协调。

(8)该承包人的施工进度计划与其他承包人的施工进度计划有无相互干扰。

(9)为完成施工进度计划所采取的方案对施工质量、施工安全和环保有无影响。

(10)计划内容、计划中采用的数据有无错漏之处。

2.3.4 对比、分析实际进度与计划进度

监理人员将定期检查并整理的实际进度信息与项目计划进度信息进行比较，得出实际进度比计划进度拖后、超前还是一致的结论。常用的比较方法有：横道图比较法、S曲线比较法、前锋线比较法、香蕉曲线比较法和列表比较法等。通过比较得出实际进度与计划进度的对比结果。对比结果有三种情况：相一致、超前、拖后。

3 工程投资控制的方法及措施

3.1 工程投资控制的原则

3.1.1 严格执行建设工程施工合同中所约定的合同价、单价、工程量计算规范和工程款支付方法。

3.1.2 监理工程师应认真记录所监理工程应予计量的工程量，必要时进行测量核实。坚持对报验资料齐全、而与合同文件的约定不符、未经监理工程师验收合格或违约的工程量，不予计量和审核，拒绝该部分工程款的支付。

3.1.3 处理由于工程变更和违约索赔引起的费用增减应以施工合同为基础，坚持合理、公正。

3.2 工程投资控制的方法和措施

施工阶段投资控制是监理的一项重要工作。为了有效地做好投资控制工作，在施工过程的各个时段，从资金需求量、资金的分配等方面有计划有措施地协调运作，以达到合理、稳妥地控制投资的目的。以控制投资保证工程进度，保证工程质量，确保工程投资控制在合同价以内。监理工程师将从以下几个方面开展投资控制工作：

3.2.1 协助业主编制投资控制目标和投资计划，拟定现金流量表，使资金投入连续、衔接、均衡、合理。

3.2.2 监理工程师将依据施工合同有关条款、施工图，对工程项目投资目标进行风险分析，并制定防范性对策。

3.2.3 监理工程师将按施工合同约定的工程量计算规则和支付条款进行工程量计量和工程款支付，并按下列程序进行工程计量和工程款支付工作：

(1)承包人统计经专业监理工程师质量验收合格的工程量，按施工合同的约定填报工程量清单和工程款支付申请表；

(2)专业监理工程师进行现场计量，按合同约定审核工程量清单和工程款支付申请表，并报总监理工程师审定；

(3)总监理工程师在施工合同约定的时间内签署工程款支付证书，并报发包人。

3.2.4 根据下列要求进行工程量的计量：

(1)监理工程师对承包人提交的当月工程量清单进行复核，以确定当月完成的工程量，有疑问时，将要求承包人派代表与监理工程师共同复核。

(2)若承包人未按监理工程师的要求派代表参加复核，则监理工程师复核修正的工程量将视为承包人实际完成的准确工程量。

(3)监理工程师认为有必要时，可要求与承包人联合进行测量计量，承包人应遵照执行。

3.2.5　审核承包人每月报送的工程量清单,清单应包括以下内容:

(1)已完成的施工合同工程量清单中的工程项目及客观存在项目的应付金额。

(2)经监理工程师签认的当月计日工支付凭证标明的应付金额。

(3)工程材料预付款金额。

(4)价格调整金额。

(5)根据合同规定承包人应有权得到的其他金额。

(6)扣除应由发包人扣还的工程预付款和工程材料预付款金额。

(7)扣除由发包人扣留的保留金额。

(8)扣除按合同规定应由承包人付给发包人的其他金额。

3.2.6　监理工程师有权通过对以往历次已签证的工程款支付证书的汇总和复核发现的错、漏或重复进行修正或更改,承包人亦有权提出此类修正或更改。经双方复核同意的此类修正或更改,将列入工程款支付证书中予以支付或扣除。

3.2.7　对施工合同工程量清单中的总价承包项目,签订施工合同后首先将其进行分解,并将分解表提交总监理工程师审批。

3.2.8　监理工程师将按下列程序进行完工(竣工)结算:

(1)承包人按施工合同规定填报完工(竣工)结算申报表。

(2)专业监理工程师审核承包人报送的完工(竣工)结算报表。

总监理工程师审定完工(竣工)结算报表,与发包人、承包人协商一致后,签发完工(竣工)结算文件和最终的工程款支付证书报发包人。

3.2.9　总监理工程师将从造价、项目的功能要求、质量和工期以及施工合同要求等方面审查工程变更的方案,并在工程变更前与发包人、承包人协商确定工程变更的价款。

3.2.10　未经监理人员质量验收合格的工程量,或不符合施工合同规定的工程量,监理人员将拒绝计量和该部分的工程款支付申请。

3.2.11　监理工程师将按施工合同约定的工程量计算规则和支付条款进行工程量计量与工程款支付。

3.2.12　由专业监理工程师及时收集、整理有关的施工和监理资料,为处理费用索赔提供证据。

3.2.13　由专业监理工程师建立月完成工程量和工作量统计表,对实际完成量与计划完成量进行比较、分析,制定调整措施,并在监理工作月报中向发包人报告。

3.2.14　在工程完工(未验收前)时的支付签证中,除按施工承包合同规定扣留质量保证金外,注意索赔结算,尤其要注意承包人在投标文件中关于工期和质量的承诺。

3.2.15　工程竣工验收后,在施工合同规定的时间内,由总监理工程师审核承包人提交的竣工工程款支付申请表,表后应附有详细证明文件。及时按施工合同的有关规定进行竣工结算,并对竣工结算的价款总额与发包人和承包人进行协商。

3.2.16　最终结算按施工合同的规定进行。

项目四　水利工程验收及保修期阶段监理技能训练

任务一　训练目标

通过本项目的技能训练，达到如下目标：

1. 能进行水利工程验收与移交阶段的监理工作。
2. 能进行水利工程保修期的监理工作。
3. 能整编工程监理档案资料。
4. 能具备监理员和监理工程师资格培训及考试的基本知识。

任务二　知识网络

一、工程验收与移交阶段的监理

(一)工程验收概述

工程验收是指在工程质量评定的基础上，依据一个既定的验收标准，采取一定的手段来检验工程产品的特性是否满足验收标准的过程。

工程施工完成后都要经过验收。水利水电建设验收按验收主持单位可分为法人验收和政府验收。法人验收应包括分部工程验收、单位工程验收、水电站(泵站)中间机组启动验收、合同完工验收等；政府验收应包括阶段验收、专项验收、竣工验收等。验收主持单位可根据工程建设需要增设验收的类别和具体要求。

工程验收应以下列文件为主要依据：

(1)国家现行有关法律、法规、规章和技术标准；

(2)有关主管部门的规定；

(3)经批准的工程立项文件、初步设计文件、调整概算文件；

(4)经批准的初步设计文件及相应的工程变更文件；

(5)施工图纸及主要设备技术说明书等；

(6)法人验收还应以施工合同为依据。

工程验收工作应包括以下主要内容：

(1)检查工程是否按照批准的设计进行建设；

(2)检查已完工程在设计、施工、设备制造安装等方面的质量及相关资料的收集、整理和归档情况；

(3)检查工程是否具备运行或进行下一阶段建设的条件;

(4)检查工程投资控制和资金使用情况;

(5)对验收遗留问题提出处理意见;

(6)对工程建设作出评价和结论。

工程进行验收时必须要有质量评定意见:

(1)按照水利行业现行标准《水利水电工程施工质量检验与评定规程》(SL 176—2007)进行质量评定。

(2)政府验收应有水利水电工程质量监督单位的工程质量和安全监督报告。

(3)工程验收应在施工质量检验与评定的基础上,对工程质量提出明确结论意见。

政府验收应由验收主持单位组织成立的验收委员会负责;法人验收工作应由项目法人组织成立的验收工作组负责。验收委员会(工作组)由有关单位代表和有关专家组成。验收的成果性文件是验收鉴定书,验收委员会(工作组)成员应在验收鉴定书上签字。对验收结论持有异议的,应将保留意见在验收鉴定书上明确记载并签字。

工程验收结论应经2/3以上验收委员会(工作组)成员同意。验收过程中发现的问题,其处理原则由验收委员会(工作组)协商确定。主任委员(组长)对争议问题有裁决权。若1/2以上的委员(组员)不同意裁决意见,法人验收应报请验收监督管理机关决定,政府验收应报请竣工验收主持单位决定。

验收资料制备由项目法人统一组织,有关单位应按要求及时完成并提交。项目法人应对提交的验收资料进行完整性、规范性检查。验收资料分为应提供的资料和需备查的资料,有关单位应保证其提交资料的真实性并承担相应的责任。

水利部《水利水电建设工程验收规程》(SL 223—2008)和《水利水电工程施工质量检验与评定规程》(SL 176—2007)对水利水电工程验收、施工质量检验与评定作出了明确规定。

(二)工程验收阶段监理工作

1. 工程验收阶段监理机构的主要职责

工程验收阶段监理机构的主要职责包括:

(1)协助发包人制订各时段验收工作计划。

(2)编写各时段工程验收的监理工作报告,整理监理机构应提交和提供的验收资料。

(3)参加或受发包人委托主持分部工程验收,参加阶段验收、单位工程验收、竣工验收。

(4)督促承包人提交验收报告和相关资料,并协助发包人进行审核。

(5)督促承包人按照验收鉴定书中对遗留问题提出的处理意见完成处理工作。

(6)验收通过后及时签发工程移交证书。

2. 工程验收各阶段监理机构的主要工作

工程验收各阶段监理机构的主要工作包括:

(1)分部工程验收监理机构的主要工作。

(2)单位工程验收监理机构的主要工作。

(3)合同工程完工验收监理机构的主要工作。

(4)阶段验收监理机构的主要工作。

(5)竣工验收监理机构的主要工作。

二、工程保修期的监理

(一)工程保修期的起算、延长和终止

工程保修期是指从工程移交证书中注明之日起,至有关规定或施工合同约定的保修时限止的时段。保修期的起算、延长和终止的规定如下:

(1)监理机构应按有关规定和施工合同约定,在工程移交证书中注明保修期的起算日期。

(2)若保修期满后仍存在施工期的施工质量缺陷未修复或有施工合同约定的其他事项,监理机构应在征得发包人同意后,做出相关的工程项目保修期延长的决定。

(3)保修期或保修期延长期满,承包人提出保修期终止申请后,监理机构检查承包人已经按照施工合同约定完成全部工作,且经检验合格后,应及时办理工程项目保修期终止事宜。

(二)工程保修期监理主要工作

工程保修期监理主要工作包括:

(1)对尾工项目实施监理,并为此办理支付签证。

(2)监督承包人对已完建设工程项目中所存在的施工质量缺陷进行处理。若该质量缺陷由发包人的使用或管理不周造成,监理机构应受理承包人提出的追加费用支付申请。在承包人未能执行监理工程师的指示或未能在合理时间内完成工作时,监理机构可建议发包人雇用他人完成质量缺陷修复工作,并协助发包人处理由此所发生的费用。

(3)协助发包人检查验收尾工项目,督促承包人按施工合同约定的时间和内容向发包人移交整编好的工程资料。

(4)签发工程款最终支付凭证。

(5)签发工程项目保修期终止证书。

(6)若保修期满后仍存在施工期施工质量缺陷未修复,监理机构应继续指示承包人完成修复工作,并待修复工作完成且经检验合格后,再颁发项目工程保修期终止证书。

(7)保修期间监理机构应适时予以调整监理人员和设施,除保留必要的人员和设施外,其他人员和设施可撤离,或将设施移交发包人。

三、监理档案资料整编

(一)工程验收资料归档及监理档案资料管理

1.建立档案资料管理制度

监理机构应在合同工程项目开工前,建立档案资料管理制度(包括归档范围、要求以及档案资料的收集、整编、查阅、复制、利用、移交和保密等各项内容)。指定专人随工程施工和监理工作进展,及时做好监理资料的收集、整理和管理工作。总监理工程师应定期对监理档案资料管理工作进行检查,督促承包人按合同规定做好工程档案资料管理工作。

监理机构应按国家、省或有关部门颁布的关于工程档案管理的规定、发包人要求和监

理合同文件规定,做好包括合同文本文件、发包人指示文件、施工文件、设计文件和监理文件等必须归档的档案资料的分类建档和管理。监理工程师在验收承包人的档案时,应重点检查承包人的自检表格和报告的格式、签章、代码是否规范。

2. 工程监理资料主要归档内容

工程监理资料主要归档内容包括:

(1)监理规划及监理实施细则。

(2)分包单位资格报审表。

(3)进场通知。

(4)合同项目开工申请单。

(5)合同项目开工令。

(6)施工进度计划申报表。

(7)施工进场设备报验单。

(8)施工组织及人员计划。

(9)工程项目负责人申报表。

(10)施工质检员资质认证申报表。

(11)施工测量成果报审单。

(12)工程变更通知。

(13)监理通知。

(14)质量事故处理资料。

(15)会议纪要。

(16)监理日志、监理大事记。

(17)监理月报。

(18)施工设计图纸核查意见单。

(19)资金流计划申报表。

(20)相关其他表单。

3. 向监理单位上交的主要档案内容

向监理单位上交的主要档案内容包括:

(1)监理合同。

(2)监理规划及实施细则。

(3)监理月报及考勤表。

(4)工程监理工作报告。

(5)监理业务考核手册。

(6)相关的其他内容。

(二)水利工程建设档案资料的整编

1. 单位工程资料整编的内容

单位工程资料整编的内容包括:

(1)工程开工建设卷。

(2)工程管理及施工技术卷。

(3)工程鉴定检测卷。

(4)工程验收报告单卷。

(5)工程验收质量评定卷。

2. 工程资料整编的要求

工程资料整编的要求包括：

(1)卷内资料印制要求。

(2)卷内资料签字盖章要求。

(3)卷皮书写及装订要求。

(4)各种资料用纸规格要求统一为 A4 纸。

(5)其他要求。

(6)档案填写规则。

任务三　基本知识训练

一、单项选择题(每题的备选项中，只有 1 个最符合题意)

1. 建设工程档案是指(　　)。

A. 在工程设计、施工等阶段形成的文件

B. 工程竣工验收后，真实反映建设工程项目施工结果的图样

C. 在工程立项、勘察、设计、招标等工程准备阶段形成的文件

D. 工程建设活动中直接形成的具有归档保存价值的文字、图表、声像等各种形式的历史记录

2.《建设工程文件归档整理规范》(GB/T 50328—2001)规定，建设单位应短期保存的监理文件是(　　)。

A. 月付款报审与支付凭证　　B. 分包单位资质材料

C. 有关进度控制的监理通知　　D. 工程开工/复工审批表

3. 项目监理机构的监理文件档案换发新版时，应由(　　)负责将原版本收回作废。

A. 总监理工程师　　B. 专业监理工程师

C. 信息管理部门　　D. 监理单位档案室

4. 下列监理单位用表中，可由专业监理工程师签发的是(　　)。

A. 工程临时延期审批表　　B. 工程最终延期审批表

C. 监理工作联系单　　D. 工程变更单

5.《建设工程质量管理条例》规定，建设工程质量保修书中应当明确建设工程的(　　)等。

A. 保修义务、保修责任和免责条件　　B. 保修内容、保修期限和保修方法

C. 保修责任、保修条件和保修标准　　D. 保修范围、保修期限和保修责任

6.《建设工程监理规范》规定，分部工程的质量检验评定资料由(　　)负责签认。

A. 总监理工程师　　B. 专业监理工程师

C. 监理员　　D. 总监理工程师代表

7. 工程保修期应从(　　)算起。

A. 颁发移交证书的日期

B. 移交证书中写明的完工日期

C. 承包人最后提交验收申请报告的日期

D. 实际完工日期

8. 单元工程施工质量达不到合格标准时,应及时处理。全部返工重做的,可(　　)质量等级。经加固补强并经设计和监理单位鉴定能达到设计要求时,其质量评为(　　)。

A. 合格　合格　　B. 重新评定　合格

C. 重新评定　重新评定　　D. 合格　重新评定

9. 水利部《水利水电工程施工质量检验与评定规程》(SL 176—2007)规定,水利水电工程施工质量等级分为(　　)两级。

A. 合格、优秀　　B. 合格、不合格

C. 合格、优良　　D. 良好、优秀

10. 承包单位提交的《工程开工/复工报审表》应由(　　)审核并签名。

A. 项目经理　　B. 总监理工程师

C. 专业监理工程师　　D. 施工单位负责人

11.《单位工程开工申请报告》(　　)。

A. 由施工单位填写,监理单位和建设单位审查

B. 由施工单位填写,质量监督机构审查

C. 由监理机构填写,建设单位审查

D. 由建设单位填写,建设行政主管部门审查

12.《施工组织设计(方案)报审表》应提交给(　　)审批。

A. 建设单位　　B. 监理单位

C. 建设行政主管部门　　D. 质量监督机构

13. 一个建设工程由多个单位工程组成时,工程文件应按(　　)组卷。

A. 建设工程　　B. 单位工程

C. 分部工程　　D. 分项工程

14. 凡列入城建档案馆的工程档案,应在单位工程验收前由(　　)对工程档案资料进行预验收,并出具《建设工程竣工档案预验收意见》。

A. 监督站　　B. 监理单位

C. 建设单位　　D. 城建档案馆

二、多项选择题(每题的备选项中,有 2 个或 2 个以上符合题意,至少有 1 个错项)

1. 水利水电建设验收按验收主持单位可分为法人验收和政府验收。法人验收应包括(　　)等。

A. 分部工程验收
B. 单位工程验收
C. 水电站(泵站)中间机组启动验收
D. 合同完工验收
E. 竣工验收

2. 工程验收阶段监理机构的主要职责包括(　　)。
A. 主持工程项目阶段验收
B. 主持工程项目竣工验收
C. 协助发包人制订各时段验收工作计划
D. 编写各时段工程验收的监理工作报告,整理监理机构应提交和提供的验收资料
E. 验收通过后及时签发工程移交证书

3. 参与工程建设各方共同使用的监理表格有(　　)。
A. 工程暂停令
B. 工程变更单
C. 工程款支付证书
D. 监理工作联系单
E. 监理工程师通知回复单

4. 归档工程文件的组卷要求有(　　)。
A. 归档的工程文件一般应为原件
B. 案卷不宜过厚,一般不超过 40 mm
C. 案卷内不应有重份文件
D. 既有文字材料又有图纸的案卷,文字材料排前,图纸排后
E. 建设工程由多个单位工程组成时,工程文件按单位工程组卷

5. 合同项目验收的依据包括(　　)。
A. 施工合同文件
B. 设计合同文件
C. 工程设计文件
D. 监理合同文件
E. 批准的工程变更

6. 施工组织设计(方案)报审表应经(　　)。
A. 建设单位审批
B. 监理单位审批
C. 建设行政主管部门审批
D. 施工单位的项目负责人签字
E. 施工单位的项目技术负责人签字

7. 关于分包单位资格报审表,下列各项中正确的是(　　)。
A. 应附有分包单位资质材料
B. 应附有分包单位业绩材料
C. 应附有分包合同
D. 应有承包单位盖章
E. 应有分包具体范围

8. 根据《建设工程文件归档整理规范》(GB/T 50328—2001),应该归档的施工文件包括(　　)。
A. 主体工程验收记录
B. 建设工程图纸设计变更记录
C. 工程测量控制网设置资料
D. 建设工程竣工验收记录
E. 建设工程施工许可证

9. 根据《建设工程文件归档整理规范》(GB/T 50328—2001),应该归档的招标投标文件包括(　　)。

A. 技术设计图纸和说明　　B. 施工承包合同
C. 监理委托合同　　D. 勘察设计承包合同
E. 工程项目监理机构负责人名单

10. 下列建筑工程资料移交工作正确的是(　　)。
A. 施工单位应向建设单位移交施工资料
B. 机电安装分包单位应向监理单位移交施工资料
C. 监理单位应向建设单位移交监理资料以及监理收到的施工资料
D. 工程资料移交时应及时办理相关移交手续,填写工程资料移交书、移交目录
E. 建设单位应按国家有关法规和标准的规定向城建档案管理部门移交工程档案

11. 工程竣工文件大致可分为(　　)。
A. 竣工图　　B. 竣工验收文件
C. 竣工决算文件　　D. 竣工交档文件
E. 竣工总结文件

三、问答题

1. 工程验收是指在工程质量评定的基础上,依据一个既定的验收标准,采取一定的手段来检验工程产品的特性是否满足验收标准的过程。工程施工完成后都要经过验收。水利水电建设验收按验收主持单位可分为法人验收和政府验收。法人验收应包括分部工程验收、单位工程验收、水电站(泵站)中间机组启动验收、合同完工验收等;政府验收应包括阶段验收、专项验收、竣工验收等。验收主持单位可根据工程建设需要增设验收的类别和具体要求。

问题:

1)如何进行单元工程验收?

2)分部工程验收应具备的条件有哪些?分部工程验收应包括的内容有哪些?分部工程验收的程序是怎样的?

3)单位工程验收应具备的条件有哪些?单位工程验收应包括的内容有哪些?单位工程验收的程序是怎样的?

4)合同工程完工验收应具备的条件有哪些？合同工程完工验收应包括的内容有哪些？

5)阶段验收包括哪些验收？阶段验收应包括的内容有哪些？

6)竣工验收应具备的条件有哪些？竣工验收的程序是怎样的？竣工验收会议的内容和程序有哪些？

2. 监理机构应在合同工程项目开工前，建立档案资料管理制度（包括归档范围、要求以及档案资料的收集、整编、查阅、复制、利用、移交和保密等各项内容）。指定专人随工程施工和监理工作进展，及时做好监理资料的收集、整理和管理工作。

问题：

1)工程监理资料主要归档内容有哪些？

2)单位工程资料整编的内容有哪些？

3. 做好建筑工程资料管理工作，是认真贯彻《建设工程文件归档整理规范》（GB/T 50328—2001），确实加强建设工程资料的规范化管理，提高管理水平，确保工程质量的具体体现。

问题：

1)什么是建设工程档案？

2)建设工程档案资料包括哪些资料?

3)监理资料文件由哪些部分组成?

4)施工单位向监理单位申报材料/构配件/设备报验表需提供的附件有哪些?

4. 建筑工程资料是城建档案馆的重要组成部分,是工程竣工验收,评定工程质量优劣、结构及安全卫生可靠程度,认定工程质量等级的必要条件。因此,应加强管理,使其能够全面客观地反映工程的实际状况。

问题:

1)建筑工程资料分为几类?

2)建筑工程资料移交的基本规定有哪些?

任务四 案例分析

1. 某实行监理的工程,建设单位与总承包单位按《建设工程施工合同(示范文本)》签订了施工合同,总承包单位按合同约定将一专业工程分包。

施工过程中发生下列事件:

事件1:工程开工前,总监理工程师在熟悉设计文件时发现部分设计图纸有误,即向建设单位进行了口头汇报。建设单位要求总监理工程师组织召开设计交底会,并向设计单位指出设计图纸中的错误,在会后整理会议纪要。

在工程定位放线期间,总监理工程师指派专业监理工程师审查分包单位资格报审表及相关资料,安排监理员到现场复验总承包单位报送的原始基准点、基准线和测量控制点。

事件2:由建设单位负责采购的一批材料,因规格、型号与合同约定不符,施工单位不予接收保管,建设单位要求项目监理机构协调处理。

事件3:专业监理工程师现场巡视时发现,总承包单位在某隐蔽工程施工时,未通知项目监理机构即进行隐蔽。

事件4:工程完工后,总承包单位在自查自评的基础上填写了工程竣工报验单,连同全部竣工资料报送项目监理机构,申请竣工验收。总监理工程师认为施工过程均按要求进行了验收,便签署了竣工报验单,并向建设单位提交了竣工验收报告和质量评估报告,建设单位收到该报告后,即将工程投入使用。

问题:

1)分别指出事件1中建设单位、总监理工程师的不妥之处,写出正确做法。

2)事件1中,专业监理工程师在审查分包单位的资格时,应审查哪些内容?

3)针对事件2,项目监理机构应如何协调处理?

4)针对事件3,写出总承包单位的正确做法。

5)分别指出事件4中总监理工程师、建设单位的不妥之处,写出正确做法。

2. 某实行监理的工程，建设单位通过招标选定了甲施工单位，施工合同中约定：施工现场的建筑垃圾由甲施工单位负责清除，其费用包干并在清除后一次性支付；甲施工单位将混凝土钻孔灌注桩分包给乙施工单位。建设单位、监理单位和甲施工单位共同考察确定商品混凝土供应商后，甲施工单位与商品混凝土供应商签订了混凝土供应合同。

施工过程中发生下列事件：

事件1：甲施工单位委托乙施工单位清除建筑垃圾，并通知项目监理机构对清除的建筑垃圾进行计量。因清除建筑垃圾的费用未包含在甲、乙施工单位签订的分包合同中，乙施工单位在清除完建筑垃圾后向甲施工单位提出费用补偿要求。随后，甲施工单位向项目监理机构提出付款申请，要求建设单位一次性支付建筑垃圾清除费用。

事件2：在混凝土钻孔灌注桩施工过程中，遇到地下障碍物，使桩不能按设计的轴线施工。乙施工单位向项目监理机构提交了工程变更申请，要求绕开地下障碍物进行钻孔灌注桩施工。

事件3：项目监理机构在钻孔灌注桩验收时发现，部分钻孔灌注桩的混凝土强度未达到设计要求，经查是商品混凝土质量存在问题。项目监理机构要求乙施工单位进行处理，乙施工单位处理后，向甲施工单位提出费用补偿要求。甲施工单位以混凝土供应商是建设单位参与考察确定的为由，要求建设单位承担相应的处理费用。

问题：

1）事件1中，项目监理机构是否应对建筑垃圾清除进行计量？是否应对建筑垃圾清除费签署支付凭证？说明理由。

2）事件2中，乙施工单位向项目监理机构提交工程变更申请是否正确？说明理由。写出项目监理机构处理该工程变更的程序。

3）事件3中，项目监理机构对乙施工单位提出要求是否妥当？说明理由。写出项目监理机构对钻孔灌注桩混凝土强度未达到设计要求问题的处理程序。

4）事件3中，乙施工单位向甲施工单位提出费用补偿要求是否妥当？说明理由。甲施工单位要求建设单位承担相应的处理费用是否妥当？说明理由。

3. 某工程将要竣工，为了通过竣工验收，质检部门要求先进行工程档案验收，建设单位要求监理单位组织工程档案验收，施工单位提出请监理工程师告诉他们，应该如何准备验收。

在施工中，施工单位对将要施工的某分部工程提出疑问，认为原设计选用图集有问题，且设计图纸不够详细，无法进行下一步施工。监理单位组织召开了技术方案讨论会，会议由总监理工程师主持，建设、设计、施工单位参加。

问题：

1）什么是建设工程信息管理？建设工程信息管理包含哪些基本环节？

2）工程档案由谁主持验收？工程档案由谁编制？工程档案由谁审查？

3）会议纪要由谁整理？会议出现不同意见，纪要该如何处理？会议纪要归档是否应该列入监理文件？属于哪类保存期档案？

任务五　实际操作训练

请根据项目一中的日照市东港区罗城子水库除险加固工程项目基本资料，制定该工程在验收与移交及保修期阶段监理机构的监理工作内容。

参考答案

一、单项选择题

1. D　2. A　3. C　4. C　5. D　6. A　7. B　8. B　9. C　10. B　11. A　12. B　13. B　14. D

二、多项选择题

1. ABCD　2. CDE　3. BD　4. BCDE　5. ACE　6. BD　7. ABDE　8. ABC　9. BCD　10. ACDE　11. BCDE

三、问答题

1. 答:

1)单元工程验收:单元工程的验收以工序检查验收为依据。只有在组成该单元工程的所有工序均已完成,且工序验收资料、原材料材质证明和抽检试验成果、测量资料等所有验收资料都齐全的情况下,才能进行单元工程验收。各种单元工程验收所需的“三检”表、质量检查和评定表、施工质量合格证(开仓证、准灌证等)的试样,按有关专业监理实施细则或监理工程师编制的“验收办法”。

(1)一般单元工程由专业监理工程师或项目施工监理部会同施工单位“三级质检”人员进行验收和质量评定。

(2)隐蔽工程、关键部位或重要隐蔽单元工程的检查验收,须特别给予重视,由项目监理机构组织设计、业主、施工单位有关人员组成的验收小组进行验收和质量评定。施工单位“三级质检”合格后,填写好三级质检表,填报验收申请报项目监理机构申请验收。

(3)对于有质量缺陷或发生施工事故的单元工程,应记录出现缺陷和事故的情况、原因、处理意见、处理情况和对处理结果的鉴定意见,作为单元工程验收资料的一部分。

(4)对于出现质量事故的单元工程,则应按照事故处理程序的有关规定执行。工程质量事故处理后,由项目法人委托具有相应资质等级的工程质量检测单位检测后,按照处理方案的质量标准,重新进行工程质量评定。

(5)单元工程施工质量合格标准应按照《单元工程施工质量验收评定标准》或合同约定的合格标准执行。当达不到合格标准时,应及时处理。

(6)单元工程验收资料的原件、复印件份数及其移交时间等,按项目法人的归档要求执行。

2)分部工程验收应具备的条件:①所有单元工程已经完成;②已完单元工程施工质量经评定全部合格,有关质量缺陷已处理完毕或有监理机构批准的处理意见;③合同约定的其他条件。

分部工程验收应包括的内容:①检查工程是否达到设计标准或合同约定标准的要求;②评定工程施工质量等级;③对验收中发现的问题提出处理意见。

分部工程验收的程序:①听取施工单位建设情况和单元工程质量评定情况的汇报;②现场检查工程完成情况和工程质量;③检查单元工程质量评定及相关档案资料;④讨论并通过分部工程验收鉴定书。

3)单位工程验收应具备的条件:①所有分部工程已完建并验收合格;②分部工程验收遗留问题已处理完毕并通过验收,未处理的遗留问题不影响单位工程质量评定并有处理意见;③合同约定的其他条件。

单位工程验收应包括的内容:①检查工程是否按批准的设计内容完成;②评定工程施工质量等级;③检查分部工程验收遗留问题的处理情况及相关记录;④对验收中发现的问题提出处理意见。

单位工程验收的程序:①听取工程参建单位工程建设有关情况的汇报;②现场检查工程完成情况和工程质量;③核查分部工程验收有关文件及相关档案资料;④讨论并通过单

位工程验收鉴定书。

4)合同工程完工验收应具备的条件:①合同范围内的工程项目和工作已按合同约定完成;②工程按规定进行了有关验收;③观测仪器和设备已测得初始值及施工期各项观测值;④工程质量缺陷已按要求进行处理;⑤工程完工结算已完成;⑥施工现场已经进行清理;⑦需移交项目法人的档案资料已按要求整理完毕;⑧合同约定的其他条件。

合同工程完工验收应包括的内容:①检查合同范围内工程项目和工作完成情况;②检查施工现场清理情况;③检查已投入使用工程运行情况;④检查验收资料整理情况;⑤鉴定工程施工质量;⑥检查工程完工结算情况;⑦检查历次验收遗留问题的处理情况;⑧对验收中发现的问题提出处理意见;⑨确定合同工程完工日期;⑩讨论并通过合同工程完工验收鉴定书。

5)阶段验收应包括枢纽导(截)流验收、水库下闸蓄水验收、引(调)排水工程通水验收、水电站(泵站)首台机组启动验收、部分工程投入使用验收以及竣工验收主持单位根据工程建设需要增加的其他验收。

阶段验收应包括的内容:①检查已完工程的形象面貌和工程质量;②检查在建工程建设情况;③检查未完工程的计划安排和主要技术措施落实情况,以及是否具备施工条件;④检查拟投入使用工程是否具备运用条件;⑤检查历次验收遗留问题的处理情况;⑥鉴定已完工程施工质量;⑦对验收中发现的问题提出处理意见;⑧讨论并通过阶段验收鉴定书。

6)竣工验收应具备的条件:①工程已按批准设计全部完成;②工程重大设计变更已经有审批权的单位批准;③各单位工程能正常运行;④历次验收所发现的问题已基本处理完毕;⑤各专项验收已通过;⑥工程投资已全部到位;⑦竣工决算已通过竣工审计,审计意见中提出的问题已整改并提交了整改报告;⑧运行管理单位已明确,管理养护经费已基本落实;⑨质量和安全监督工作报告已提交,工程质量达到合格标准;⑩竣工验收资料已准备就绪。

竣工验收的程序:①项目法人组织进行竣工验收自查;②项目法人提交竣工验收申请报告;③竣工验收主持单位批复竣工验收申请报告;④进行竣工技术预验收;⑤召开竣工验收会议;⑥印发竣工验收鉴定书。

竣工验收会议应包括的内容和程序:①现场检查工程建设情况及查阅有关资料。②召开大会,宣布竣工验收委员会委员名单;观看工程建设声像资料,听取工程建设管理工作报告,听取竣工技术预验收工作报告;听取验收委员会确定的其他报告;讨论并通过竣工验收鉴定书;验收委员会委员和被验收单位代表在竣工验收鉴定书上签字。

2. 答:

1)工程监理资料主要归档内容:①监理规划及监理实施细则。②分包单位资格报审表。③进场通知。④合同项目开工申请单。⑤合同项目开工令。⑥施工进度计划申报表。⑦施工进场设备报验单。⑧施工组织及人员计划。⑨工程项目负责人申报表。⑩施工质检员资质认证申报表。⑪施工测量成果报审单。⑫工程变更通知。⑬监理通知。⑭质量事故处理资料。⑮会议纪要。⑯监理日志、监理大事记。⑰监理月报。⑱施工设计图纸核查意见单。⑲资金流计划申报表。⑳相关其他表单。

2)单位工程资料整编的内容：

(1)工程开工建设卷。包括可研报告及有关单位批文；地质、勘察、水文、气象等设计基础资料；初步设计及批复，其他设计文件；工程计划批准文件；征用土地批准文件及附件；征地补偿和移民安置资料；工程招标文件(招标投标书单附)；工程承发包合同及协议书(①设计合同，②施工合同，③监理合同，④监督书)；开工报告批准文件；项目法人质量检查体系及施工单位质量保证体系登记文件；项目划分及批准文件；其他有关资料(由项目法人负责协调处理的相关事宜的材料)。

(2)工程管理及施工技术卷。包括工程建设有关会议记录，记载重大事件的声像资料及文字说明；工程监理资料(监理指示、监理文件等)；施工图纸、设计变更、施工技术说明及要求、图纸会审记录或纪要、工程更改洽商单、通知单，材料、零部件、设备代用审批单(页数较多的施工图可单附)；施工组织设计，施工计划、方案、工艺、措施；工程建设大事记；工程施工大事记；工程施工日记；重大事故处理记录；质量监督部门的检查处理记录；施工过程中的来往函件；其他有关资料(施工中涉及的技术资料)；工程运用和度汛方案；工程调度方案。

(3)工程鉴定检测卷。包括设备产品出厂资料、图纸说明书，测绘验收、安装调试、性能鉴定及试运行等资料；施工定位测量、水工建筑物测试及沉陷、位移、变形等观测记录；各种原材料、构件质量鉴定、检查检测试验资料；各种试验报告单(含发包人试验单、抽检报告单)；其他相关检测资料。

(4)工程验收报告单卷。包括拟验工程清单、未完工程清单、未完成工程建设安排及完成工期、存在的问题及解决建议，工程建设管理工作报告，工程监理工作报告，工程设计工作报告，工程施工管理工作报告，重大技术问题专题报告，工程运行管理准备工作报告，工程建设征地补偿及移民安置工作报告，工程竣工决算报告，工程竣工审计资料，竣工档案资料自查报告，其他有关资料(验收中涉及的各类报告资料)，竣工图纸(页数较多的可单附)，工程照片。

(5)工程验收质量评定卷。包括隐蔽工程验收记录，单元工程质量评定资料(含各种单元资料)，分部工程质量评定资料，单位工程质量核定资料，其他有关资料(验收涉及的相关资料)。

3. 答：

1)建设工程档案是指在工程建设活动中直接形成的具有归档保存价值的文字、图表、声像等各种形式的历史记录。

2)建设工程档案资料包括：规划文件资料、建设文件资料、施工技术资料、竣工图与竣工测量资料和竣工验收资料、声像资料等。

3)监理资料文件的组成：监理规划、监理实施细则、设计文件审查意见、设计交底记录和图纸会审、施工组织设计(方案)报审表、工程项目管理体系报审表、监理工程师通知书、施工单位申请书、工程竣工验收报审表、会议纪要、监理日记、专题总结、监理月报、工程竣工总结。

4)施工单位向监理单位申报材料/构配件/设备报验表需提供的附件：工程材料/构配件/设备质量合格证、性能检测报告等。凡无国家或省正式标准的新材料、新产品、新设备,应有省级及以上有关部门鉴定文件。凡进口的材料、产品、设备,应有商检的证明文件。

4. 答:

1)建筑工程资料的分类:建筑工程资料基本可分为工程准备阶段文件、监理资料、施工资料、竣工图和工程竣工文件五类。

(1)工程准备阶段文件大致可分为决策立项文件、建设用地文件、勘察设计文件、招标投标及合同文件、开工文件、商务文件六类。

(2)监理资料大致可分为监理管理资料、进度控制资料、质量控制资料、造价控制资料、合同管理资料和竣工验收资料六类。

(3)施工资料大致可分为施工管理资料、施工技术资料、施工进度及造价资料、施工物资资料、施工记录、施工试验记录及检测报告、施工质量验收记录、竣工验收资料八类。

(4)竣工图大致可以分为综合竣工图、专业竣工图、市政基础设施竣工图三类。

(5)工程竣工文件大致可分为竣工验收文件、竣工决算文件、竣工交档文件、竣工总结文件四类。

2)建筑工程资料移交的基本规定:

(1)施工单位应向建设单位移交施工资料。

(2)实行施工总承包的,各专业承包单位应向施工总承包单位移交施工资料。

(3)监理单位应向建设单位移交监理资料。

(4)工程资料移交时应及时办理相关移交手续,填写工程资料移交书、移交目录。

(5)建设单位应按国家有关法规和标准的规定向城建档案管理部门移交工程档案,并办理相关手续。有条件时,向城建档案管理部门移交的工程档案应为原件。

四、案例分析

1. 答:

1)不妥之处、正确做法:

(1)建设单位要求总监理工程师组织召开设计交底会和整理会议纪要不妥。

设计交底会应由建设单位组织召开,会议纪要应由设计单位负责整理。

(2)①口头汇报不妥,应书面汇报。

②派监理员复验不妥,应派专业监理工程师复验。

2)审查内容:

(1)营业执照、资质等级证书;

(2)业绩;

(3)拟分包工程的内容和范围;

(4)专职管理人员和特种作业人员的资格证、上岗证。

3)协调处理:协调施工单位保管该批材料,若经设计单位确认可以使用,则该批材料可用于本工程;若不能使用,应要求退货。

4)正确做法:在隐蔽前48 h,以书面形式通知项目监理机构验收,验收合格方可隐蔽。若项目监理机构未能在验收前24 h之前书面提出延期要求,不进行验收,总承包单位可自行验收。

5）不妥之处、正确做法：

（1）总监理工程师直接签署工程竣工报验单，并向建设单位提交竣工验收报告和质量评估报告不妥，应在收到工程竣工申请后，组织专业监理工程师全面检查竣工资料及各专业工程的质量，验收合格后，签署工程竣工报验单，并向建设单位提交质量评估报告。

（2）建设单位将未经验收的工程投入使用不妥，应在收到工程竣工验收报告后，组织勘察、设计、施工、监理等单位进行工程验收，验收合格后方可使用。

2. 答：

1）是否计量、签署支付凭证：

（1）不用计量，因费用包干；

（2）应签署支付凭证，因合同约定一次性支付。

2）是否正确、理由、程序：

（1）不正确，因乙施工单位是分包单位。

（2）①收到工程变更申请后进行审查；

②同意后报建设单位转交原设计单位；

③取得设计变更文件后，结合实际情况对变更费用和工期进行评估；

④就评估情况与建设单位、施工单位协调后，签发工程变更单。

3）是否妥当、理由、程序：

（1）不妥。因乙施工单位是分包单位。

（2）①下达工程暂停令。

②提出由检测单位对桩身混凝土强度进行检测。

③检测达到设计要求时，同意验收。

④检测达不到设计要求时，须经原设计单位核算；满足设计要求的，同意验收；不满足设计要求的，由相关单位提出处理方案，并予以审核签认。

⑤监督施工单位的处理过程，并对处理结果进行检查、验收。

⑥满足要求后，签发工程复工令。

4）是否妥当、理由：

（1）妥当。因有质量问题的商品混凝土是甲施工单位供应的。

（2）不妥。因建设单位不是混凝土供应合同的签订方。

3. 答：

1）建设工程信息管理贯穿建设工程全过程，衔接建设工程各个阶段、各个参建单位和各个方面，其基本环节有：信息的收集、传递、加工、整理、检索、分发、存储、输出与反馈。

2）在组织工程竣工验收前，工程档案由建设单位汇总后，由建设单位主持，监理、施工单位参加，提请当地城建档案管理机构对档案预验收，并取得工程档案验收认可文件。参建各单位各自完成有关的文件档案，建设单位根据城建档案管理机构要求，按照《建设工程文件档案管理规范》对档案文件的完整、准确、系统情况和案卷质量进行审查，并接受城建档案管理部门的监督、检查、指导。

3）会议纪要由监理部的资料员根据会议记录，负责整理。会议上有不同意见时，特别对重大问题有不一致的意见时,应该将各方主要观点,特别是相对立的意见记入“其他事项”中。该会议纪要属于有关质量问题的纪要,应该列入归档范围,放在监理档案中,移交建设单位、城建档案管理部门,属于长期保存的档案。

五、实际操作训练

日照市东港区罗城子水库除险加固工程项目在验收与移交及保修期阶段监理机构的监理工作内容:

1 工程验收与移交

1.1 工程验收与移交监理工作内容

(1)协助发包人制订各时段验收工作计划。

(2)编写各时段工程验收的监理工作报告,整理监理部提交和提供的验收资料。

(3)参加或受发包人委托主持分部工程验收,参加阶段验收、单位工程验收、竣工验收。

(4)督促承包人提交验收报告和相关资料并协助发包人进行审核。

(5)督促承包人按照验收鉴定书中对遗留问题提出的处理意见完成处理工作。

(6)验收通过后及时签发工程移交证书。

1.2 分部工程验收监理工作内容

(1)在承包人提出验收申请后,组织检查分部工程的完成情况并审核承包人提交的分部工程验收资料。对提供的资料中存在的问题及时指示承包人进行补充、修正。

(2)在分部工程的所有单元工程已经完建且质量全部合格、资料齐全时,提请发包人及时进行分部工程验收。

(3)主持分部工程验收工作,并在验收前准备应由发包人提交的验收资料和提供的验收备查资料。

(4)分部工程验收通过后,监理部签署分部工程验收签证,并督促承包人按照分部工程验收签证中提出的遗留问题及时进行完善和处理。

1.3 阶段验收监理工作内容

(1)监理部在工程建设进展到基础处理完毕、截流、水库蓄水、机组启动、输水工程通水以及堤防工程汛前、除险加固工程过水等关键阶段之前,提请发包人进行阶段验收的准备工作。

(2)如需进行技术性初步验收,监理部参加并在验收时提交和提供阶段验收监理工作报告和相关资料。

(3)在初步验收前,监理部督促承包人按时提交阶段验收施工管理工作报告和相关资料,并进行审核,指示承包人对报告和资料中存在的问题进行补充、修正。

(4)根据初步验收中提出的遗留问题处理意见,监理部督促承包人及时进行处理,以满足验收的要求。

1.4 单位工程验收监理工作内容

(1)监理部参加单位工程验收工作,并在验收前按规定提交和提供单位工程验收监理工作报告和相关资料。

(2)在单位工程验收前,监理部督促承包人提交单位工程验收施工管理工作报告和相关资料,并进行审核,指示承包人对报告和资料中存在的问题进行补充、修正。

(3)在单位工程验收前,监理部协助发包人检查单位工程验收应具备的条件,检验分部工程验收中提出的遗留问题的处理情况,并参加单位工程质量评定。

(4)对于投入使用的单位工程,在验收前,监理部审核承包人因验收前无法完成、但不影响工程投入使用而编制的尾工项目清单和已完工程存在的质量缺陷项目清单及其延期完工、修复期限和相应施工措施计划。

(5)督促承包人提交针对验收中提出的遗留问题的处理方案与实施计划,并进行审批。

(6)投入使用的单位工程验收通过后,监理部签发工程移交证书。

1.5 合同项目完工验收监理工作内容

(1)当承包人按施工合同约定或监理指示完成所有施工工作时,监理部及时提请发包人组织合同项目完工验收。

(2)监理部在合同项目完工验收前,按规定整编资料,提交合同项目完工验收监理工作报告。

(3)监理部在合同项目完工验收前,检验前述验收后尾工项目的实施和质量缺陷的修补情况;审核拟在保修期实施的尾工项目清单;督促承包人按有关规定和施工合同约定汇总、整编全部合同项目的归档资料,并进行审核。

(4)督促承包人提交针对已完工程中存在的质量缺陷和遗留问题的处理方案与实施计划,并进行审批。

(5)验收通过后,监理部按合同约定签发合同项目工程移交证书。

1.6 竣工验收监理工作内容

(1)监理部参加工程项目竣工验收前的初步验收工作。

(2)作为被验收单位参加工程项目竣工验收,对验收委员会提出的问题做出解释。

2 保修期监理

2.1 保修期的起算、延长和终止

2.1.1 保修期的起算

按施工合同约定,本工程保修期自工程移交证书中写明的全部工程完工日开始算起。

2.1.2 保修期的延长

若保修期满后仍存在施工期的施工质量缺陷未修复或有施工合同约定的其他事项,监理部在征得发包人同意后,做出相关工程项目保修期延长的决定。

2.1.3 保修期的终止

保修期或保修延长期满,承包人提出保修期终止申请后,监理机构检查承包人已经按照施工合同约定完成全部其应完成的工作,且经检验合格后,28天内签署和颁发保修责任终止证书给承包人。

2.2 保修期监理的主要工作内容

(1)监理部督促承包人按计划完成尾工项目,协助发包人验收尾工项目,并为此办理付款签证。

(2)督促承包人对已完工程项目中所存在的施工质量缺陷进行修复。在承包人未能执行监理机构的指示或未能在合理时间内完成修复工作时,监理机构可建议发包人雇用他人完成质量缺陷修复工作,并协助发包人处理由此所发生的费用。

若质量缺陷是由发包人或运行管理单位的使用或管理不周造成的,监理部受理承包人因修复该质量缺陷而提出的追加费用付款申请。

(3)督促承包人按施工合同约定的时间和内容向发包人移交整编好的工程资料。

(4)签发工程项目保修责任终止证书。

(5)签发工程最终付款证书。

(6)保修期间现场监理部保留必要的人员和设施,撤离其他人员和设施,或将设施移交发包人。

项目五　水利工程监理系列文件技能训练

任务一　训练目标

通过本项目的技能训练,达到如下目标:

1. 能理解监理大纲、监理规划、监理实施细则、监理记录、监理报告、监理日志的作用。

2. 能掌握监理大纲、监理规划、监理实施细则、监理报告、监理日志编写的依据、要点及内容。

3. 能参与监理实施细则、监理报告的编制,能进行监理日志的填写。

4. 能具备监理员和监理工程师资格培训及考试的基本知识。

任务二　知识网络

一、监理大纲

(一)监理大纲编写的作用

监理大纲是指在监理招标投标阶段,监理单位投标为承揽监理业务而编制的监理方案性文件,是监理投标书的重要组成部分。

监理单位编制监理大纲的主要作用有:

(1)使项目法人认可监理大纲中的监理方案,其目的是让项目法人信服本监理单位能胜任该项目的监理工作,从而承揽到监理业务。

(2)是监理单位组建的监理机构为以后开展监理工作制订方案、编制监理规划的基础和依据。

(二)监理大纲编写的依据

(1)国家和行业有关工程建设监理的政策、法律、法规。

(2)建设单位提供的勘察、设计文件。

(3)建设单位的工程监理招标文件。

(4)监理单位监理人员的资历与资质情况。

(5)监理单位的质量保证体系认证资料。

(6)监理单位的技术装备和经营业绩。

(三)监理大纲的内容

监理大纲的一般内容包括:

(1)监理单位拟派往监理项目的主要监理人员,并对这些人员的资格情况进行介绍。其中介绍拟派驻的项目总监理工程师的情况至关重要,这往往决定监理单位承揽监理业务的成效。

(2)监理单位根据项目法人所提供的和自己初步掌握的工程信息,制订准备采用的监理方案。具体包括:监理项目的监理组织机构方案,质量、投资、进度三大目标控制方案,工程建设所涉及的合同管理方案,监理组织机构在监理过程中进行组织协调的方案等。

(3)监理单位明确说明将提供给项目法人的反映监理阶段性成果的文件,这有助于监理单位承揽到建设监理业务。

监理大纲的具体内容包括:工程项目概况,监理工作范围及监理目标,监理机构的组织形式,质量控制的主要任务、内容及措施,投资控制的主要任务、内容及措施,进度控制的主要任务、内容及措施,合同管理的主要任务、内容及措施,信息管理与档案管理的主要任务、内容及措施,安全管理与环境保护的主要任务、内容及措施,组织协调的主要任务、内容及措施,监理报告目录,其他等。

二、监理规划

(一)监理规划编写的作用

监理规划是指在监理单位与发包人签订监理合同之后,由总监理工程师主持编制,并经监理单位技术负责人同意的用以指导监理机构全面开展监理工作的指导性文件。

监理规划编写的主要作用有:

(1)监理规划的基本作用是指导项目监理机构全面开展监理工作。

(2)监理规划是建设单位检查监理单位履行监理合同的重要依据。

(3)监理规划是建设行政管理部门对监理单位监督管理的主要依据。

(二)监理规划编写的要点及依据

1.监理规划编写的要点

(1)总监理工程师亲自主持编制,各监理人员要参加或熟悉监理规划的编制,掌握监理规划的内容和要求。

(2)监理规划应对监理的计划、组织、程序、方法等作出表述。

(3)监理规划应在监理大纲的基础上,根据工程的需要及发包人的委托,结合承包人报批的施工组织设计、施工进度计划编写,具有针对性,突出监理工作的预控性,针对不同情况制定相应的对策。

(4)监理规划应体现“三控制、三管理、一协调”内容,并注重内容的可行性和操作性。

(5)监理规划的具体内容应根据不同工程项目的性质、规模、工作内容等具体情况编制,格式和条目可有所不同。

(6)监理规划应随着建设工程项目的进展或合同变更不断补充、修改与完善。

2. 监理规划编写的依据

(1)工程项目的自然条件、社会条件和经济条件等外部环境调查研究资料。

(2)工程建设方面的有关法律、法规、规章,技术标准。

(3)政府批准的工程建设文件、设计文件。

(4)建设工程委托监理合同。

(5)项目业主的正当要求。

(6)项目监理大纲。

(7)工程实施过程中输出的有关信息。

(三)监理规划的主要内容

(1)总则。

(2)工程质量控制。

(3)工程进度控制。

(4)工程投资控制。

(5)合同管理。

(6)信息管理。

(7)安全管理与环境保护。

(8)组织协调。

(9)工程验收与移交。

(10)保修期监理。

(11)监理设施。

(12)其他根据合同项目需要应包括的内容。

三、监理实施细则

(一)监理实施细则编写的作用

监理实施细则是指由专业监理工程师负责编制,并经总监理工程师批准的用以实施某一项目或某一专业监理工作的操作性文件。

监理实施细则编写的主要作用有:

(1)监理实施细则是监理工作中的重要文件,用来指导具体监理工作,是监理单位重要的存档材料。

(2)监理实施细则是项目监理工作实施的技术依据,它落实了项目计划、规范了施工行为、明确了专业分工和职责,可以协调施工过程中的矛盾。

(二)监理实施细则编写的要点及依据

1. 监理实施细则编写的要点

(1)监理实施细则应在专业工程施工前,由专业监理工程师主持编制完成,相关监理人员参与,并经总监理工程师批准。

(2)监理实施细则应符合监理规划的基本要求,充分体现工程专业特点和合同约定的要求,具有明显的针对性。

(3)监理实施细则应体现工程总体目标的实施和有效控制,明确控制措施和方法,具有可行性和可操作性。

(4)监理实施细则应突出监理工作的预控性,充分考虑可能发生的各种情况,针对不同情况制定相应的对策和措施,突出监理工作的事前审批、事中监督和事后检验。

(5)监理实施细则应根据实际情况按进度、分阶段进行编制,但要注意前后的连续性、一致性。

(6)监理实施细则应分专业编写,要注意各个监理实施细则间的衔接与配套,以组成系统、完整的监理实施细则体系。

(7)在监理实施细则条文中,应具体写明采用的规程、规范、标准,设计文件的名称、文号,报告、报表的格式。

(8)监理实施细则可根据工程实施情况进行补充、修改和完善。

(9)监理实施细则的主要内容及条款可随工程不同而有所调整。

2.监理实施细则编写的依据

(1)国家有关法律法规。

(2)勘察、设计等技术文件与图纸。

(3)施工合同文件。

(4)监理规划。

(5)监理机构已批准的施工组织设计及技术措施。

(6)细则适用范围内有关的技术标准、规程、规范。

(三)监理实施细则的主要内容

(1)总则。

(2)开工审批内容和程序。

(3)质量控制的内容、措施和方法。

(4)进度控制的内容、措施和方法。

(5)投资控制的内容、措施和方法。

(6)合同管理的内容和程序。

(7)信息管理的内容和程序。

(8)安全管理与环境保护的内容、措施和方法。

(9)工程验收与移交的内容和程序。

(10)其他根据项目或专业需要应包括的内容。

四、监理记录

(一)监理记录的作用

监理记录是监理工作的各项活动、决定、问题及环境条件的全面记载。

监理记录可以用来在任何时间对工程进行评估或作为判断依据,解决各种纠纷和索赔,给施工单位定出公平的报酬,还有助于为设计人员及工程验收人员提供翔实的资料。总之,监理记录既是项目监理机构行政管理、内部管理的工具,又是监督施工单位按合同要求施工的重要依据。

（二）监理记录的种类与内容

1. 历史性记录

历史性记录包括：

(1)会议记录。

(2)监理员日报表。

(3)监理工程师日志。

(4)监理日志。

(5)监理月(季)报。

(6)监理巡视记录。

(7)天气记录。

(8)对施工单位的指示。

(9)给施工单位的图纸。

(10)施工单位的报告或通知。

2. 工程计量及工程款支付记录

工程计量及工程款支付记录包括：

(1)工程量记录。

(2)工程款支付记录。

3. 质量记录

质量记录包括：

(1)试件、试样、样品抽样记录。

(2)试验、检验结果分析记录。

(3)各种质量验收记录。

4. 竣工记录

竣工记录包括：

(1)施工过程中的验收记录。

(2)竣工验收阶段的记录。

五、监理报告

（一）监理报告编写的要点

监理报告是指建设单位、监理单位、施工单位之间的工作表格或报告的总称。

监理报告编写的要点包括：

(1)监理月报应全面、真实地反映当月工程现状和监理工作情况，编制周期与支付周期同步。

(2)监理专题报告针对施工监理中某项特定的专题撰写。专题事件持续时间较长时，监理机构可提交关于该专题事件的中期报告。

(3)在进行监理范围内各类工程验收时，监理机构应按规定提交相应的监理工作报告。监理工作报告应在验收工作开始前完成。

(4)监理工作结束后，监理机构应在以前各类监理报告的基础上编制全面反映所监理项目情况的监理工作总结报告。监理工作总结报告应在结清监理费用后56天内发出。

(5)监理报告应由总监理工程师负责组织编制，审核签字、盖章后，报送发包人和监理单位。

(6)监理报告应真实反映工程或事件状况、监理工作情况，做到内容全面、重点突出、语言简练、用词标准、数据准确，并附必要的图表、照片和音像片。

(二)监理月报的主要内容

监理月报的主要内容包括：

(1)本月工程描述。

(2)工程质量控制。

(3)工程进度控制。

(4)工程投资控制。

(5)合同管理其他事项。

(6)施工安全和环境保护。

(7)监理机构运行状况。

(8)本月监理小结。

(9)下月监理工作计划。

(10)本月工程监理大事记。

(11)其他应提交的资料和说明事项等。

(三)监理专题报告的主要内容

监理专题报告的主要内容包括：

(1)事件描述。

(2)事件分析。

(3)事件处理。

(4)对策与措施。

(5)其他应提交的资料和说明事项等。

(四)监理工作报告的主要内容

监理工作报告的主要内容包括：

(1)验收工程概况。

(2)监理规划。

(3)监理过程。

(4)监理效果。

(5)经验与建议。

(6)其他需要说明或报告的事项。

(7)其他应提交的资料和说明事项等。

(8)附件。

(五)监理工作总结报告的主要内容

监理工作总结报告的主要内容包括：

(1)监理工程项目概况。

(2)监理工作综述。

(3)监理规划执行、修订情况的总结评价。

(4)质量控制监理工作成效及综合评价。

(5)投资控制监理工作成效及综合评价。

(6)进度控制监理工作成效及综合评价。

(7)合同管理工作成效及综合评价。

(8)信息管理工作成效及综合评价。

(9)安全管理与环境保护监理工作成效及综合评价。

(10)经验与建议。

(11)工程监理大事记。

(12)其他需要说明或报告的事项。

(13)其他应提交的资料和说明事项等。

六、监理日志

(一)监理日志填写的要点

监理日志是工程实施过程中监理工作的原始记录和最真实的工作依据,是项目监理部监理工作状况的综合反映,是监理工作量及价值的体现,是施工人员素质、能力和技术水平的体现。

监理日志填写的要点包括:

(1)监理日志作为监理的工程跟踪资料是监理资料的重要组成部分,能动态地反映出监理工程的实际施工全貌和监理部工作成效,其内容必须真实、准确、全面。

(2)监理日志由监理机构指定专人填写,按月装订成册。

(3)监理日志可分为项目监理日志和专业监理日志,每个工程项目必须设项目监理日志,对于专业不复杂的工程项目,可只设项目监理日志。项目监理日志和专业监理日志不分层次,平行记载并归档。

(4)专业监理日志由专业监理工程师填写并签字,总监理工程师定期检查。项目监理日志可与主要专业(如土建专业)监理日志合并,由项目总监理工程师或项目总监理工程师指定专人当日填写,项目总监理工程师每日签阅。

(二)监理日志记录的内容

监理日志记录的内容包括:

(1)日期及气象情况。

(2)项目施工工作情况。

(3)项目监理工作情况。

(三)监理日志记录注意事项

监理日志记录注意事项包括:

(1)准确记录日期、气象情况。

(2)做好现场巡查,真实、准确、全面地记录工程相关问题。

(3)监理日志应注意监理事件的“闭合”。

(4)关心安全文明施工管理,做好安全检查记录。

(5)监理日志的内容应严谨真实、书写工整、用语规范。

(6)监理日志记录后,应及时交项目总监理工程师检查,以便及时沟通和了解,并按月装订成册。

任务三　基本知识训练

一、单项选择题(每题的备选项中,只有1个最符合题意)

1. 下列关于监理大纲、监理规划、监理实施细则的表述中,错误的是(　　)。

A. 它们共同构成了建设工程监理工作文件

B. 监理单位开展监理活动必须编制上述文件

C. 监理规划依据监理大纲编制

D. 监理实施细则经总监理工程师批准后实施

2. 下列关于监理规划作用的表述中,错误的是(　　)。

A. 监理规划的基本作用是指导项目监理机构全面开展监理工作

B. 监理规划是政府建设主管部门对监理单位在设立时审查的主要材料

C. 监理规划是业主了解和确认监理单位履行合同的依据

D. 监理规划是监理单位内部考核的依据和重要的存档资料

3.《建设工程监理规范》规定,监理规划应在签订委托监理合同及收到设计文件后开始编制,完成后必须经(　　)审核批准。

A. 总监理工程师　　B. 总监理工程师授权的专业监理工程师

C. 监理单位技术负责人　　D. 建设单位负责人

4. 监理规划的编写应由(　　)主持。

A. 总监理工程师　　B. 监理工程师

C. 监理员　　D. 监理单位技术负责人

5. 监理规划应由(　　)最终批准后方可实施。

A. 项目法人　　B. 专业监理工程师

C. 总监理工程师　　D. 监理单位的法定代表人

6. 监理单位投标文件的核心是(　　)。

A. 监理大纲　　B. 监理规划

C. 监理实施细则　　D. 监理业绩

二、多项选择题(每题的备选项中,有2个或2个以上符合题意,至少有1个错项)

1. 监理规划中的投资、进度、质量目标控制方法和措施应包括(　　)等内容。

A. 风险分析　　B. 目标规划

C. 动态比较　　D. 协调分析

E. 工作流程

2. 有关监理规划下列说法不正确的有(　　)。

A. 总监理工程师可责成公司技术负责人组织、技术人员编制该项目监理规划

B. 监理规划可根据本公司已有的监理规划标准范本，将投标时的监理大纲做适当改动后编成

C. 监理规划编完后应由监理公司经理审核签发

D. 监理规划应在监理大纲的基础上编制

E. 监理规划是编制监理实施细则的依据

3. 监理工作报告制度是指监理机构应及时向项目法人(　　)。

A. 提交监理月报或监理专题报告　B. 提交施工月报

C. 在工程验收时，提交监理工作报告　D. 在工程验收时，提交建设管理工作报告

E. 在监理工作结束后，提交监理工作总结报告

4. 下列各种说法中，符合监理规划的说法是(　　)。

A. 由项目总监理工程师主持制定

B. 它是指导整个项目监理机构开展监理工作的指导性文件

C. 制定监理规划是开展监理工作的第一步

D. 监理规划是签订监理合同之前与项目法人协商确定的监理文件

E. 监理规划应分专业、按进度编制

5. 监理规划的主要内容有(　　)。

A. 工程项目概况　B. 监理工程范围和监理工作目标

C. 监理方法、措施　D. 项目监理组织机构

E. 施工组织设计

6. 在编制施工阶段监理文件时，应以(　　)为主要内容，应反映建筑工程实体形成的控制过程。

A. 监理日志　B. 旁站记录

C. 质量控制文件　D. 投资控制文件

E. 进度控制文件

三、问答题

1. 监理单位为承揽到监理业务，应根据项目法人发布的建设项目监理招标文件、项目的特点、规模以及监理单位自身的条件和以往承担工程项目监理的经验编写监理大纲。

问题：

1）监理大纲编写的依据有哪些？

2) 监理大纲的一般内容包括哪些？

2. 监理规划的作用是指导项目监理机构全面开展监理工作，是建设单位检查监理单位履行监理合同的重要依据，是建设行政管理部门对监理单位监督管理的主要依据。

问题：

1) 监理规划编写的依据有哪些？

2) 监理规划的一般内容包括哪些？

3. 监理实施细则是监理工作中的重要文件，用来指导具体监理工作，是监理单位重要的存档材料。监理实施细则一般应按照施工进度要求在相应工程开始施工前，由专业监理工程师编制并经总监理工程师批准。监理实施细则一般要分专业编写。监理实施细则是在监理规划的基础上，根据项目实际情况对各项监理工作的具体实施和操作要求的具体化、详细化。

问题：

1) 监理实施细则编写的依据有哪些？

2) 监理实施细则的一般内容包括哪些？

4. 监理大纲、监理规划和监理实施细则都是监理单位分别在投标阶段和实施监理的准备阶段编制的监理文件。

问题：

1)监理大纲、监理规划和监理实施细则的区别有哪些？

2)监理大纲、监理规划和监理实施细则的联系是什么？

5. 监理报告是指建设单位、监理单位、施工单位之间的工作表格或报告的总称，通常有施工承包人用表 CB01 ~36、监理机构用表 JL01 ~44，由监理机构提交的监理报告包括监理月报、监理专题报告、监理工作报告、监理工作总结报告等。

问题：

1)监理月报的一般内容包括哪些？

2)监理专题报告的一般内容包括哪些？

3)监理工作报告的一般内容包括哪些？

4)监理工作总结报告的一般内容包括哪些？

6. 监理日志作为监理的工程跟踪资料是监理资料的重要组成部分,能动态地反映出监理工程的实际施工全貌和监理部工作成效,其内容必须真实、准确、全面。

问题:

1) 监理日志记录的一般内容包括哪些?

2) 监理日志记录的注意事项有哪些?

任务四 案例分析

某水利工程项目,项目法人(业主)委托某监理公司负责施工阶段的监理工作。该公司副经理出任项目总监理工程师。总监理工程师责成公司技术负责人组织、技术部门人员编制该项目监理规划。参编人员根据本公司已有的监理规划标准范本,将投标时的监理大纲做适当改动后编成该项目监理规划,该监理规划经公司经理审核签字后,报送给项目法人(业主)单位。

在第一次工地会议上,项目法人(业主)单位根据监理中标通知书及监理公司报送的监理规划,宣布了项目总监理工程师的任命及授权范围。项目总监理工程师根据监理规划介绍了监理工作内容、项目监理机构的人员岗位职责和监理设施等内容。

问题:

1) 建设监理规划分哪几个层次? 它们分别由谁组织编写?

2) 监理规划的主要作用是什么?

3) 请指出该监理项目编制监理规划做法的不妥之处,并写出正确的做法。

4)请指出第一次工地会议上项目法人(业主)单位不正确的做法,并写出正确做法。

任务五 实际操作训练

请根据下列日照市东港区贾家沟南水库除险加固工程项目监理规划资料,编制该工程项目原材料质量控制监理实施细则、土石坝填筑工程施工监理实施细则、迎水面坝坡工程施工监理实施细则、浆砌石工程施工监理实施细则和混凝土工程施工监理实施细则。

1 总 则

1.1 工程项目基本概况

贾家沟南水库位于日照市东港区三庄镇,设计洪水标准20年一遇,校核洪水标准200年一遇;溢洪道消能防冲设计洪水标准10年一遇。设计水库大坝坝顶长116 m,坝顶宽6.5 m,坝顶高程为84.2 m,防浪墙高0.6 m,宽0.5 m。设计溢洪道长109 m,控制段底宽10 m。放水洞位于大坝桩号0+005处,现状为ϕ300钢筋混凝土涵管,进口底高程77.25 m,出口底高程76.85 m。

1.2 贾家沟南水库除险加固工程内容

(1)大坝迎水坡护坡石翻修;坝基抛石压重;背水坡整坡、草皮防护,下游新建排水设施;坝顶整修,硬化防汛路,改建防浪墙,增设照明设施及水位观测设施等。

(2)溢洪道按设计标准开挖整修,沿坝轴线方向新建溢流堰一座;左岸新建导流墙,右岸改建导流墙,渠底浆砌石防护;跨溢洪道新建生产桥一座。

(3)放水洞进出口维修改造,放水洞涵管内衬PE管道,管与洞壁间充填灌浆,配套蝶阀室。

(4)建设水库管理房。

1.3 监理工作的范围与内容

1.3.1 监理范围

对日照市贾家沟南水库除险加固工程所包括的大坝加固工程、放水洞改建加固工程、溢洪道工程及其他工程项目,从工程施工计划编制及实施到工程竣工验收、交付使用,以工程质量、进度、投资三控制与合同、信息两管理及组织协调为重点,实行全过程、全方位规范化监理。

1.3.2 监理内容

1.3.2.1 设计方面

(1)熟悉设计文件内容,检查施工图设计文件是否符合批准的初步设计和原审批意见,是否符合国家或行业标准、规程、规范,以及是否符合勘测设计合同规定。

(2)经建设单位批准后,向施工单位签发设计及设计变更文件。

(3)协助设计单位进行现场设计交底。

(4)协助建设单位会同设计单位对重大技术问题和优化设计进行专题讨论。

(5)审核施工单位对设计文件的意见和建议,会同设计单位进行研究,并督促设计单位尽快给予答复。

(6)保管监理所用的设计文件及过程资料。

(7)其他相关业务。

1.3.2.2　施工方面

(1)检查工程施工单位的开工准备工作,具备开工条件后,经建设单位批准,签发开工通知。

(2)审批施工单位递交的施工组织设计、施工技术措施、计划、作业规程、临建工程设计以及现场试验方案和试验成果。

(3)签发补充的设计文件、技术要求等,答复施工单位提出的建议和意见。

(4)工程进度控制:按建设单位要求,编制工程控制性进度计划,提出工程控制性进度目标,并以此审查批准施工单位提出的施工进度计划,检查其实施情况。督促施工单位采取切实措施实现合同工期要求。当实施进度与计划进度发生较大偏差时,及时向建设单位提出调整控制性进度计划的建议和意见,并在建设单位批准后完成其调整。

(5)工程质量控制:审查施工单位的质量保证体系和控制措施,核实质量管理文件。依据施工合同文件、设计文件、技术规范与质量检验标准,对施工前准备工作进行检查,对施工工序、工艺与资源投入进行监督、抽查,依据有关规定,进行工程项目划分,由建设单位报质量监督部门批准后实施。对单元工程、分部工程、单位工程质量,按照国家有关规定进行检查、签证和评价。协助建设单位调查处理工程质量事故。

(6)工程投资控制:协助建设单位编制投资控制目标和投资计划。审查施工单位递交的资金流计划,审核施工单位完成的工程量和价款,签署付款意见。对合同变更或增加项目提出审核意见后,报建设单位,受理索赔申请,进行索赔调查和谈判,提出处理意见报建设单位。

(7)施工安全监督:检查施工安全、劳动防护和环境保护设施,并提出建议;检查防洪度汛措施并提出建议;参加重大的安全事故调查并提出处理意见。

(8)组织监理合同授权范围内工程建设各方协调工作,编发施工协调会议纪要。

(9)主持单元工程、分部工程验收,协助建设单位按国家有关规定进行工程各阶段验收及竣工验收,审查设计单位和施工单位编制的竣工图纸和资料。

(10)信息管理:做好施工现场监理记录与信息反馈。按监理合同附件要求编制监理月报,督促、检查施工单位及时按建设单位的规定整理工程档案资料,对工程资料及档案及时进行整编,并在工程竣工验收时或监理服务期结束后移交建设单位。

1.4　监理工作依据

(1)山东省水利厅鲁水管字〔2010〕47 号文。

(2)日照市东港区贾家沟南水库除险加固工程初步设计。

(3)日照市东港区贾家沟南水库除险加固工程施工图设计及附图。

(4)建设单位与施工单位签订的施工合同。

(5)建设单位与监理单位签订的工程监理合同。

(6)监理合同有效期内,工程建设上级主管部门颁布的有关本工程的政策、规定。

(7)国家、水利部颁布的有关规程、规范:

①《水利水电建设工程验收规程》(SL 223—2008)。

②《堤防工程施工质量评定与验收规程》(SL 239—1999)。

③《水利水电施工质量评定规程》(SL 176—2007)。

④《水利水电基本建设工程单元工程质量等级评定标准》(DL/T 5113.1—2005)。

⑤《水利工程施工监理规范》(SL 288—2014)。

⑥本监理工程所涉及的其他相关规程、规范。

2　监理工作目标

2.1　质量目标

2.1.1　质量控制的原则

监理项目部通过健全和完善的质量控制体系,按照有关工程建设标准和强制性条文及施工合同约定,对所有施工质量活动及与质量活动相关的人员、材料和施工设备、施工工法和施工环境进行监督和控制,按照事前审批、事中监督和事后检验等监理工作环节控制工程质量。

2.1.2　质量控制的目标

本工程项目的工程质量目标为优良工程。

2.2　进度目标

本工程建设单位要求总工期3.5月,监理工程师应根据此工期要求,审查施工单位报监理项目部的施工进度计划,看是否符合建设单位的总工期目标,若有偏离,及时进行调整,使其始终控制在建设单位总进度目标之内。

鉴于本工程大坝加固工程、溢洪道及交通桥工程、放水洞维修改造等工程项目,是控制工程进度的关键分部工程,监理工程师将采取有力的控制手段和措施,始终抓住关键工程的关键工序、关键部位和施工难点,通过合理调配资源,加强各合同项目的施工协调,促使各合同工期按计划进行,促使控制性工期的实现,并努力促使工期总目标按期或提前实现。

2.3　投资目标

项目总投资是由工程设计总概算或施工合同总价款确定的,建设单位同施工单位签订的施工合同价款,就是项目投资控制的总目标。监理项目部在建设单位的委托下对其进行控制。

监理公司通过多年来对水利工程建设监理的实践,形成了一套科学化、规范化、程序化、标准化的控制体系,监理项目部以施工合同价为基础,采取有效的工程计量与支付控制手段,努力促使工程总造价控制在工程造价预算范围内。

2.4　监理工作目标的实现保障

为了确保监理工程项目的控制目标实现,经监理公司精心安排,在资源配备、组织建制、工作制度、职责分工上都进行了充分准备和严格规定,对搞好工程监理奠定了坚实基础，为监理项目部人员正确行使权力和履行职责提供了根本保证。主要体现在下列三个方面：

(1)在资源配备上，关键是人的因素。监理公司派出的监理项目部人员以中青年技术骨干为主，技术力量雄厚，专业齐全。在总数 7 人中，4 人具有水利工程建设监理工程师资格，其中具有高级技术职称 1 人，中级技术职称 3 人；专业配置上，从地质、测量、试验、水工、施工到造价等，包括了水库工程建设的各方面。从而保证监理项目部人员的知识结构、业务水平、工程经验和实践能力能够满足本工程建设监理的需要。

(2)在组织建制上，根据工程特点，监理项目部将施工活动中关联过程有机结合起来统一控制，对工程质量控制、进度控制与监理协调，以及与其相关的工程技术、施工安全、施工环保等，将从各项工程开工准备到其竣工验收的实施全过程进行监控。监理项目部制定了完善的规章制度，责任分明，便于组织协调和统一指挥。

(3)在监理手段上，以工程施工合同、监理合同、设计文件和国家的法律、行政法规为依据，依照建设单位授予的权限，制定了完善的监理工作程序和详细的监理工作措施，通过有序、高效的工作，采取旁站、巡视、平行检验等方式和事前、事中、事后控制原则，指导、检查、监督施工单位严格履行施工合同，确保工程建设总目标的全面实现。

3　监理项目部组成

受日照市东港区小(2)型水库除险加固工程建设处委托，监理公司对贾家沟南水库除险加固工程施工实施全过程监理。按照监理合同，监理公司成立了日照市东港区 2014 年小型水库除险加固工程监理项目部，设总监理工程师 1 人、副总监理工程师 1 人、监理工程师 3 人、监理员 2 人(人员将随工程进展需要而增减)。实行总监理工程师负责制，副总监理工程师协助总监工作，总监理工程师不在场时，可委托副总监理工程师全面代行总监理工程师职责，监理工程师负责专业工程项目监理。各工程项目监理项目部人员的具体安排，则根据工程施工总进度计划及各单项工程施工进度计划要求，并结合本部监理项目部人员的工作特点、业务专长进行分工，监理项目部及时下文公布，以做到目标明确、责任清楚。在施工过程中，监理项目部将尽力保持各项目监理项目部人员的相对稳定。同时，根据各个工程项目的进展情况与轻重缓急，监理项目部有权适时做出必要的调整。监理项目部框图如图 5-1 所示。

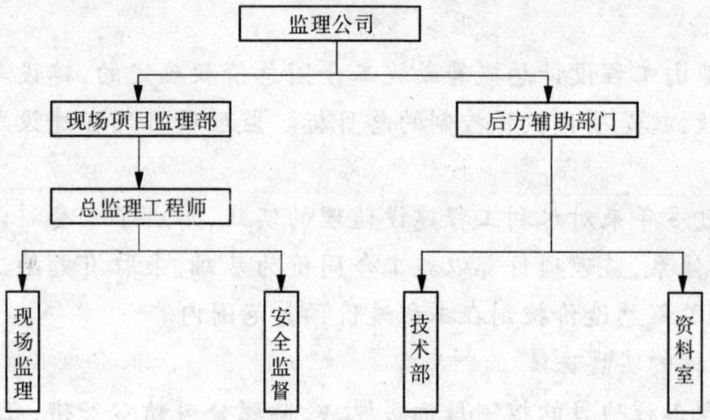

图 5-1　监理项目部框图

4 监理项目部人员岗位职责

4.1 总监理工程师的岗位职责

监理公司确定×××为项目总监理工程师，全面负责贾家沟南水库除险加固工程的监理工作，主要职责有：

(1)保持与建设单位的密切联系，经常了解和弄清建设单位的要求和愿望；

(2)确定或与公司领导商定项目监理组织机构的主要人员和职责；

(3)与施工单位的负责人和技术负责人联系，确定工作中相互配合的关系问题及有关需要的资料事项；

(4)协助建设单位审核施工单位的开工申请报告，发布开工令；

(5)确认和审批施工单位选择的分包单位及分包工程情况；

(6)审查施工单位提出的施工组织设计、施工技术方案、施工进度计划，提出改进意见；

(7)审查施工单位提出的材料、设备清单并对其规格质量进行验评，不合格的材料不得进入现场和使用，不合格的施工设备应调换，否则将不被批准进场；

(8)会同设计单位研究、确定有关工程设计变更事宜；

(9)检查、督促施工单位严格执行工程施工合同中的有关规定，在施工过程中严格按工程设计图纸施工，严格执行国家、部颁规程和技术标准；

(10)对建设单位与施工单位之间争议进行调解，以求得公平合理的解决；

(11)检查工程使用的材料、构件和设备的质量是否符合合同要求，不符合时要拒收，检查安全防护设施是否符合要求和安全保证体系是否建立并认真按此开展工作；

(12)检查工程进度和施工质量，对工程的每道工序进行开工审批、完工验收，审核工程计量清单，签署工程付款证书；

(13)督促施工单位对自检资料、合同文件等进行整理、排序，按有关规定将工程资料归档；

(14)向建设单位提供施工单位要求索赔和有关争议事实的分析资料，提出监理定性意见，但要尽量避免索赔损失；

(15)协助建设单位组织设计单位向施工单位交底、交桩，提供工程放线资料，向建设单位提交工程竣工初步验收及竣工验收申请报告；

(16)定期向建设单位报告工作。

4.2 副总监理工程师的岗位职责

副总监理工程师在总监理工程师授权下，或在监理合同中规定，有以下主要职责：

(1)向施工单位发布信息和指令；

(2)要求施工单位制订详尽的工程进度计划并予以审批，对施工单位的施工方案和用款计划书进行审批；

(3)接收并检验施工单位报送的材料样品，根据质量情况批准或拒收，若应用不合格材料施工，有权下令将该部分工程拆除；

(4)定期巡视工地，发现问题及时处理，对重要工程部位旁站监理；

(5)解释合同中的歧义；

(6)若施工进度太慢，可向施工单位发出警告；

(7)核对施工单位完成的工程量，签发付款证书；

(8)协助总监理工程师工作。

4.3 监理工程师的岗位职责

(1)有权审查施工单位的施工进度计划和施工方案；

(2)施工单位施工进度太慢时，有权向其发出警告；

(3)确定索赔要求，向总监理工程师提出建议；

(4)掌握工地各种情况，防止索赔或减少索赔损失；

(5)为保证工程质量与施工人员安全，有权下令暂停施工；

(6)为便于施工放线，结合设计单位向施工单位交底、交桩及会审图纸的机会，向施工单位提供测量控制点；

(7)核验工程计量结果，保存计量试验记录；

(8)需要时，负责与第三方打交道，并保存记录；

(9)根据工程情况决定额外试验与检查；

(10)协助总监理工程师证明施工单位违约；

(11)有权对工程、材料、设备、工艺质量的否决；

(12)确认"竣工图纸"是否与实际相符；

(13)批准工序开工和验收；

(14)对工程的重要工序及主要环节进行旁站监督，一般工序认真巡视；

(15)定期上报工程进度旬、月报表；

(16)编制监理月报和监理工作报告；

(17)履行总监理工程师或副总监理工程师授权的工作。

5 监理工作阶段划分及工作程序

5.1 监理工作阶段划分

根据日照市东港区贾家沟南水库除险加固工程总进度计划及招标文件提供的实施进度计划，各分部工程实施均包括施工准备阶段、施工阶段及工程移交与缺陷责任期阶段。因此，依据监理工作的实际进程，将监理工作分为三个阶段：

第一阶段：施工准备阶段，从招标开始，至下达开工令止。

第二阶段：施工阶段，各合同工程均从下达开工令开始，至合同工程竣工验收合格后结束。

第三阶段：工程移交与缺陷责任期，从各合同工程竣工验收合格开始，至缺陷责任期满。

5.2 监理工作程序

(1)编制工程建设监理规划。

(2)以工程施工合同和监理合同文件为依据，按工程建设进度，分专业或按工程项目编制工程监理实施细则。

(3)按照建设监理实施细则进行监理。

(4)按规定组织、主持或参与单元、分部、阶段、单位工程验收及工程竣工验收,并签署监理意见。

(5)监理业务完成后,向建设单位提交工程建设监理档案资料和工作总结报告。

6 监理工作方法及措施

6.1 监理工作方法

(1)充分利用测量手段。在工程开工前,审查和批准施工单位的测量实施报告,并利用测量手段,对控制网点的测量结果及工程的定位放线进行核查;在施工过程中控制工程的轴线、尺寸和高程;在工程完工时进行验收测量,以确定是否符合验收标准。

(2)注重检测和试验。监理工程师对材料、土方填筑及混凝土等项目的质量评价,必须通过检测和试验取得数据后进行。不允许采用经验、目测或感觉评价质量。

(3)严格坚持巡视和旁站监理制度。在施工过程中,对一般工序和部位,采用巡视的监理方式,并经常性地抽检施工单位的自检记录,发现问题及时指令施工单位予以纠正。对隐蔽工程、重要部位或关键工艺和工序实行旁站监理,确保工程质量。

(4)认真执行监理程序。充分利用合同授予监理工程师的权利,认真执行监理程序,监督施工单位履行施工合同。

(5)发布指令。监理工程师充分利用指令性文件,需要时及时发出书面指示,并督促施工单位严格遵守与执行监理工程师的书面指示。

(6)适时召开工地会议。监理工程师通过召开工地会议讨论决定施工中的各种问题,必要时邀请建设单位或有关人员参加。在会上监理工程师的决定具有书面函件和书面指示的作用。

(7)充分发挥专家的咨询作用。必要时,对于复杂的技术问题,总监理工程师可协同建设单位邀请有关专家进行研究讨论。根据专家意见和合同条件,再由总监理工程师作出结论。这样可减少监理工程师处理复杂技术问题的片面性。

(8)重视开发计算机辅助管理潜能。监理工程师应充分利用计算机这一先进工具,对工程量计量支付、工程质量统计分析、工程进度控制、工程信息及合同条件进行辅助管理。

(9)合理利用签证权。总监理工程师充分利用合同赋予的支付方面的权力,若施工单位的任何工程行为达不到合同规定的要求,有权拒绝签证支付施工单位的相应工程款项,以约束施工单位认真按合同规定的条件完成各项任务。

(10)约见施工单位主要负责人。当施工单位无视监理工程师的指示,违反合同条件进行工程活动时,由总监理工程师约见施工单位的主要负责人,指出施工单位在工程上存在问题的严重性和可能造成的后果,并限期整改。如再不听劝告,在征得建设单位同意后,总监理工程师可进一步采取措施。

6.2 工程质量控制措施

根据监理委托合同,在工程施工过程中实施全过程、全面的质量控制。全过程的质量控制,是指由对施工准备工作的质量控制和使用原材料的质量控制开始直至竣工验收移交的全部过程的系统控制。全面的质量控制是指对影响工程质量的所有因素(施工人员、材料、设备、施工方案、施工环境等)进行全面的控制。

6.2.1 开工前质量控制工作

(1)制定质量措施。工程项目开工前,按照工程质量控制流程,完成工程质量保证措施的制定,完善监理实施细则和检查验收办法的编制,并贯彻执行。

(2)复查设计文件。监理项目部对施工图应认真审查,及时发现、纠正施工图纸中的缺陷、差错,会同建设单位及设计人员研究解决。必要时,可根据现场情况提出优化设计变更建议,由设计单位进行设计变更,为工程质量控制创造良好条件。

(3)认真协助设计单位做好设计技术交底工作,认真审查和批准施工单位提交的施工组织设计,明确必须遵循的设计要求、标准及施工技术规范、规程。

(4)审查和批准施工单位的测量实施报告,并在开工前对测量控制网点的测量成果进行复测。

(5)审查和批准施工单位的施工机械设备选型、设备的配套和数量,检查进场设备的运行情况和完好情况,以满足施工能力要求。

(6)施工单位的施工准备工作就绪,并满足施工要求时,总监理工程师发布单项工程开工令。

6.2.2 施工阶段质量控制

(1)及时建立并不断强化以监理工程师的质量控制和施工单位质量保证为核心的工程质量保证体系。

(2)质量控制坚持主动控制和事前、事中控制为主,被动控制、事后控制为辅的原则,通过对技术文件、质量文件的审查,施工现场监督检查及平行试验检测、签发验收签证等环节进行质量控制。

(3)审查和批准施工单位提交的检测试验规划。实行监理项目部人员见证取样制度,监督施工单位按规定进行的土工试验、工艺试验等,并审查和批准试验成果,必要时进行抽样复测,不合格的材料不准使用,并限期清理出场。

(4)加强施工过程中的质量检查与监督,加强施工工序质量控制,严格执行"三检制",做到上道工序不合格不得进行下道工序施工。

(5)严格按规定程序进行隐蔽工程、重要部位、重要工序的质量检查验收和签证。对一般工序和部位,采用巡视的监理方式,并经常性地抽检施工单位的自检记录,对有怀疑者进行复查。

(6)发现质量问题,行使质量否决权,并责其整改,直至下达停工指令(需经建设单位批准)或返工指令。当出现质量事故时,及时报告建设单位,并严格执行"三不放过"原则。对重大质量事故,监理必须提出书面文件报建设单位,并会同有关方研究处理方案,报建设单位批准执行。

(7)定期或不定期地主持质量分析会,分析和通报施工质量情况,及时协调有关单位间的施工活动,以消除影响质量的各种外部干扰因素。

(8)严格遵循未经质量认证不予支付结算的制度,严格审核支付项目的工程质量并签署质量审核意见。

(9)认真审查施工单位提交的质量检验报告及其他质量文件,对有疑点部位进行复查和复验;审查施工单位提交的竣工验收报告及阶段验收报告;负责落实工程项目验收中提出的质量问题的处理意见,检查督促在缺陷责任期内发现的质量问题的处理工作。

6.2.3 竣工验收阶段质量控制

(1)认真审核施工单位的初验申请报告,对于质量保证资料不全者和自检不合格者,不予批准验收。

(2)初验前对工程进行全面检查。

①对质量检验记录进行认真检查;

②对工程存在的缺陷、变形及不合格之处限期修补或返工;

③对完工的工程现场作出清理,对竣工检查有实质影响的部分责令施工单位限期完工,不影响竣工验收的工程可放到缺陷责任期完工。

(3)整理汇编竣工资料。

①整理汇编监理工作方面的竣工资料;

②审查签认施工单位的竣工资料,包括所有竣工图、检测验收表格、变更设计文件等。

(4)签认初验申请报告,参加初验。

(5)参加建设单位和上级主管部门主持的竣工验收。

(6)竣工验收完工后向建设单位办理全面移交手续。

6.2.4 工程质量控制难点

6.2.4.1 施工单位

(1)工程质量目标的实现,首先是通过直接参与的建设者按照工程项目的质量要求采取的作业技术和活动来体现的,直接参与项目建设的设计或监理者是为工程服务的,而工程项目的实现是靠施工单位来完成的。"人"在工程项目质量中是一个重要的组成部分,对工程质量中的工作质量起决定作用。

(2)施工单位每个工作岗位的人员,都直接或间接地影响着工程项目的质量。提高工作质量的关键在于提高人的素质,首先是提高领导管理者的素质。要从思想、质量意识、技术水平、管理水平等方面去提高,把质量管理作为重要的战略因素。如果说,领导管理者对质量意识认识不到,那么这种风险实在是太大了。其次是抓好各职能部门人员的素质,使其能在施工过程中,严格按照设计施工图及技术规范执行,严把质量关,从思想上、行动上,把风险减少到最低、最少,最终实现质量目标。

6.2.4.2 施工机械设备

(1)施工机械设备是工程施工的工具,对工程项目的施工质量有着直接影响,施工设备的选型及性能参数的确定,都要考虑到这些设备对整个工程质量的影响。注意使用机械设备在经济上的合理性、技术上的先进性、使用操作和维护上的方便性。

(2)机械设备的配置还要依据工程项目的规模及实用性,配置满足不了工程项目施工需要,就难以实现质量目标。所以,机械设备在使用上,存在着影响工程质量的风险。

6.2.4.3 工程材料

(1)工程材料是构成工程实体的主要内容,而且品种多。质量目标实现的风险,很大程度上是使用材料上的风险。严格把住材料质量关,是实现质量目标的关键之一。搞好工程材料的质量监控,在很大程度上是保证工程质量的关键所在。

(2)工程施工中使用的材料大部分是从生产厂家购置的,施工过程中必须要严格按照设计要求、施工图纸要求及技术规范、国家标准去购置及使用。

(3)施工过程中使用的材料,必须有材质证明、厂家的试验报告及试验室试验的证明资料。未经监理工程师批准使用的材料,不得在施工中使用。

6.2.4.4　施工方案及工艺

在制订施工方案和施工工艺时,必须结合工程实际从技术、组织、管理、经济等方面进行分析,综合考虑,以确保施工方案技术上的可行,有利于质量目标的实现,降低风险程度。

6.2.4.5　施工环境

影响工程项目质量的环境因素很多,有自然环境,如地形、地质、水文、气象、劳动环境、劳动组合、劳动工具和工作面等;工程管理环境,如各种质量管理和检验制度、质量保证体系等。环境因素对工程项目质量的影响复杂而多变,应全面地了解可能影响质量的各种环境因素,采取相应的控制措施,确保质量目标的实现。

6.2.5　工程质量控制制度

(1)技术文件审核、审批制度。根据施工合同约定由双方提交的施工图纸以及由施工单位提交的施工组织设计、施工措施计划、施工进度计划、开工申请等文件均应通过监理项目部核查、审核或审批,方可实施。

(2)原材料、构配件和工程设备检验制度。进场的原材料、构配件和工程设备应有出厂合格证明和技术说明书,经施工单位自检合格后,方可报监理项目部检验。不合格的材料、构配件和工程设备应按监理指示在规定时限内运离工地或进行相应处理。

(3)工程质量检验制度。施工单位每完成一道工序或一个单元工程,都应经过自检,合格后方可报监理项目部进行复核检验。上道工序或上一个单元工程未经复核检验或复核检验不合格,不得进行下一道工序或下一个单元工程施工。

(4)工程验收制度。在施工单位提交验收申请后,监理项目部应对其是否具备验收条件进行审核,并根据有关水利工程验收规程或合同约定,参与、组织或协助建设单位组织工程验收。

6.2.6　质量控制程序

施工阶段质量控制程序如图 5-2 所示。

6.3　工程进度控制措施

工程的总体进度计划及各单项工程进度计划确定后,为了确保进度控制目标的实现,从开始就必须明确进度控制的工作重点,并采取有效的控制措施。

(1)进度控制实行动态控制,拟采用主动控制与被动控制相结合、事前控制与事后控制相结合的方式。

(2)认真审查施工单位提交的施工方案、技术措施、施工措施和施工组织设计,实地检查施工前的各项准备工作,发现问题及时指令施工单位予以改进,以排除各种可能影响施工进度的因素。

(3)在施工过程中,监理项目部必须对施工单位实际投入施工的人员数量及素质、施

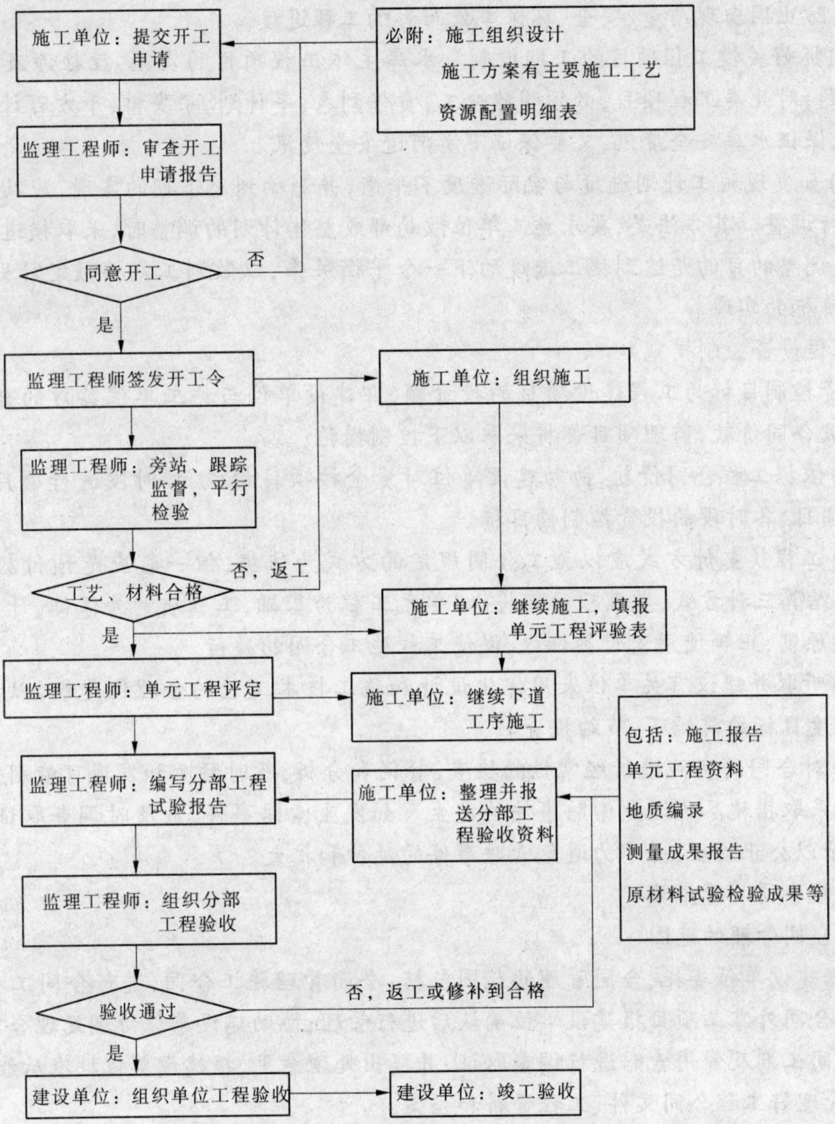

图 5-2　施工阶段质量控制程序图

工设备的数量和规格型号及状况、材料供应状况、施工的组织状况等进行经常性的检查、监督和记录，当发现不能满足施工进度要求时，及时向施工单位发出进度指令，要求限期采取措施予以解决。

(4)对工程实际进度进行逐日的检查统计，并与计划进度进行比较，当发现进度拖后的现象时，及时采取措施。

(5)监理工程师认真做好各施工单位之间的施工协调，及时解决相互之间的干扰，并协助建设单位解决影响施工的各种外部因素，包括施工道路、供水供电等。制定进度协调工作制度，定期组织召开各种协调会，以协调各参加单位之间的进度关系。

(6)监理工程师必须经常检查、督促施工单位按规程、规范的规定施工，文明施工、安全施工,防止因出现质量、安全、环保事故而影响工程进度。

(7)抓好关键工程项目的工期控制。水库主体工程项目的实施,往往涉及水库安全度汛问题,对此类工程项目,必须明确分工,责任到人,早计划,早安排,千方百计予以绝对保证,既保证水库安全度汛,又要保证下游河道安全度汛。

(8)如发现施工计划进度与实际进度不平衡,并影响到总工期的实现,应及时对施工进度进行调整。其方法是,要求施工单位做局部或整体计划的调整时,采取横道图法或网络图法,调整的目的是达到施工进度的下一个平衡关系,以做到工期按预定计划实施,达到控制目标的实现。

6.4　工程投资控制措施

投资控制目标为工程建设项目的投资额,即建设单位与施工单位签订的合同价款。为不突破合同价款,监理项目部将采取以下控制措施:

(1)依据工程合同价款,协助建设单位对资金按项目构成、按时段进行项目分解,以确保各项目、各时段的投资控制性目标。

(2)工程款支付方式应以施工合同规定的方式为依据,但一般应是预付款、月进度款、最终结算三种方式,监理项目部将以"单元工程为基础,工程质量为保证,计量核实为手段"的原则,正确使用支付签证权,促使工程施工合同的履行。

(3)听取并建议有关单位采用优化设计和施工技术工艺的合理化建议,以利在保证质量、进度目标的前提下,节约投资。

(4)对合同的实施进行经常性的检查、督促和分析,及时预测和发现可能引起的索赔事项,并采取措施尽力避免索赔事件的发生。如发生索赔事件,应及时调查取证,协助建设单位予以公正处理,并尽力避免索赔事件的延伸和扩大。

6.5　工程合同管理措施

6.5.1　合同管理的范围

根据建设单位委托,合同管理的范围包括:全面管理施工合同,进行合同工程费用控制,确定合同外零工项目报建设单位确认后进行管理;协助建设单位协调处理合同变更事宜,对合同工期及费用索赔进行调查取证,并提出处理意见,报建设单位批准后组织实施;整理和管理好工程合同文件、工程资料和档案。

6.5.2　工程合同费用控制的主要措施

(1)合同支付工程量应按工程建设合同文件规定的程序和方法通过实际测量与度量进行。工程项目开工前,督促施工单位及时完成原始地面地形以及计量起始位置图的测绘,并将测绘成果报监理项目部审核和批准。单元工程或分项工程完成后,施工单位应提出工程量申报,工程计量测量由监理方和施工单位共同进行,或由施工单位提交测量记录与计量成果报监理项目部复测审核,经审查批准,进行中间支付计量的签证。

(2)施工单位应按合同规定的程序或格式要求,向监理项目部递交合同支付申报(或报表),监理项目部按工程施工合同及时审查中间支付的申报材料,经审查批准,予以签证支付。如发现不妥之处,事后对经签证支付的证书或报表可再次进行审核、修正和调整,为此发布修正与调整支付签证。

(3)严格按工程施工合同文件规定,及时办理预付款支付、工程价款中间支付、计日工(零工)支付、工程变更支付、价格调整、合同终止后的支付,并协助建设单位及时完成保留金支付、工程完工支付、最终支付。

6.5.3 合同管理的主要措施

(1)工程施工合同与监理合同是保证工程项目有效实施的依据,监理工程师必须从招标、评标、合同谈判开始,全过程参与合同管理,熟悉各类合同的内容和合同各方的责任与义务。

(2)监理项目部在认真履行监理合同和加强对监理项目部人员遵纪守法、合同观念教育的同时,通过自身工作促进工程建设各方提高合同意识,严格履行合同职责。

(3)对合同履行过程中的违约行为、性质、事件及其发生的原因及时进行客观分析,并在当事人双方间进行必要的协调。在向建设单位和违约方反馈的同时,实事求是地正确处理合同争议和索赔事件,以保护合同当事人的合法权益。

(4)按照合同文件的规定,做好工程变更的审批和支付,公平合理地确定变更单价,保护建设单位和施工单位的合法权益。

(5)严格按工程施工合同规定及监理索赔处理程序进行合同索赔管理。

6.6 信息管理措施

为了及时收集、处理、储存、传输和使用工程建设中的各种工程信息,及时为建设单位和其他参建单位科学决策提供依据,以提高工程建设现代化管理水平,必须做好监理工作的信息管理。

6.6.1 工程建设信息的主要内容

(1)建设单位与设计单位、监理单位及各施工单位、设备制造单位、材料供应单位签订的各种合同文件、协议;

(2)来自省、市有关领导部门和工程建设管理处的文件;

(3)设计单位对技术问题的处理要求和变更;

(4)来自施工单位的有关报告、请示及各类检测、试验成果、图片、录像资料等;

(5)监理项目部本身为开展工作编发的"规定"、"办法"、"细则",各类"报告"、"报表"以及对施工单位发出的各项"指令"、"通知"、"批复"、"签证"等;

(6)各类工地会议通知、记录、纪要及其他单位发来的文函。

6.6.2 信息管理主要措施

(1)健全项目建设日志、记录,定期对监理日志、记录进行整编的同时摘录监理大事记。

(2)健全信息管理系统,在加强文字、图表信息记录采集与管理的同时,充分运用声像手段和计算机处理技术,加强对工程建设和施工过程中各种信息的采集、整编和管理。为工程质量检验、项目验收、合同索赔、合同纠纷调解以及后期工程运行、维护和管理提供资料。

(3)监理项目部依据合同文件规定,通过编制监理月报等信息报表和专业报告,向建设单位报告工程进展情况,及时报告涉及工期、质量和支付等方面的问题。

6.7 安全生产管理措施

(1)坚持安全第一和预防为主的原则,通过对施工中各种不安全因素的分析和预控制,尽力减少和避免安全事故的发生。

(2)施工单位在开工前必须建立施工安全管理机构和施工安全保障体系,并按国家或部门关于施工安全的有关法令、法规的规定,制定施工安全措施和施工作业安全防护规程,报监理项目部审批和备存,并严格执行。

(3)监理项目部根据工程建设合同文件规定,建立施工安全监理制度,指定分管安全的监理工程师,制定施工安全控制措施,并在施工过程中进行经常性检查。

(4)参加对安全事故的调查分析工作,审查施工单位的安全事故报告、安全报表,并监督施工单位对安全事故的处理。

(5)定期组织施工单位进行安全生产大检查和安全生产评比表彰活动,并做好各合同项目间及与外部环境间的安全生产协调工作。

6.8 组织协调

监理项目部组织协调的基本职能是:沟通、协调、联络与工程建设有关各方的关系,使建设各方与其建设活动协调一致,以充分调动各方的积极性,实现预定的各项目标。

6.8.1 组织协调的内容

(1)监理在组织协调中的主要工作包括施工单位与建设单位之间的协调以及施工单位与设计单位之间的协调等。

(2)工程各项目间的总体组织协调包括各项目的施工布置、场地、施工道路的使用,水、电供应与分配,材料供应,大型设备的调度安排与使用及各项目间的进度协调、质量协调等。

6.8.2 监理组织协调的方法与措施

(1)监理工程师应对需要协调的事项,遵循"守法、诚信、公正、科学"的职业准则,做好工程建设各方之间、责任与义务之间、各工程工序之间及质量、进度、合同支付之间的矛盾协调工作,促进工程建设顺利进展。

(2)建立健全和完善监理工程师的分级协调制度,强化发挥各级监理工程师协调的作用,通过组织矛盾双方的直接协商或组织和主持定期与不定期的各类工地协调会议,公正、及时解决工程施工进展中发生的合同责任、商务和技术问题,督促工程建设各方的沟通、理解、配合和支持,通过监理协调职能的发挥,为工程施工创造更为良好的外部条件和环境,促使工程建设目标的顺利实现。但如一时难以达成共识,必须从工程项目的全面利益和实现总目标考虑,作出监理工程师指令、指示或规定,以协商和统一各方的建设活动,但事先必须向建设单位作出请示和报告。

(3)监理在解决进度、质量、中间计量与支付签证、合同纠纷等一系列问题时,应遵循的基本原则为:

①在确保工程质量、施工安全的条件下,促进施工进度。正常情况下,监理要求按合同工期完成施工任务,不主张超前或拖后,避免拼人力、拼设备的突击做法。

②质量是工程的生命,是监理项目部人员和施工企业水平与素质的具体体现,不论在何种情况下,都要坚持"质量第一"的原则。监理工程师以质量签字认可权作为质量协调手段,对不符合使用要求的原材料和设备,不准使用,对不合格的工程部位不予验收签证,也不予计算工程量,不予支付进度款。

③在维护建设单位合同权益的同时,实事求是地维护施工单位的合法权益。

④对合同纠纷,首先应协商解决,协商不成时才向合同管理机关申请调解或仲裁。

7 监理工作制度

为了保证监理项目的顺利开展,监理公司对监理项目部制定了一系列工作制度,并要求监理项目部严格遵照执行,尽职尽责做好工作。

(1)项目总监理工程师负责制,监理项目部人员分工负责制。

(2)坚持按合同与规范办事制。

(3)坚持一切用文字与数据说话制。

(4)坚持"对口"工作联系制,紧急情况处理事后报告制。

(5)坚持严格监理与热情服务相结合制。

(6)处理问题与"争端"时要贯彻科学、公正、客观、依法办事制。

(7)向施工单位明确监理表格作用和认真填写制。

(8)对工程的重要部位和工序坚持旁站监督制,一般工序坚持认真巡视制。

(9)施工质量检验认可制,质量事故处理"三不放过"制。

(10)坚持材料试验制,不合格材料拒收制。

(11)坚持监理程序制。

(12)坚持工地会议制,做好监理日记制。

8 监理设施

工程监理项目部所配备的监理设施见表5-1。

表5-1 监理设施配备表

类型	名称	规格型号	数量	性能状况
检测试验设备	恒温干燥箱	100～105 ℃	1	正常
	回弹仪	AT-225A	1	正常
	环刀	内径8 cm	10	正常
	铝盒		30	正常
	天平	称量500 g,感量0.01 g	1	正常
	粗细筛		1	正常
测量设备	经纬仪	ET-02	1	正常
	水准仪	S3	1	正常
	钢尺	30 m	1	正常
	钢卷尺	5 m	3	正常
	角尺	1 m	2	正常

续表 5-1

类型	名称	规格型号	数量	性能状况
摄像照相设备	摄像机	索尼	1	正常
	照相机	佳能	1	正常
交通车辆	轿车		1	正常
微机设备	戴尔笔记本	DELLD620	1	正常

参考答案

一、单项选择题

1. B 2. B 3. C 4. A 5. A 6. A

二、多项选择题

1. ACE 2. ABC 3. ACE 4. ABC 5. ABCD 6. CDE

三、问答题

1. 答:

1)监理大纲编写的依据:①国家和行业有关工程建设监理的政策、法律、法规。②建设单位提供的勘察、设计文件。③建设单位的工程监理招标文件。④监理单位监理人员的资历与资质情况。⑤监理单位的质量保证体系认证资料。⑥监理单位的技术装备和经营业绩。

2)监理大纲的一般内容:①监理单位拟派往监理项目的主要监理人员,并对这些人员的资格情况进行介绍。其中介绍拟派驻的项目总监理工程师的情况至关重要,这往往决定监理单位承揽监理业务的成效。②监理单位根据项目法人所提供的和自己初步掌握的工程信息,制订准备采用的监理方案。具体包括:监理项目的监理组织机构方案,质量、投资、进度三大目标控制方案,工程建设所涉及的合同管理方案,监理组织机构在监理过程中进行组织协调的方案等。③监理单位明确说明将提供给项目法人的反映监理阶段性成果的文件,这有助于监理单位承揽到建设监理业务。

2. 答:

1)监理规划编写的依据:①工程项目的自然条件、社会条件和经济条件等外部环境调查研究资料。②工程建设方面的有关法律、法规、规章、技术标准。③政府批准的工程建设文件、设计文件。④建设工程委托监理合同。⑤项目业主的正当要求。⑥项目监理大纲。⑦工程实施过程中输出的有关信息。

2)监理规划的一般内容:①总则。②工程质量控制。③工程进度控制。④工程投资控制。⑤合同管理。⑥信息管理。⑦安全管理与环境保护。⑧组织协调。⑨工程验收与移交。⑩保修期监理。⑪监理设施。⑫其他根据合同项目需要应包括的内容。

3. 答:

1)监理实施细则编写的依据:①国家有关法律法规。②勘察、设计等技术文件与图纸。③施工合同文件。④监理规划。⑤监理机构已批准的施工组织设计及技术措施。⑥细则适用范围内有关的技术标准、规程、规范。

2)监理实施细则的一般内容:①总则。②开工审批内容和程序。③质量控制的内容、措施和方法。④进度控制的内容、措施和方法。⑤投资控制的内容、措施和方法。⑥合同管理的内容和程序。⑦信息管理的内容和程序。⑧安全管理与环境保护的内容、措施和方法。⑨工程验收与移交的内容和程序。⑩其他根据项目或专业需要应包括的内容。

4. 答:

1)监理大纲、监理规划和监理实施细则的区别:

(1)含义不同。

监理大纲是指在监理招标投标阶段,监理单位投标为承揽监理业务而编制的监理方案性文件,是监理投标书的重要组成部分。

监理规划是指在监理单位与发包人签订监理合同之后,由总监理工程师主持编制,并经监理单位技术负责人同意的用以指导监理机构全面开展监理工作的指导性文件。

监理实施细则是指由专业监理工程师负责编制,并经总监理工程师批准的用以实施某一项目或某一专业监理工作的操作性文件。

(2)编制阶段不同。

监理大纲在监理招标投标阶段编制,监理规划在委托监理合同签订后编制,监理实施细则在监理规划编制后编制。

(3)编制目的和作用不同。

监理大纲编制目的和作用:①使项目法人认可监理大纲中的监理方案,其目的是让项目法人信服本监理单位能胜任该项目的监理工作,从而承揽到监理业务。②是监理单位组建的监理机构为以后开展监理工作制订方案、编制监理规划的基础和依据。

监理规划编制目的和作用:①监理规划的基本作用是指导项目监理机构全面开展监理工作。②监理规划是建设单位检查监理单位履行监理合同的重要依据。③监理规划是建设行政管理部门对监理单位监督管理的主要依据。

监理实施细则编制目的和作用:①监理实施细则是监理工作中的重要文件,用来指导具体监理工作,是监理单位重要的存档材料。②监理实施细则是项目监理工作实施的技术依据,它落实了项目计划、规范了施工行为、明确了专业分工和职责,可以协调施工过程中的矛盾。

(4)编制对象不同。

监理大纲和监理规划的编制都以项目整体监理工作为对象,而监理实施细则的编制以某项专业具体监理工作为对象。

2)监理大纲、监理规划和监理实施细则的联系:项目监理大纲、监理规划、监理实施细则是相互关联的,它们都是项目监理系列文件的组成部分,它们之间存在着明显的依据性关系:在编写项目监理规划时,一定要严格根据监理大纲的有关内容来编写;在制定项目监理实施细则时,一定要在监理规划的指导下进行。

5. 答:

1)监理月报的一般内容:①本月工程描述。②工程质量控制。③工程进度控制。④工程投资控制。⑤合同管理其他事项。⑥施工安全和环境保护。⑦监理机构运行状况。⑧本月监理小结。⑨下月监理工作计划。⑩本月工程监理大事记。⑪其他应提交的资料和说明事项等。

2)监理专题报告的一般内容:①事件描述。②事件分析。③事件处理。④对策与措施。⑤其他应提交的资料和说明事项等。

3)监理工作报告的一般内容:①验收工程概况。②监理规划。③监理过程。④监理效果。⑤经验与建议。⑥其他需要说明或报告的事项。⑦其他应提交的资料和说明事项等。⑧附件。

4)监理工作总结报告的一般内容:①监理工程项目概况。②监理工作综述。③监理规划执行、修订情况的总结评价。④质量控制监理工作成效及综合评价。⑤投资控制监理工作成效及综合评价。⑥进度控制监理工作成效及综合评价。⑦合同管理工作成效及综合评价。⑧信息管理工作成效及综合评价。⑨安全管理与环境保护监理工作成效及综合评价。⑩经验与建议。⑪工程监理大事记。⑫其他需要说明或报告的事项。⑬其他应提交的资料和说明事项等。

6. 答:

1)监理日志记录的一般内容:①日期及气象情况,记录当天日期、气温及天气情况(分上午、下午及晚上),主要包括当日最高、最低气温,当日降雨(雪)量,当日的风力等。②项目施工工作情况,包括当日施工进度情况、建筑材料情况、施工机械情况等。③项目监理工作情况,包括当日施工现场质量、安全等问题的发现和处理,当日收发文号、收发文的主题以及重要文件的内容摘要,有关会议纪要及工程变更洽商摘要,本项目重要监理事件的记录,其他事宜。

2)监理日志记录的注意事项:①准确记录日期、气象情况。②做好现场巡查,真实、准确、全面地记录工程相关问题。③监理日志应注意监理事件的"闭合"。④关心安全文明施工管理,做好安全检查记录。⑤监理日志的内容应严谨真实、书写工整、用语规范。⑥监理日志记录后,应及时交项目总监理工程师检查,以便及时沟通和了解,并按月装订成册。

四、案例分析

答:

1)建设监理规划分三个层次:监理大纲、监理规划、监理实施细则。监理单位在监理招标投标阶段编制监理大纲,总监理工程师主持编制监理规划,监理工程师主持编制监理实施细则。

2)监理规划的基本作用:指导项目监理机构全面开展监理工作。监理规划应当对项目监理的计划、组织、程序、方法等做出表述。

3)该监理项目编制监理规划做法的不妥之处及正确做法：

(1)不妥之处：

①总监理工程师不应责成公司技术负责人组织经营、技术部门人员编制该项目监理规划；

②项目监理规划不应根据本公司已有的监理规划标准范本，将投标时的监理大纲做适当改动后编成；

③监理规划不该由公司经理审核签发。

(2)正确做法：

①总监理工程师应亲自主持监理规划的编制工作，所有监理人员应参与或熟悉监理规划的编制，掌握监理规划的内容和要求。

②监理规划应在监理大纲的基础上，结合承包人报批的施工组织设计、施工进度计划编写，具有针对性，突出监理工作的预控性，注意规划的可行性和操作性。

③监理规划应得到监理单位技术负责人的批准。

4)第一次工地会议上项目法人(业主)单位不正确的做法及正确做法：

(1)不正确之处：

①第一次工地会议不应由项目法人(业主)单位主持，会议内容也有问题。

②总监理工程师的任命及授权范围不应由项目法人(业主)单位宣布。

(2)正确做法：

①第一次工地会议可由总监理工程师主持或由总监理工程师与发包人的负责人联合主持。

②会议的具体内容可由有关各方会前约定。一般应包括工程开工准备检查情况、介绍各方负责人及其授权代理人和授权内容、沟通相关信息、进行监理工作交底。

五、实际操作训练

日照市东港区贾家沟南水库除险加固工程项目原材料质量控制监理实施细则、土石坝填筑工程施工监理实施细则、迎水面坝坡工程施工监理实施细则、浆砌石工程施工监理实施细则和混凝土工程施工监理实施细则：

1 原材料质量控制监理实施细则

1.1 总则

本细则依据日照市东港区贾家沟南水库除险加固工程施工合同及监理合同文件规定内容、监理规划、工程设计文件、图纸要求，参照《热轧光圆钢筋》(GB 1499.1—2007)、《热轧带肋钢筋》(GB 1499.2—2007)、《通用硅酸盐水泥》(GB 175—2007)、《水工混凝土施工规范》(DL/T 5144—2001)、《水工混凝土试验规程》(SL 352—2006)、《水利水电工程土工合成材料应用技术规范》(SL/T 225—1998)、《土工试验规程》(SL 237—1999)以及其他有关工程施工技术规程规范编制，适用于日照市东港区贾家沟南水库除险加固工程的原材料的进场验收、材料保管、使用等。

1.2 监理目标

通过本实施细则使监理人员掌控对施工所用的原材料如何按程序进行有效控制，使之符合合同和相关规范的要求；做到能够更好地控制工程原材料质量，确保施工质量满足合同以及规范要求，避免出现不合格材料用于工程实体。

1.3　质量检验程序

1.3.1　钢筋混凝土结构用钢筋

(1)钢筋与钢绞线生产厂家应有生产许可证，每批应有出厂日期、生产合格证以及产品质量检验报告。

(2)钢筋在使用前，按同一厂家、同一炉号、同一规格尺寸，每60 t为一批(不足60 t的按一批对待)验收，每批至少取样一组，做拉力试验和冷弯试验。

钢绞线按同品种、同等级、同一截面尺寸、同炉号、同厂家生产，每60 t为一批(不足60 t的按一批对待)验收，从每批钢绞线中任取3盘，并从每盘所选的钢绞线端部正常部位截取一根试件进行表面质量、直径偏差和力学性能试验。如每批少于3盘，则应逐盘进行上述试验。

热处理钢筋：从每批钢筋中抽取10%的盘数(不少于25盘)进行表面质量和尺寸偏差的检查。如检查不合格，则应对该批钢筋进行逐盘检查。另在每批中抽取10%的盘数(不少于25盘)进行力学性能试验。试验如果有一项不合格，则不合格盘报废，并再从未试验过的钢筋中取双倍数量的试样进行复验，如仍有一项不合格，则该批钢筋为不合格。

(3)钢筋的焊接方法应符合有关规程规范并经监理工程审查批准后方可实施。对使用的不同品种、钢号、直径的钢筋之间的焊接，均需至少进行一组焊接强度试验(3根)和焊接缝外观检查。

(4)钢筋的代换必须符合合同文件、有关规程规范和技术标准，并经监理工程师审查批准后方可进行。

(5)钢号不明的钢材，经试验合格后方可使用，但不能在承重结构的重要部位上使用。对钢号不明的钢筋进行试验，其抽样组数不得少于6组。

1.3.2　水泥

(1)水泥的生产厂家应具有生产资质和生产许可证。运至施工工地的每个批号的散装水泥入罐温度不宜高于65 ℃，均需有出厂合格证(含出厂日期)和厂家的质量检验报告单(28天强度可补报)。

(2)施工单位必须进行自检试验。按同厂家、同品质、同标号，每200～400 t为一批(不足200 t按一批对待)验收，每批至少取样一次，做强度(3天、28天)、标准稠度、安定性、凝结时间和比表面积(细度)试验，每季度需对水泥中的碱含量、三氧化硫含量检测不少于一次。

(3)监理工程师若发现有与规范要求不符合的水泥，则要求施工单位从工地运走。当对水泥质量有怀疑或水泥出厂超过3个月时，应要求施工方做复检试验，并按试验结果决定是否使用，每季度对水泥全项指标检测一次。

1.3.3　砂、石骨料

砂、石骨料的品质应满足施工合同和技术规范、设计的要求。连续进场的按每400 m^3 取一组砂样和一组碎石进行自检试验，自检试验项目按相关要求进行。施工单位每月按《水工混凝土施工规范》(DLT 5144—2001)表5.2.7(细集料：石粉含量、泥块含量、细度模数、坚固性、表观密度、硫化物及硫酸盐含量、有机质含量、云母含量)、表 5.2.8－1(粗骨料的压碎指标值)和表 5.2.8－2(粗骨料的含泥量、泥块含量、坚固性、硫化物及硫酸盐含量、有机质含量、表观密度、吸水率、针片状颗粒含量)中的指标进行 1～2 次抽样检验。

1.3.4　土工布

(1)一般按 10 000 m^2 为一个检验批随机抽取一组试样;

(2)土工布检测项目:厚度、单位面积质量、断裂伸长率(纵向、横向)、撕裂强度(纵向、横向)、CBR 顶破强度;

(3)施工单位应对每卷土工布留样,并详细记录生产厂家、批次、进场时间、检验报告编号以及使用部位,该记录经监理工程师签字确认后存档备查。

1.3.5　土料

在土料选定前必须取样,对土料的比重、颗粒级配、最佳含水率、最大干密度等物理力学特性进行试验,土料场规划和土质必须符合要求并经监理工程师认可后方可使用。土料填筑前需进行土料碾压工艺试验,碾压后的土料应进行干密度和含水率试验,按 100～150 m^3 进行一组土样自检试验,以确定相应施工参数。

1.3.6　工程用水

堤防工程配制泥浆、水泥浆、水泥砂浆、混凝土(含塑性混凝土)和混凝土预制件等所用的水必须符合《混凝土拌和用水标准》。

1.3.7　水泥砂浆、水泥浆、混凝土及混凝土预制体

水泥砂浆、水泥浆、混凝土及混凝土预制体等的配合比和强度等级以及泥浆的配合比必须符合合同和技术规范的要求,水泥砂浆、混凝土和混凝土预制体等按不同强度等级的混凝土拌和料每 100 m^3 进行一组(3 个试件)混凝土强度自检试验,混凝土预制件成品应每 100 m^3 进行一组(3 个试件)自检强度试验,不足 100 m^3 的按一组(3 个试件)进行。

1.3.8　护岸石料或砌体石料

施工单位应对每一批进场石料的尺寸进行检查,对砌体用石,还必须要求石块有一面的表面比较平整。

1.4　材料的运输、储存与管理

1.4.1　钢材

运至施工工地的钢筋及钢绞线必须按不同等级、牌号、规格及生产厂家分批验收、堆存、立牌标志,不得混杂。在运输过程中应避免锈蚀和污染。钢筋宜堆置在仓库(棚)内,露天堆置时应垫高并遮盖。

1.4.2　水泥

(1)从厂家或其他转运站将水泥运至工地需要有良好密封设施的运输设备,要确保材料在运到施工工地时不受潮和不受其他杂物污染。

(2)不同品种、标号及厂家的水泥应分别贮存,不得混杂。水泥运到施工工地后应立刻存放在干燥、密闭、具有良好排水和通风的地方,以免受潮。堆放地点应设防潮层,距地面和边墙至少 30 cm,水泥堆放高度不得超过 15 包。

(3)为了保证使用的水泥有良好的质量,施工单位在施工工地上应:

①先用存放时间较长的水泥材料。

②袋装水泥贮运期超过3个月,散装水泥贮运期超过6个月的,不得再用于主体工程和重要结构部位,除非有试验证明其质量仍然可靠,并事先获得监理项目部批准。

③袋装水泥应在厂家装袋,任何破损的袋装水泥材料应废弃。

④在料场,水泥等材料应分别存放,不同品种及不同厂家的材料应分开存放,且应留出运输通道,并以相同的方式称量送进拌和机。

1.4.3 粗骨料

(1)粗骨料贮存应不使其破碎、污染和离析。

(2)堆存骨料的场地应有良好的排水设施,不同粒径级配的骨料必须分别堆存并设置隔离设施,严禁相互混杂,并应留出运输通道。

(3)不允许任何不当设备在粗骨料堆上操作。

1.4.4 细骨料

(1)在贮存期应无异物侵入,在贮存料堆上不应放置任何不当设备。

(2)应避免离析、污染,并具备规定的脱水条件。

(3)细骨料堆存的活容积应满足施工期间对合格料的需要,并留出运输通道。

1.4.5 混凝土预制体

混凝土预制体在运输中要防止碰掉边角和断裂,卸车时要小心轻放,防止油渍等污染物污染混凝土预制件的表面。

1.4.6 土料

土料的备用贮存必须有防雨措施且场地排水设施良好。

1.5 其他

(1)混凝土材料、混凝土拌和物、砂石料以及金属材料等的检测项目、检测方法、检测频率及控制标准等均应按工程施工合同、设计技术要求、有关规程、质量评定和验收标准的规定进行。

(2)监理工程师为材料检验所进行的批准、审核、检查与认证等,并不能减免工程施工单位所应承担的合同责任。

2 土石坝填筑工程施工监理实施细则

2.1 总则

本细则依据日照市东港区贾家沟南水库除险加固工程施工合同及监理合同文件规定内容、监理规划、工程设计文件、图纸要求,参照《碾压式土石坝施工规范》(DL/T 5129—2001)、《堤防工程施工规范》(SL 260—1998)以及其他有关工程施工技术规程规范编制。本细则适用于日照市东港区贾家沟南水库除险加固工程坝体填筑工程的施工监理。

2.2 开工条件控制

(1)在具备了土石坝填筑的开工条件后,施工单位应根据合同文件技术条款、设计文件和相应技术规范,结合自然条件和施工技术水平编制施工技术措施计划报监理项目部审批。

施工技术措施计划应包括下述主要内容:

①工程简况(包括项目构成、合同或设计工程量、合同工期等);

②施工管理与作业劳动组织;

③施工准备及程序和方法;

④施工进度计划;

⑤质量保证体系的建立,质量检验、检测措施;

⑥安全生产与环境保护措施;

⑦合同支付计划;

⑧其他需要报告和说明的事项。

(2)施工单位应在土石坝填筑工程施工前,完成铺工放样工作,并将其报监理项目部批准,其内容如下:

①工程简况,施工范围布置图;

②放线依据及对原点检测校核情况;

③施测方法,使用的仪器和人员配备;

④放线成果(包括记录和平面布置图)。

(3)上述报送文件连同审签意见单一式四份,经施工单位项目经理签署后递交监理项目部审签,限时批复,原件不退回。

(4)除非施工单位接到的审签意见为"修改后重新报送",否则可及时向监理项目部申请开工许可证。

(5)监理项目部在接到施工单位申报的开工申请单后,24 h 内开出工程项目开工许可证,若施工单位在限期内未收到监理项目部应返回的审签或批复意见,视为已报经审阅。

(6)如果施工单位未能按期向监理项目部报送上述文件,由此而造成施工工期延误和其他损失,由施工单位承担合同责任。

2.3 施工过程监理

(1)施工过程中,施工单位应按报经批准的施工计划,按章作业,文明施工,安全生产,并不得影响其他标段的施工。

(2)施工中若发现土料不合格,铺土厚度、相邻段搭接不符合要求,监理工程师有权令施工单位返工处理。

(3)每层填筑压实完成,报监理工程师验收合格并签字方可进行下道工序。

(4)施工过程中,施工单位应实行"三检制",并认真对施工质量进行检验、检查,加强技术管理,做好原始资料的记录、整理。

(5)施工过程中,发现施工技术措施的效果不符合或达不到设计要求时,应及时向监理项目部报告,提出调整措施报监理项目部批准后实施。

(6)施工过程中,当监理工程师需查阅资料和现场记录或者需作检验时,施工单位不得拒绝。

(7)监理项目部巡视和监理工程师旁站、监督和检查时,发现施工违反设计及技术要求,有权采取口头违规警告、书面违规警告,直至指令返工、停工等方式予以制止,由此而造成的工期延误与经济损失由施工单位承担合同责任。

2.4　施工前质量控制

(1)坝体填筑必须在坝基处理及隐蔽工程验收合格后才能进行。

(2)坝体填筑前,施工单位应向监理项目部送交土场复查试验报告,并提出建议性意见,供监理修改。其内容包括:料场分布、试坑及探坑平面布置、含水量、地下水位、代表性土样、实际可开采量等。

(3)坝体填筑前7天,施工单位选择施工段落,分别在不同的土场、对不同土质进行碾压试验,包括铺土厚度、压实机械、压实方法与遍数、最优含水量、有效压实厚度、干容重等施工参数。

试验完成,及时将试验资料进行系统分析整理,绘制成果表,编写碾压试验报告,报监理工程师审批,其内容包括:

①上坝土料设计标准的合理性;

②适宜各种土料的压实机械类型及参数;

③上坝土料的最大干容重、最优含水量及控制范围,并与室内试验成果比较分析其合理性;

④指导施工的参数、碾压机械、铺土厚度、碾压遍数。

2.5　工程质量控制

2.5.1　填筑施工原则

(1)坝体各部位的填筑必须按设计断面进行;

(2)上坝坝料种类、级配、含水量、填筑部位及相应压实标准应符合设计要求;

(3)必须严格控制压实参数,压实合格后方准铺筑上层土料;

(4)坝面施工应统一管理、严密组织,保证工序衔接,分段流水作业,层次清楚,大面平整,均衡上升,减少接缝;

(5)各施工标段在填筑时,各段土层间应设立标志,以防漏压、欠压和过压,上下层分段位置应错开;

(6)填筑过程中,施工人员必须保证观测仪器埋设与测量工作的正常运行,并保证埋设仪器和测量标志完好。

2.5.2　坝体填筑施工技术要求

(1)大坝上游压重部分:抛石压重部分重点控制抛石的材质和单块质量,具体要求如下:地基表层不合格土、杂物必须清除,岩石软化系数不得低于0.8,石块质量20~60 kg为宜,最大平均粒径不超过80 cm,抛石压重平台宜整平。

(2)上坝土料部分具体要求如下:土料采用合格上坝土料,要求粒径小于5 mm的不超过30%,最大粒径不超过碾压层厚度的2/3,土料严禁采用淤泥、粉细沙、冻土块、膨胀土、分散性土。

(3)碾压机械应按平行坝轴线方向行进,不得垂直坝轴线方向碾压,并在坝轴线呈弧形段处应特别注意防欠压、漏压。

(4)相邻两段交接处,碾迹彼此搭接,顺碾压方向搭接长度不小于0.30~0.50 m;垂直碾压方向搭接宽度应为1~1.5 m。各施工段之间的纵向和横向接缝的结合坡度不应陡于1:3,高差不宜大于0.5 m。

2.5.3 施工质量控制措施

(1)当气候干燥,土层表面水分蒸发较快时,铺料与压实表面均应适当洒水润湿,以保持施工含水量。

(2)为保证土层之间结合良好,均应在铺土前将压实结合面刨毛1~2 cm深。

(3)为配合碾压施工,铺筑应平行坝轴线顺次进行,及时平料并铺筑均匀、平整。

(4)机械碾压运行应符合下列规定:

①行车速度以1~2挡为宜;

②气胎碾、羊足碾、振动碾可采用进退错距法压实。

(5)铺料与碾压工序必须连续进行。如需短时间停工,其表面风干土层应经常洒水湿润,保持含水量控制在范围内。如需长时间停工,应据气候条件设保护层,复工时予以清除,并检查填筑面。

2.6 工程进度控制

(1)施工单位应依据合同文件规定的合同总工期目标和阶段性工期控制目标,合理安排施工进度,确保施工资源投入,做好施工准备,提高设备完好率和台时利用率,做到均衡施工、按章施工、文明施工,避免出现抢工、不按工程质量要求施工。

(2)若由于各种合理的或不合理的原因,致使施工实施进度计划在执行中必须进行实质性修改,施工单位应提出修改的详细说明,并须在修改计划实施的14天前提出修改的进度计划报送监理项目部批准。

必要时,监理项目部也可按施工合同文件规定,直接向施工单位提出修改指示,由施工单位调整实施进度计划,报监理项目部批准。

(3)属于下列任何一种情况所造成的工期延误,施工单位均不能提出延长工期的要求,建设单位也不为此而给予费用补偿。

①施工单位失误或违规、违约引起的,或因此而被监理项目部指令的暂停施工。

②现场非异常恶劣气候条件引起的正常停工。

③为工程的合理施工和保证安全所必需的,或因此而被监理项目部指令的暂停施工。

④施工单位未得到监理项目部批准的擅自停工。

⑤合同中另有规定的。

(4)在施工过程中,若造成工期延误,属于建设单位的合同责任与风险,施工单位应立即通知建设单位和监理项目部,并在发出该通知后的7天内向监理项目部提交一份详情报告,详细申述发生工期延误事件的细节和对工期的影响程度。此后的14天内,施工单位可按合同文件和监理文件要求修订进度计划和编制赶工措施,提交监理项目部审批。

(5)监理工程师对施工单位进度计划的审查和批准,并不意味着可以减轻施工单位对合同工期应承担的义务和责任。

2.7 工程投资控制

(1)投标书工程量报价中所列的工程量不能作为合同支付结算的工程量。施工单位申报支付结算的工程量,应以经监理工程师验收合格、符合支付计量要求的已完工工程量为准,按合同报价分类支付,按单位、分部、分项、单元工程分类进行量测与度量。

(2)监理项目部只接受符合下述条件的工程量支付申报。

①当月完成,或当月以前完成尚未进行支付结算的;

②属于监理范围,工程施工合同规定必须进行支付结算的;

③有相应的开工指令、施工质量终检合格证和单元质量评定表等完整的监理认证文件的;

④有监理确认签证的合同索赔支付。

(3)施工单位向监理项目部递交的合同支付申请报告(或报表),必须包括下列内容:

①申请支付工程项目的单位工程名称,分部、分项或单元工程名称及其编号。

②由监理工程师签署的支付工程量确认签证。

③对应工程量的支付账单。

(4)如果因为施工单位报送资料不全,或不符合要求,引起合同支付审签的延误,由施工单位承担合同责任。

(5)对于暂缓结算或不予结算的工程量,在接到监理项目部审签意见后的7天内,施工单位项目经理可书面提请监理项目部重新予以确认,也可在下次支付申报中再次申报。

2.8 其他

(1)每单元坝体工程施工结束后,监理工程师应要求施工单位及时填报单元工程质量检查评定表,并给予确认,作为评定相应分部、分项工程质量等级的基础。

(2)本细则未列之其他施工技术要求、原材料品质和质量检验标准,按合同技术规范、有关施工技术规程规范和质量评定标准执行。

(3)工程质量检验和单元工程开工签证按《土建工程质量检验和开工签证监理工作规程》有关要求执行。

(4)已按设计要求完成,报经监理工程师质量检验合格,按合同规定应予以支付的工程量才予以计量支付。合同支付计量与量测,按合同文件规定和有关要求执行。

3 迎水面坝坡工程施工监理实施细则

3.1 总则

本细则依据日照市东港区贾家沟南水库除险加固工程施工合同及监理合同文件规定内容、监理规划、工程设计文件、图纸要求,参照《碾压式土石坝施工规范》(DL/T 5129—2001)、《水利水电工程土工合成材料应用技术规范》(SL/T 225—1998)、《砌体工程施工质量验收规范》(GB 50203—2011)以及其他有关工程施工技术规程规范编制。本细则适用于日照市东港区贾家沟南水库除险加固工程迎水面坝坡工程的施工监理。

3.2 开工条件控制

(1)在具备了护坡工程施工的开工条件后,施工单位应根据合同文件技术条款、设计文件和相应技术规范,结合自然条件和施工技术水平编制施工技术措施计划报监理项目部审批。

施工技术措施计划应包括下述主要内容:

①工程简况(包括项目构成、合同或设计工程量、合同工期等);

②施工管理、作业劳动组织、机械配置;

③施工准备及程序和方法;

④施工进度计划；

⑤质量保证体系的建立、质量检验、检测措施；

⑥建筑材料试验报告；

⑦其他需要报告和说明的事项。

(2)施工单位应在护坡工程施工前，完成铺工放样工作，并将其报监理项目部批准，其内容如下：

①施工范围布置图；

②放线依据及对原点检测校核情况；

③施测方法，使用的仪器和人员配备；

④放线成果(包括记录和平面布置图)。

(3)上述报送文件连同审签意见单一式四份，经施工单位项目经理签署后递交监理项目部审阅，限时批复，原件不退回。

(4)除非施工单位接到的审签意见为“修改后重新报送”，否则可及时向监理项目部申请开工许可证。

(5)监理项目部在接到施工单位申报的开工申请单后，24 h 内开出工程项目开工许可证，若施工单位在限期内未收到监理项目部应返回的审签或批复意见，视为已报经审阅。

(6)如果施工单位未能按期向监理项目部报送上述文件，由此而造成施工工期延误和其他损失，由施工单位承担合同责任。

3.3　施工过程监理

(1)施工过程中，施工单位应按报经批准的施工计划，按章作业，安全生产，文明施工。

(2)施工过程中，上一道工序完成，施工单位应认真填写单元工程施工质量报验单，经项目经理签字后报监理工程师审批。

(3)经过现场检验或仪器测试，所测各项技术指标合格后，由监理工程师签发工程检验认可书进入下一道工序的施工。如经检验、测试工程质量不合格，则责令施工单位返工，经返工处理后，再重复上述程序直到合格。未经监理工程师认可强行覆盖或进行下一道工序施工，将按违规违约处理。

(4)施工过程中，发现施工技术措施的效果不符合或达不到设计要求时，应及时向监理项目部报告，提出调整措施报监理项目部批准后实施。

(5)施工过程中，当监理工程师需查阅资料和现场记录或者需作检验时，施工单位不得拒绝。

(6)监理项目部巡视和监理工程师旁站、监督和检查时，发现施工违反设计及技术要求，有权采取口头违规警告、书面违规警告，直至指令返工、停工等方式予以制止，由此而造成的工期延误与经济损失由施工单位承担合同责任。

3.4　工程质量控制

3.4.1　质量控制的手段

(1)旁站监督。可根据工程部位情况采用全过程旁站或不定时旁站监督，监理人员必须检查施工单位在施工中所用设备、材料是否与批准的设备、材料及设计文件和规范、规程中要求的相符，检查是否按技术规范和批准的施工方案、施工工艺进行施工，发现问题及时制止纠正。

(2)检测。用仪器工具进行必要的检测控制。

(3)测量。监理人员对施工放样、高程控制进行检查，不合格不准开工；对已完工程的几何尺寸、质量指标应根据设计文件及有关规范、规程进行验收，对验收不合格的要进行修整，无法修整的要进行返工。

(4)试验。使用于工程的材料必须事先试验，有质量证明或试验报告和鉴定书，并由监理工程师批准后方可使用，试验内容包括水泥、砂、石子、碎石、块石、土工布及砂浆配合比等。未经监理工程师批准，不符合设计文件和规范要求或没有试验数据的材料，不得用于工程。

(5)指令文件。在工程施工过程中，监理单位与建设单位及施工单位之间的工作来往均以文字为准，监理工程师通过书面指令和文件对施工单位进行质量控制。对不符合设计文件及规程、规范要求或已发生质量问题的工程，监理工程师有权提出处理意见乃至否决。监理人员要做好监理日记和必要的记录，定期向建设单位作书面汇报。

3.4.2　分项工程质量控制实施细则

3.4.2.1　施工放样质量控制

(1)施工单位应根据《水利水电工程施工测量规范》的规定，进行平面控制测量、高程控制测量及齿墙、防浪墙轴线放样。

(2)施工单位应对设计中采用的平面、高程控制点的坐标位置进行复核、校测，并补充不足的标志，对原控制精度不符合要求或妨碍施工的标点重新测设。

(3)施工单位应使用符合精度要求的测量仪器在施工前加密桩标，以利铺工放样。

(4)转弯点及整桩号处应测设永久标石(基准点)，必要时可架设标架。标石(架)必须埋设牢固，施工中经常加以校正。

(5)新设标石应在不妨碍施工、引测方便、易于保存的地方设置，并分别编号、绘制平面图。为便于查找和保护，应用红漆涂抹，标明点号。若遇特殊情况需移动的，应就近另设控制点，以便于引测。

3.4.2.2　坝坡质量控制

(1)坝坡坡面修整。

坝坡体上游坡面在护坡之前，应先对坡面进行修整，坝坡应满足设计要求，人工找平，临近坡面约 30 cm 范围内土的压实干密度不得低于坝体设计压实干密度的 98%。

(2)开挖齿墙基础。

齿墙基础开挖必须满足设计尺寸，遇到沙土渗水时，将沙土挖出 30 cm，用黏土或灰土夯实，压住水，满足地基承载力，并保证地下基础深度，不允许扰动地基土。

(3)坝脚齿墙砌筑。

齿墙基础开挖验收合格后，采用坐浆法砌筑块石，砂浆标号 M7.5，砌筑用砂浆要求机械拌和均匀，严格按设计配合比拌制。

砌筑采用坐浆法，坐浆饱满，大块封边，表面平整，先砌角石，片石填缝，人工插捣密实,缝隙大于5 cm的部位用片石填缝,严格错缝砌筑,不可造成竖向通缝。

(4)土工布铺设。

①在铺设过程中,要注意施工质量,每道工序开工前必须经监理工程师确认前道工序质量合格后方可开始。

②土工布的铺设底面严禁有尖锐物。

③土工布的拼幅形式和接缝强度应满足设计要求。

④土工布的搭接宽度不得小于设计值,铺设时不得发生褶皱和破损。

⑤坡顶锚固和坡趾压稳的处理方法应满足设计和施工方案的要求。

⑥土工布铺设不得有破损,当有破损时,应采用同一材料进行修补。

⑦土工布铺设验收合格后,承包人应及时回填覆盖,避免土工布外露时间过长出现老化,影响质量。

⑧在铺设过程中,监理工程师随时对施工过程进行监督,对是否符合铺设要求,铺设质量是否满足施工规范的要求等全方位进行控制。

⑨如承包人没有按设计或有关规范、规程的要求进行施工,或未达到设计要求,应无条件地按着监理工程师的要求停工。所有损失应由承包人自负。

⑩所用的全部材料应满足设计各项指标的要求,并且使用前都按设计施工说明书进行材料检验和试验。合格后报监理工程师同意后才能使用于现场。

(5)碎石垫层铺设。

在坝脚齿墙砌筑完成和土工布铺设完毕且验收合格后,及时在土工布上人工铺设碎石垫层,以避免土工布受阳光直射而老化,或被风吹而撕破。碎石垫层粒径为2~4 cm,厚度15 cm,其粒径、级配、不均匀系数、含泥量等应符合设计要求。铺设过程中,严禁将土工布损坏。

(6)干砌料石砌筑。

①干砌石使用的材料应按施工图纸要求和监理人指示,采用料石砌筑料。

②石料使用前表面应洗除泥土和水锈杂质。

③不应有明显的凹凸现象,不应高出或低于设计厚度5 cm,且凹凸处不应集中于同一区域。

④干砌石砌筑必须铺砌密实,上、下层或同一层中均按错缝原则铺砌,不得有直缝(或通缝)现象。如有缝隙用碎石从块石下部嵌实,不允许在表面嵌缝,以防架空摇动,不得有叠砌现象。

⑤砌筑时,每块石料先行试放,不合适处用小锤修整,应做到缝小,砌体咬扣紧密牢固。

(7)防浪墙砌筑。

防浪墙为浆砌块石结构。防浪墙基槽由人工开挖,修整后挂线砌筑浆砌石,其砌筑方法同坝脚齿墙。每隔20 m设一沉陷缝,缝宽2 cm,缝中填沥青填料。防浪墙顶高程在砌筑时用水准仪每50 m检测一次,保证其顶面在同一高程上,使防浪墙平整和顺直,砌筑后表面美观。

3.5 工程进度控制

(1)施工单位应依据合同文件规定的合同总工期目标和阶段性工期控制目标,合理安排施工进度,确保施工资源投入,做好施工准备,提高设备完好率和台时利用率,做到均衡施工、按章施工、文明施工,避免出现抢工、不按工程质量要求施工。

(2)由于各种合理的或不合理的原因,致使施工实施进度计划在执行中必须进行实质性修改,施工单位应提出修改的详细说明,并须在修改计划实施的14天前提出修改的进度计划报送监理项目部批准。

必要时,监理项目部也可按施工合同文件规定,直接向施工单位提出修改指示,由施工单位调整实施进度计划,报监理项目部批准。

(3)属于下列任何一种情况所造成的工期延误,施工单位均不能提出延长工期的要求,建设单位也不为此而给予费用补偿。

①施工单位失误或违规、违约引起的,或因此而被监理项目部指令的暂停施工。

②现场非异常恶劣气候条件引起的正常停工。

③为工程的合理施工和保证安全所必须的,或因此而被监理项目部指令的暂停施工。

④施工单位未得到监理项目部批准的擅自停工。

⑤合同中另有规定的。

(4)在施工过程中,若造成工期延误,属于建设单位的合同责任与风险,施工单位应立即通知建设单位和监理项目部,并在发出该通知后的7天内向监理项目部提交一份详情报告,详细申述发生工期延误事件的细节和对工期的影响程度。此后的14天内,施工单位可按合同文件和监理文件要求修订进度计划和编制赶工措施,提交监理项目部审批。

(5)监理工程师对施工单位进度计划的审查和批准,并不意味着可以减轻施工单位对合同工期应承担的义务和责任。

3.6 工程投资控制

(1)投标书工程量报价中所列的工程量不能作为合同支付结算的工程量。施工单位申报支付结算的工程量,应以经监理工程师验收合格、符合支付计量要求的已完工工程量为准,按合同报价分类支付,按单位、分部、分项、单元工程分类进行量测与度量。

(2)监理项目部只接受符合下述条件的工程量合同支付申报:

①当月完成,或当月以前完成尚未进行支付结算的;

②属于监理范围,工程施工合同规定必须进行支付结算的;

③有相应的开工指令、施工质量终检合格证和单元质量评定表等完整的监理认证文件的;

④有监理确认签证的合同索赔支付。

(3)施工单位向监理项目部递交的合同支付申请报告(或报表),必须包括下列内容:

①申请支付工程项目的单位工程名称,分部、分项或单元工程名称及其编号。

②由监理工程师签署的支付工程量确认签证。

③对应工程量的支付账单。

(4)如果因为施工单位报送资料不全,或不符合要求,引起合同支付审签的延误,由施工单位承担合同责任。

(5)对于暂缓结算或不予结算的工程量,在接到监理项目部审签意见后的7天内,施工单位项目经理可书面提请监理项目部重新予以确认,也可在下次支付申报中再次申报。

3.7 其他

(1)每个单元工程施工结束后,监理工程师应要求施工单位及时填报单元工程质量检查评定表,并给予确认,作为评定相应分部、分项工程质量等级的基础。

(2)本细则未列之其他施工技术要求、原材料品质和质量检验标准,按合同技术规范、有关施工技术规程规范和质量评定标准执行。

(3)工程质量检验和单元工程开工签证按《土建工程质量检验和开工签证监理工作规程》有关要求执行。

(4)已按设计要求完成,报经监理工程师质量检验合格,按合同规定应予以支付的工程量才予以计量支付。合同支付计量与量测,按合同文件规定和有关要求执行。

4 浆砌石工程施工监理实施细则

4.1 总则

本细则依据日照市东港区贾家沟南水库除险加固工程施工合同及监理合同文件规定内容、监理规划、工程设计文件、图纸要求,参照《砌体工程施工质量验收规范》(GB 50203—2011)以及其他有关工程施工技术规程规范编制。本细则适用于日照市东港区贾家沟南水库除险加固工程齿墙、岸墙、护底等工程的施工监理。

4.2 开工条件控制

(1)开工条件控制按下列程序进行:

①向施工单位进行监理工作交底。

②审批施工单位报送的施工措施计划。

③施工质量保证体系的检查认可。

④组织设计交底。

⑤移交测量控制网点,审签施工单位的施工控制网点施测成果。

⑥检查施工条件。

⑦签发开工许可证。

(2)明确监理例行程序。下发监理作业表格,明确工程质量、进度、投资监理签证的程序,明确监理办公室与施工单位之间函件、文件、报表等公文手续,明确工程例会召开的地点、时间、会议议程等。

(3)督促施工单位根据设计文件、施工合同及工地现场实际提交护坡工程施工组织设计,并应从施工设备、材料供应、施工方法、施工质量保证体系和质量保证措施、施工进度等方面检查其是否满足施工合同工程的技术和进度要求。

施工措施计划应包括以下内容:

①工程概况。

②施工准备(包括材料供应、供电、供水等)。

③施工布置(含布置图)。

④设备配置与劳动力组织。

⑤质量保证措施。

⑥组织管理机构。

⑦进度计划(包括工期安排、砌筑强度)。

(4)施工质量保证体系的检查认可。施工单位应建立以项目经理、项目总工、质检负责人、专职质检员组成的工程质量管理组织;配备质量检验和测量工程师,建立满足工程质量检测的现场试验室或委托有相应资质、资格的检测单位进行检测,建立班组自检、专职质检员复检和质检负责人终检的“三检”制,完成质量保证体系文件的编制,建立健全施工质量保证体系,并报送监理检查认可。

(5)组织设计交底。在工程开工前,监理工程师应组织设计单位进行设计交底,使施工单位明确设计意图、技术标准和技术要求。

(6)移交测量控制网点,审签施工控制网点施测成果。在工程开工前,监理工程师应及时向施工单位移交测量控制网点,督促施工单位布设施工控制网点,测绘坡面开挖前的地形图,并对其成果进行审查和校验。

(7)检查施工条件。

①施工设备进场查验。施工单位应根据施工强度选用合适的施工设备,按施工承包合同要求组织进场,并向监理报送进场设备报验单。监理工程师应检查施工设备是否满足施工工期、施工强度和施工质量的要求。未经监理工程师检查批准的施工设备不得在工程中使用。未经监理工程师的书面批准,施工设备不得撤离施工现场。

②施工准备检查。在施工前,施工单位应平整好施工场地,修筑施工临建设施,建立起供电、供水系统,满足正常生产的需要。

③原材料检验和砂浆、混凝土的配合比审批。工程开工前7天,施工单位应对拟采用的水泥、砂、碎石、块石、施工用水,进行随机抽样检验(必要时应有监理人员参加)和砂浆、混凝土的配合比设计试验,并向监理报送原材料进场报验单和砂浆、混凝土的配合比设计试验报告。监理工程师应检查水泥出厂检验报告(第一次还应检查水泥产品生产许可证),施工单位的水泥、砂石料、块石抽检报告和检测单位的资质、资格,必要时还应进行监理抽样检测。未经监理工程师签证批准的材料和砂浆、混凝土的配合比不得在工程中使用。

(8)签发开工许可证。上述施工单位报送的报审材料连同审签意见单一式四份经施工单位项目经理或总工签署并加盖公章后报送监理,监理在7天内返回审签意见单一份,审签意见包括“照此执行”、“按意见修改后执行”、“修改后重新报送”3种。除非审签意见为“修改后重新报送”,否则施工单位即可向监理报送开工申请报告,监理将在收到开工申请24 h内签发工程开工许可证。

(9)如果施工单位未能按期向监理报送开工所必需的材料,由此造成施工工期延误和其他损失,均由施工单位承担合同责任。施工单位在期限内未收到监理的审签意见单或批复文件,可视为已报经审阅同意。

4.3 施工过程监理

(1)施工过程中,施工单位应按报经批准的施工计划,按章作业,安全生产,文明施工。

(2)施工过程中,上一道工序完成,施工单位应认真填写单元工程施工质量报验单,经项目经理签字后报监理工程师审批。

(3)经过现场检验或仪器测试,所测各项技术指标合格后,由监理工程师签发工程检验认可书进入下一道工序的施工。如经检验、测试工程质量不合格,则责令施工单位返工,经返工处理后,再重复上述程序直到合格。未经监理工程师认可强行覆盖或进行下一道工序施工,将按违规违约处理。

(4)施工过程中,发现施工技术措施的效果不符合或达不到设计要求时,应及时向监理项目部报告,提出调整措施报监理项目部批准后实施。

(5)施工过程中,当监理工程师需查阅资料和现场记录或者需作检验时,施工单位不得拒绝。

(6)监理项目部巡视和监理工程师旁站、监督和检查时,发现施工违反设计及技术要求,有权采取口头违规警告、书面违规警告,直至指令返工、停工等方式予以制止,由此而造成的工期延误与经济损失由施工单位承担合同责任。

4.4 工程质量控制

在施工过程中,监理工程师应督促施工单位按照批准的施工措施计划和合同技术规程规范按章作业,严格执行工序质量“三检”制,上道工序未经监理工程师检验签证,下一道工序严禁开工。监理工程师还应对作业工序进行巡视、跟踪、检查和记录,发现违反技术规程规范作业,可采取口头违规警告、书面违规警告直至指令返工、停工等方式予以制止。

4.4.1 土方削坡

4.4.1.1 机械土方开挖验收

在人工削坡前,为防止坡面超、欠挖,监理工程师应督促施工单位对坡面机械开挖工序进行全过程的监控,在施工单位自检合格后,才允许其进行人工削坡。

4.4.1.2 人工削坡控制

(1)在测量监理工程师和施工单位测量人员的测控下,在坡面上放样桩和样坡。削坡时,施工单位质检人员应全过程监测,测量员则应对削坡后的坡面位置、高程等控制参数进行及时检查,防止坡面超、欠挖。

(2)当原坡面较低或坡面属整修加固工程,原护坡坡面存在局部塌陷、跌窝、吊坎、滑挫及松动等,需少量填方时,应首先清除表面腐殖土、草根、杂物等,待监理工程师对基面验收签证后,再用指定的土料分层(松土20 cm)回填夯实。回填应稍高于削坡面,再用人工削整到设计位置。

(3)削坡时,如发现流动粉细砂层,且地下水比较丰,施工单位应作好记录,及时报监理工程师核转项目法人或设计单位,联系进行局部换基处理。

(4)削坡弃土一定要运到指定弃土场,严禁向江河中堆弃。

(5)对坡面上设置的脚槽、导滤层、排水沟等基槽,应在削坡时一次挖成。基槽开挖前应按设计要求放线,并报经监理工程师校验。挖后经自检合格,应及时通知监理工程师组织进行隐蔽工程验收签证。

4.4.1.3 质量检查

(1)在施工过程中,施工单位应对工序质量进行"三检",合格后填报工序质量检验合格证,报监理工程师现场检验签证。检验内容包括:坡面削整边界控制点、线位置,坡度,平整度,基槽基面开挖位置、高程、断面尺寸,曲面、曲线的几何尺寸与坡面平顺情况等。检测数量为:每个单元工程的每个检测项目沿坝轴线方向每10~20 m应不少于一个点次。未经监理工程师签证的基槽、坡面不得进行下道工序的施工。

(2)在削坡过程中,现场监理人员应巡回检查,督促施工单位质检负责人、质检员、施工员加强现场质量管理,做好质量检查工作。监理人员应对前述检验内容进行抽查,发现问题及时向施工单位指出,并督促其处理。

4.4.2 砂石垫层铺设

4.4.2.1 垫层基面验收

在垫层铺设前,垫层基面表层的腐殖土、草皮、杂物、垃圾等均应清除,基面应平整,并应按设计要求进行夯实。上道工序削坡、开槽等的设计位置、高程、断面尺寸应已经监理工程师验收合格。在基面未得到监理工程师验收签证之前,不得进行垫层施工。

4.4.2.2 垫层材料签证

施工单位应对砂石垫层材料进行监理工程师见证的检测(每1 000 m^3 取样1组),必要时,监理工程师应进行监理抽样送检。砂石的粒径、级配应符合设计要求,垫层材料未经监理工程师签证不得用于工程施工。

4.4.2.3 垫层铺设

(1)垫层应按设计图示的厚度、范围和材料要求分层铺设。垫层料铺设应平整、密实、厚度均匀。当设计图对垫层料没有明示时,垫层料应按15 cm厚,粒径5~20 mm的砂石铺设。

(2)排水孔下的垫层应严格按设计图示要求分层铺筑。当设计图纸没有明确要求时,施工单位应按反滤层设计,报监理工程师审签后实施。

(3)垫层铺设前,应做好场地排水,设好样桩,备足垫层料;应由坡底逐层向上铺设,不得从高处顺坡倾倒;已铺筑好的垫层料应及时进行上层护坡施工,严禁人车通行。

(4)铺设大面积坡面的砂石垫层时,应自下而上,分层铺设,并随砌石面的增高分段上升,分段进行检查签证。

4.4.2.4 质量检查

(1)在施工过程中,施工单位应对工序质量进行"三检",合格后填报工序质量检验合格证,报监理工程师现场检验签证。检验内容包括:铺设垫层的位置、高程,铺设方法、铺设厚度(每20 m^2 设一个测点)、施工中垫层保护情况等。垫层未经监理工程师的签证不得进行下道工序的施工。

(2)在垫层铺设过程中,现场监理人员应巡回检查,做好质量检查工作。监理人员对垫层厚度应随时进行抽检,发现问题及时向施工单位指出,并督促其处理。

4.4.3 浆砌石护坡护底

4.4.3.1 基面验收

在浆砌石砌筑前,上道工序垫层和墙类砌体的基槽面应已经过隐蔽工程验收签证,否则,不得进行浆砌石砌筑施工。

4.4.3.2 原材料质量控制

(1)块石料:必须选用质地坚硬、不易风化、没有裂缝且大致方正的岩石。石料抗水性、抗冻性、抗压强度等均应符合合同技术要求的规定。用于砌体表面的石料必须有一个用作砌体表面的平整面。石料场选定后,施工单位应通知监理工程师到石料场进行考察。各选定石料场的块石均应进行进场前的材质检验,必要时,监理工程师应进行见证取样、见证送样或进行监理抽检。未经监理工程师审签批准的块石料不得进场使用。

(2)水泥:所选水泥品种及其强度等级应符合设计要求。每批进场水泥必须有产品出厂合格证、检验报告单。每批次进场水泥都必须取样送检,若同一批次进场量较大,每200 t水泥应送检一组,必要时,监理工程师应对水泥检验进行见证取样、见证送样或进行监理抽检。每批进场水泥使用前,施工单位应向监理报送进场水泥报验单,待监理工程师审签后,才能用于工程。

(3)水:必须满足《混凝土拌和物用水标准》的规定。

(4)砂:应符合水工混凝土用砂的规定。

4.4.3.3 浆砌石砌筑

(1)砌筑前,应在坡面上设置纵向和横向砌体坡面线,以保证砌体的厚度和表面平整度符合设计要求。

(2)浆砌块石体必须采用铺浆法砌筑。砌筑时,应先铺砂浆后砌筑,石块应分层卧砌,上、下错缝,内外搭砌,砌立稳定。相邻工作段的砌筑高差应不大于1.2 m,每层应大体找平,分段位置应尽量设在沉降缝或伸缩缝处。

(3)在铺砂浆之前,石料应洒水湿润,使其表面充分吸水,但不得有残留积水。砌体基础的第一层石块应将大面向下。砌体的第一层及其转角、交叉与洞穴、孔口等处,均应选用较大的平整毛石。

(4)所有的石块均放在新拌的砂浆上,砂浆缝必须饱满、无缝隙,石块间不得直接紧靠,不得先摆石块后塞砂浆或干填碎石,不允许采用外面侧立石块、中间填心的方法砌石。灰缝厚度一般为20~35 mm,较大的空隙应用碎石填塞,但不得在底座上或石块的下面用高于砂浆层的小石块支垫。

(5)砌缝应做到饱满,勾缝自然,无裂缝、脱皮现象,匀称美观,块石形态突出,表面平整。砌体外露面溅染的砂浆应清除干净。

(6)砌体的结构尺寸、位置、外观和表面平整度,必须符合设计规定。

(7)砌体外露面应在砌筑后12 h左右,安排专人及时洒水养护,养护时间14天,并经常保持外露面的湿润。

4.4.3.4 质量检查

(1)在施工过程中,施工单位应对各工序质量进行"三检",合格后填报工序质量检验合格证,报监理工程师现场检验签证。检验内容包括:砂浆配合比、强度及拌制方法,面石用料、砌筑方法,砂浆饱满度、勾缝质量、养护情况,砌体的结构尺寸、表面平整度、坡面的坡度、坡面整体平顺情况等。其中在每个浆砌石单元工程中,砌石厚度和坡面平整度质量检测的数量为:沿堤轴线方向每10~20 m应不少于一个点次。未经监理工程师签证的浆砌石工程不得进行计量支付。

(2)在砌石过程中,现场监理人员应巡回检查,督促施工单位质检负责人、质检员、施工员加强现场质量管理,做好质量检查工作。监理人员应对前述检验内容进行抽查,发现问题及时向施工单位指出,并督促其处理。

(3)现场监理工程师指示返工的部位,都要拆除,待监理工程师复查签证后,才可重新砌筑。返工整改通知下达后,施工单位不认真执行的,监理工程师应及时向总监理工程师报告,请示项目法人批准签发停工整改令。

4.4.4 施工进度

当施工进度拖延时,监理工程师应按合同文件规定,要求施工单位调整施工进度计划,采取赶工措施,增加设备、人员、材料等资源投入,确保工程按期完工。

4.5 工程进度控制

(1)施工单位应依据合同文件规定的合同总工期目标和阶段性工期控制目标,合理安排施工进度,确保施工资源投入,做好施工准备,提高设备完好率和台时利用率,做到均衡施工、按章施工、文明施工,避免出现抢工、不按工程质量要求施工。

(2)由于各种合理的或不合理的原因,致使施工实施进度计划在执行中必须进行实质性修改,施工单位应提出修改的详细说明,并须在修改计划实施的14天前提出修改的进度计划报送监理项目部批准。

必要时,监理项目部也可按施工合同文件规定,直接向施工单位提出修改指示,由施工单位调整实施进度计划,报监理项目部批准。

(3)属于下列任何一种情况所造成的工期延误,施工单位均不能提出延长工期的要求,建设单位也不为此而给予费用补偿。

①施工单位失误或违规、违约引起的,或因此而被监理项目部指令的暂停施工。

②现场非异常恶劣气候条件引起的正常停工。

③为工程的合理施工和保证安全所必须的,或因此而被监理项目部指令的暂停施工。

④施工单位未得到监理项目部批准的擅自停工。

⑤合同中另有规定的。

(4)在施工过程中,若造成工期延误,属于建设单位的合同责任与风险,施工单位应立即通知建设单位和监理项目部,并在发出该通知后的7天内向监理项目部提交一份详情报告,详细申述发生工期延误事件的细节和对工期的影响程度。此后的14天内,施工单位可按合同文件和监理文件要求修订进度计划和编制赶工措施,提交监理项目部审批。

(5)监理工程师对施工单位进度计划的审查和批准,并不意味着可以减轻施工单位对合同工期应承担的义务和责任。

4.6 工程投资控制

(1)投标书工程量报价中所列的工程量不能作为合同支付结算的工程量。施工单位申报支付结算的工程量,应以经监理工程师验收合格、符合支付计量要求的已完工工程量为准,按合同报价分类支付,按单位、分部、分项、单元工程分类进行量测与度量。

(2)监理项目部只接受符合下述条件的工程量合同支付申报:

①当月完成,或当月以前完成尚未进行支付结算的;

②属于监理范围,工程施工合同规定必须进行支付结算的;

③有相应的开工指令、施工质量终检合格证和单元质量评定表等完整的监理认证文件的;

④有监理确认签证的合同索赔支付。

(3)施工单位向监理项目部递交的合同支付申请报告(或报表),必须包括下列内容:

①申请支付工程项目的单位工程名称,分部、分项或单元工程名称及其编号。

②由监理工程师签署的支付工程量确认签证。

③对应工程量的支付账单。

(4)如果因为施工单位报送资料不全,或不符合要求,引起合同支付审签的延误,由施工单位承担合同责任。

(5)对于暂缓结算或不予结算的工程量,在接到监理项目部审签意见后的7天内,施工单位项目经理可书面提请监理项目部重新予以确认,也可在下次支付申报中再次申报。

4.7 其他

(1)每个砌石单元工程施工结束后,监理工程师应要求施工单位及时填报砌石单元工程质量检查评定表,并给予确认,作为评定相应分部、分项工程质量等级的基础。

(2)本细则未列之其他施工技术要求、原材料品质和质量检验标准,按合同技术规范、有关施工技术规程规范和质量评定标准执行。

(3)工程质量检验和单元工程开工签证按《土建工程质量检验和开工签证监理工作规程》有关要求执行。

(4)混凝土生产原材料质量检验认证按《水利工程建筑材料质量控制监理工作规程》执行。

(5)已按设计要求完成,报经监理工程师质量检验合格,按合同规定应予以支付的工程量才予以计量支付。合同支付计量与量测,按合同文件规定和有关要求执行。

5 混凝土工程施工监理实施细则

5.1 总则

本细则依据日照市东港区贾家沟南水库除险加固工程施工合同及监理合同文件规定内容、监理规划、工程设计文件、图纸要求,参照《水工混凝土施工规范》(DL/T 5144—2001)、《水工混凝土试验规程》(SL 352—2006)以及其他有关工程施工技术规程规范编制。本细则适用于日照市东港区贾家沟南水库除险加固工程放水洞、防汛路、交通桥、溢洪道以及其他主体工程与非主体工程构筑物等所有常态(常规)混凝土工程的施工监理。

5.2 开工条件控制

(1)监理项目部应督促工程施工单位在现场施工放样施测前21天,完成放样施测报告编制并报送监理项目部批准。内容应包括:

①工程简况及施测范围。

②施工放样技术说明书(应包括施测方案、测量方法、施测要求、计算方法和操作规程)。

③观测仪器、设备的配置。

④测量专业人员的配置。

(2)在混凝土工程开工28天以前,监理项目部应督促施工单位按设计要求,完成拟使用的各种标号混凝土配合比试验,并向监理项目部提供一式三份至少包括3天、28天或要求的长龄期的试验成果或试验推算资料,报监理项目部审核。

试验中所用的所有材料来源应符合合同要求且应与实际施工中使用的材料一致,并事先得到监理项目部或由监理项目部授权检测监理项目部批准。

(3)在进行混凝土配合比试验的3天前,由施工单位(或其试验室)书面通知监理项目部,以便必要时监理工程师能从材料取样开始对试验全过程进行检查、监督和认证。

(4)混凝土工程开工28天前,监理项目部应督促施工单位根据合同技术规范、设计文件(包括施工图纸、设计通知、技术要求)及施工规程规范和单元工程质量评定标准,结合施工水平向监理项目部报送混凝土工程施工措施计划。其主要内容应包括:

①工程概况,包括:申报开工部位、设计工程量、浇筑平剖面图,以及必要的混凝土浇筑布置与工序流程图。

②浇筑程序,包括:浇筑作业工序、分缝、分段、分层、分块和止水安装详图,有观测仪器埋设要求的还应包括观测仪器埋设详图。

③浇筑进度,包括:浇筑工程量、进度安排、循环作业时间及分月浇筑强度。

④原材料品质,包括:砂石骨料、水泥、止水材料、钢材、掺合料与外加剂。

⑤混凝土生产,包括:级配、配合比、坍落度、浇筑中的允许间歇时间、拌和时间及外加剂品种与掺量、掺合料品种与掺量。

⑥施工作业方法,包括:设缝、缝面处理、模板、钢筋、预埋件安装、止水设施、混凝土运输、入仓、平仓、振捣手段、拆模、构件保护与混凝土养护。有观测仪器埋设要求的,还应包括该仪器埋设作业和保护内容。

⑦施工设备配置与劳动力组织。

⑧质量控制和安全措施。

⑨合同支付计划。

对于有温控、防裂、抗冲耐磨、预缩等特殊要求的混凝土浇筑,监理项目部应督促施工单位根据设计文件和合同技术规范有关规定进行专门设计、试验和研究,并将这部分内容作为专项列入施工措施计划。

(5)特殊部位(如基础填塘、洞、槽、键等)的混凝土施工及温控措施,或采用钢纤维混凝土、抗冲耐磨混凝土、低热微膨胀混凝土等特种混凝土施工,或必须在特别的不利自然条件下进行混凝土浇筑作业,或采用掺粉煤灰、掺硅粉等混凝土,或监理项目部认为应该特别报告的情况下,监理项目部应督促施工单位在该项混凝土施工作业的21天前,制订专项施工措施计划报送监理项目部批准。

(6)当施工单位采用特种模板(如滑模、拉模),或特别的浇筑工序,或监理项目部认为必要时,可要求施工单位进一步递交模板(模具)及其安装、支撑详图或进一步的详细设计和说明资料。

(7)混凝土工程浇筑使用的原材料(包括钢筋、水泥、砂石骨料、止水材料、外加剂及掺合料)均应有产品合格证、试验报告或使用说明,并按工程施工合同文件或施工规范技术规定进行抽样检验。止水材料还应提供样品。所有这些资料和样品必须于施工作业开始14天前报送监理项目部检查认可。

(8)上述报送文件连同审签意见单一式四份,经施工单位项目经理(或其授权代表)签署后递交,监理项目部审阅后限时返回审签意见单一份,原文件不退回。审签意见包括“照此执行”、“按意见修改后执行”、“已审阅”及“修改后重新报送”四种。

(9)除非施工单位接到的批复意见为“修改后重新报送”,否则施工单位可适时向监理项目部申请开工许可证,监理项目部将于接受施工单位申请后的24 h内开出相应工程项目的开工许可证或开工批复文件。

(10)监理工程师对施工所进行的任何对照、检查、检验和批准,并不意味着可以减轻施工单位所应负的合同责任。

(11)如果施工单位未能按期向监理项目部报送开工申请所必需的材料样品、文件和资料,因而造成施工工期延误和其他损失,均由施工单位承担全部合同责任。

若施工单位在限期内未收到监理项目部应退回的审签意见单或批复文件,可视为已报经审阅处置。

5.3 施工过程监理

(1)监理项目部应督促施工单位按照报经批准的施工措施计划按章作业、文明施工。同时加强质量和技术管理,做好作业过程中资料的记录、收集与整理,并定期向监理项目部报送。

需根据试验或试验性作业成果决定施工实施,或必须调整、修订施工作业程序、方法与进度计划,或必须调整混凝土原材料与配合比等,属于对施工措施计划的实质性变更,均应事先报经监理项目部书面同意后方可实施。

(2)混凝土工程首仓开仓5天以前,监理项目部应督促施工单位对浇筑仓面边线及模板安装实地放线成果进行复核,并将放样成果报监理项目部审核。为了确保放样质量,避免造成重大失误和不应有的损失,必要时,监理项目部可要求施工单位在监理工程师直接监督下进行对照检查。

(3)混凝土开仓浇筑前,监理项目部应督促施工单位对各工序质量进行自检,并在“三检”合格基础上填报“工程施工质量终检合格证”。

检查内容包括:

①基础面、层面或缝面处理;

②钢筋布设;

③模板安装;

④止水安装及伸缩缝处理;

⑤灌浆、排水等系统布设,观测仪器、设备及预埋件安装;

⑥混凝土生产与浇筑准备;

⑦其他必须检查检测的项目。

施工单位自检合格后,在开仓前3~12 h通知监理项目部工程师现场监理对上述内容进行检查确认,并在认证合格后办理单元工程开仓签证手续。

检查标准参照《水利水电基础建设工程单元工程质量等级评定标准》(DL/T

5113.1—2005)、工程建设合同技术规范和设计技术要求执行。

(4)监理项目部应督促施工单位按合同、施工技术规程规范和质量等级评定标准规定的数量和方法对拌和混凝土和各种原材料进行取样检测。

每一规定时段(通常为每月),施工单位或其试验室应一式两份向监理项目部提交书面试验报告。

内容应包括:

①所用的各种材料及其试验数据的详细描述。

②试验方法、程序及试验仪器设备情况。

③试验过程和结果的详细陈述。

④结论意见。

(5)金属止水片的焊接、金属止水片与塑料止水片的铆接等作业,必须将试焊、试接样品送请监理工程师认可后,方可实施。

(6)如果因施工方面的原因要求增加或改变施工缝,必须在浇筑程序详图中表明,并报监理项目部批准。

(7)重要部位混凝土浇筑过程中,监理项目部应督促施工单位有关技术人员、质检人员以及调度人员在施工现场进行技术指导、质量检查和作业调度。

(8)监理项目部应督促施工单位严格按批准的混凝土配合比拌制混凝土,对于运送或浇筑不合格混凝土入仓的,监理工程师应按施工合同文件规定拒绝入仓或指令返工处理。

(9)回填预留孔混凝土或砂浆之前,必须事先报送作业措施并征得监理工程师的同意。

(10)预制构件应具备所有必需的标志、标记及证明书。构件安装校正、完成焊接作业后,必须在报经监理工程师检查认可,开出开仓签证后,方可浇灌接头混凝土。

(11)施工期间,监理项目部应督促施工单位按月向监理项目部报送详细的施工记录或原始施工记录复制件。

内容包括:

①每一预制构件、块体混凝土数量,所用原材料的品种、质量、混凝土标号及配合比。

②各构件、块体的实际浇筑顺序、起讫时间,养护及表面保护时间、方式,模板、钢筋及止水设施、仪埋件、预埋件等的情况。

③浇筑地点的气温,各种原材料的温度,混凝土的出机口与入仓温度,各部位模板拆除的日期和时间。

④混凝土试件的试验结果及其分析。

⑤混凝土裂缝的部位、长度、宽度、条数、发现的日期及发展情况。

⑥施工中发生的质量、安全事故及其处理措施。

⑦按合同文件或监理项目部规定必须报告的其他事项。

(12)对于施工中发生的质量事故,监理项目部应督促施工单位立即查明其范围、数量,填报质量事故报告单,分析产生质量事故的原因,提出处理措施,及时向监理项目部报告,经监理项目部批准后,方可进行处理。

对于一般的混凝土缺陷,应在拆模后24 h内修复、修补完毕。修复、修补措施应报经监理工程师同意后进行,修复、修补过程中,均须有详细的记录。

(13)为了确保施工质量,监理项目部应督促施工单位按照有关施工规范和设计文件进行施工。对发生的违规作业行为,监理工程师可发出违规警告、返工指令,直至指令停工整顿。

5.4　工程质量控制

(1)运至工地用于主体工程的水泥,应有产品出厂日期、厂家的品质试验报告,监理项目部应督促施工单位试验室按规定进行复检,必要时还应进行化学分析。

试验检查项目包括:①水泥标号;②凝结时间;③安定性。必要时还应增加:④稠度;⑤细度;⑥比重;⑦水化热;⑧化学成分分析。

袋装水泥储运时间超过3个月、散装水泥超过6个月,使用前应重新检验。

(2)外加剂应有产品出厂日期、厂家出厂合格证、产品质量检验结果及使用说明,否则应按《水工混凝土外加剂技术标准》(DL/T 5100—1999)进行质量检验。当贮存时间超过产品有效存放期,或对其质量有怀疑时,施工单位必须进行质量检验鉴定。

(3)混凝土的坍落度应符合合同技术规范和设计文件的规定,若技术规范和设计文件未明确,则应当根据结构部位的性质、含筋率、混凝土运输、浇筑方法和气候条件等决定,并尽可能采用小的坍落度。

(4)因设计或施工要求,必须在混凝土中掺用减水、缓凝、引气等外加剂及其他胶凝材料和掺合料时,其掺量及材料必须符合设计文件和技术规范的规定,并经过试验确定后报监理项目部批准。

(5)泄洪面和边墙迎水面的模板应能保证混凝土表面平整、光滑,避免有可能导致气蚀的错台及局部凹凸。

(6)模板安装前应检查模板质量(平面尺寸、清洁破损等),安装时必须按混凝土结构物的施工详图测量放样,确保模板的刚度和支撑牢固,重要结构部位应多设控制点,以利检查校正。浇筑过程中,如发现模板变形走样,应立即采取纠正措施,直到停止混凝土浇筑。

(7)用于主体工程的钢筋应有出厂证明书或试验报告单。使用前应作拉力、冷弯试验,需要焊接的钢筋应作焊接工艺试验。钢号不明的钢筋,经试验合格后方可使用,并不得用于承重结构的重要部位。

(8)钢筋的调直和清除表面污锈应符合下列要求:

①钢筋的表面应洁净,使用前应将表面的油渍、漆污、锈皮、鳞锈等清除干净。

②钢筋应平直、无局部弯折和表面裂纹,钢筋中心线同直线的偏差不应超过其长度的1%,成盘的钢筋或弯曲的钢筋均应矫正调直后才允许使用。

③钢筋在调直机上调直后,其表面伤痕使钢筋截面面积减少不得大于5%。

④如用冷拉法调直钢筋,其矫直冷拉率不得大于1%(Ⅰ级钢筋不得大于2%)。

(9)以另一种钢号或直径的钢筋代替设计文件规定的钢筋时,必须征得设计单位的书面同意,并应遵守以下规定:

①以另一种钢号或种类的钢筋代替设计文件规定的钢号或种类的钢筋时,应将两者的计算强度进行换算,并对钢筋截面面积作相应的改变。

②以同种钢号钢筋等强度代换时,直径变更范围不宜超过4 mm,变更后的钢筋总截面面积不得小于设计截面面积的98%或超过设计截面面积的103%。

③钢筋等级的变换不能超过一级,也不宜采用改变钢筋根数的方法来减少钢筋截面面积,必要时应对构件的裂缝和变形进行校核。

④以较粗的钢筋代替较细的钢筋,必要时应校核代替后构件的握裹力。

(10)在加工厂中,钢筋的接头应尽量采用闪光对头接焊。现场作业或不能进行闪光对焊时,宜采用电弧焊(搭接焊、帮条焊、熔槽焊等)。焊接前,应将施焊范围内的浮锈、漆污、油渍等清除干净。直径小于25 mm的钢筋可采用绑扎接头,但轴心受拉、小偏心受拉构件和承受振动荷载的构件,均应采用焊接接头。钢筋接头的布置应符合设计要求和技术规范有关规定。

(11)为了保证混凝土保护层的必要厚度,应在钢筋与模板之间设置强度不低于构件设计强度、埋设有铁丝的混凝土垫块,并与钢筋扎紧。垫块应互相错开,分散布置。各排钢筋之间,应用短钢筋支撑,以保证钢筋布设位置准确。

(12)在混凝土浇筑施工中,应安排值班人员经常检查钢筋架立位置,如发现变动,应及时矫正,严禁未经申报并经监理工程师批准,为方便浇筑擅自移动或割除钢筋。

(13)伸缩缝止水材料的型式、结构尺寸、材料的品种规格和物理力学指标,均应符合设计要求。其原材料的品种、生产批号、质量等均应记录备查。采用代用品时,须经过试验论证并征得设计单位同意后方可使用。

(14)成品嵌缝填料应抽样检验其主要技术指标。同嵌缝填料接触的混凝土表面必须平整、密实、洁净、干燥,嵌缝填料施工完毕后应及时保护。

(15)混凝土的运输应遵照以下原则:

①混凝土运输设备应根据施工条件选用。运输过程中,应避免发生分离、漏浆、严重泌水或过多降低坍落度,应设防雨棚、阳棚罩,避免使混凝土水分大量蒸发或掺入大量水分。

②运输不同标号的混凝土时,应在运输设备上设置明显的标志,以免混仓。

③运输过程中,应尽量缩短运输时间或减少转运次数。因故停歇过久,混凝土产生初凝时,应作废料处理。在任何情况下,严禁中途加水后运入仓内。

④不论采用何种运输设备,当混凝土入仓自由下落高度大于2 m时应采取缓降措施。

(16)在倾斜面浇筑混凝土时,应从低处开始浇筑,并使浇筑面保持水平。仓内的泌水应及时清除,严禁在模板上开孔赶水,以免带走灰浆。严禁在流水中浇筑混凝土,已浇筑的混凝土在硬化之前不得受水流的冲刷。

(17)混凝土浇筑应保持连续性。如因故中止且超过允许间歇时间,则应按施工缝处理。若能重塑且经监理工程师认定,仍可继续浇筑混凝土。

(18)卸入仓内的混凝土应随卸随平,不得堆积。仓内若有粗骨料堆积,应均匀地散铺于砂浆较多处,或未经振捣的混凝土上,但不得用水泥砂浆覆盖,以免造成内部蜂窝。

(19)混凝土施工缝的处理,应遵守下列规定:

①已浇好的混凝土,在强度未达到2.5 MPa前,不得进行上一层混凝土浇筑的准备工作。

②混凝土表面应加工成毛面并清洗干净，排除积水，铺设2~3 cm厚水泥砂浆或铺一层富浆混凝土后，方可浇筑新混凝土。

(20)混凝土模板拆除的期限，应得到监理项目部的同意。除非设计文件另有规定，否则应遵守下列规定：

①不承重的侧面模板，应在混凝土强度达到2.5 MPa以上，并能保证其表面及棱角不因拆模而损坏时才能拆除。

②钢筋混凝土结构的承重模板，至少应在混凝土强度达到设计强度的70%以上，对于跨度较大的构件，必须达到设计强度的100%才能拆除。

(21)混凝土浇筑完毕后，当硬化到洒水而不致表面损坏时，就应采取洒水等养护措施。混凝土表面应经常保持湿润状态直到养护期满。在炎热或干燥气候条件下，早期混凝土表面应采用蒸发养护或用覆盖物进行遮盖养护，避免太阳暴晒。

5.5 工程进度控制

(1)施工单位应依据合同文件规定的合同总工期目标和阶段性工期控制目标，合理安排施工进度，确保施工资源投入，做好施工准备，提高设备完好率和台时利用率，做到均衡施工、按章施工、文明施工，避免出现抢工、不按工程质量要求施工。

(2)由于各种合理的或不合理的原因，致使施工实施进度计划在执行中必须进行实质性修改，施工单位应提出修改的详细说明，并须在修改计划实施的14天前提出修改的进度计划报送监理项目部批准。

必要时，监理项目部也可按施工合同文件规定，直接向施工单位提出修改指示，由施工单位调整实施进度计划，报监理项目部批准。

(3)属于下列任何一种情况所造成的工期延误，施工单位均不能提出延长工期的要求，建设单位也不为此而给予费用补偿。

①施工单位失误或违规、违约引起的，或因此而被监理项目部指令的暂停施工。

②现场非异常恶劣气候条件引起的正常停工。

③为工程的合理施工和保证安全所必须的，或因此而被监理项目部指令的暂停施工。

④施工单位未得到监理项目部批准的擅自停工。

⑤合同中另有规定的。

(4)在施工过程中，若造成工期延误，属于建设单位的合同责任与风险，施工单位应立即通知建设单位和监理项目部，并在发出该通知后的7天内向监理项目部提交一份详情报告，详细申述发生工期延误事件的细节和对工期的影响程度。此后的14天内，施工单位可按合同文件和监理文件要求修订进度计划和编制赶工措施，提交监理项目部审批。

(5)监理工程师对施工单位进度计划的审查和批准，并不意味着可以减轻施工单位对合同工期应承担的义务和责任。

5.6 工程投资控制

(1)投标书工程量报价中所列的工程量不能作为合同支付结算的工程量。施工单位申报支付结算的工程量，应以经监理工程师验收合格、符合支付计量要求的已完工工程量为准，按合同报价分类支付，按单位、分部、分项、单元工程分类进行量测与度量。

(2)监理项目部只接受符合下述条件的工程量合同支付申报：

①当月完成,或当月以前完成尚未进行支付结算的;

②属于监理范围,工程施工合同规定必须进行支付结算的;

③有相应的开工指令、施工质量终检合格证和单元质量评定表等完整的监理认证文件的;

④有监理确认签证的合同索赔支付。

(3)施工单位向监理项目部递交的合同支付申请报告(或报表),必须包括下列内容:

①申请支付工程项目的单位工程名称,分部、分项或单元工程名称及其编号。

②由监理工程师签署的支付工程量确认签证。

③对应工程量的支付账单。

(4)如果因为施工单位报送资料不全,或不符合要求,引起合同支付审签的延误,由施工单位承担合同责任。

(5)对于暂缓结算或不予结算的工程量,在接到监理项目部审签意见后的7天内,施工单位项目经理可书面提请监理项目部重新予以确认,也可在下次支付申报中再次申报。

5.7 其他

(1)每个单元混凝土工程施工结束后,监理工程师应要求施工单位及时填报混凝土单元工程质量检查评定表,并给予确认,作为评定相应分部、分项工程质量等级的基础。

(2)本细则未列之其他施工技术要求、原材料品质和质量检验标准,按合同技术规范、有关施工技术规程规范和质量评定标准执行。

(3)工程质量检验和单元工程开工签证按《土建工程质量检验和开工签证监理工作规程》有关要求执行。

(4)混凝土生产原材料质量检验认证按《水利工程建筑材料质量控制监理工作规程》执行。

(5)已按设计要求完成,报经监理工程师质量检验合格,按合同规定应予以支付的工程量才予以计量支付。合同支付计量与量测,按合同文件规定和有关要求执行。

项目六 水利工程施工监理综合技能训练

任务一 基本知识训练

一、单项选择题（每题的备选项中，只有1个最符合题意）

1.“人尽其才，才得其用，用得其所”，这是组织机构活动中（　　）的表现。

A.才职相称的原则　　B.权责一致的原则

C.集权与分权统一的原则　　D.专业分工与协作统一的原则

2.根据项目监理机构中管理层次的确定，监理员一般执行（　　）的工作。

A.协调层　　B.操作层

C.执行层　　D.决策层

3.监理单位应公正、（　　）地开展监理工作，维护建设单位和承包单位的合法权益。

A.公平、独立　　B.公平、自由

C.独立、自主　　D.认真、负责

4.建设工程监理目标是项目监理机构建立的前提，应根据（　　）确定的监理目标建立项目监理机构。

A.监理实施细则　　B.监理大纲

C.监理规划　　D.委托监理合同

5.工程质量事故处理方案的类型有返工处理、不做处理和（　　）。

A.修补处理　　B.试验验证后处理

C.定期观察处理　　D.专家论证后处理

6.技术设计和施工图设计阶段的投资控制目标是（　　）。

A.投资估算　　B.设计概算

C.设计预算或工程合同价　　D.工程决算

7.依据《建设工程质量管理条例》，施工单位在进行下一道工序的施工前需经（　　）签字。

A.项目负责人　　B.建造师

C.监理工程师　　D.监理员

8.下列对不可抗力发生后，合同责任的描述中错误的是（　　）。

A.工程修复费用由发包人承担　　B.承包人的停工损失由承包人承担

C.发包人的人员伤亡由发包人负责　　D.承包人的人员伤亡由发包人负责

9. 监理工程师通知承包商进行工程计量后,承包商在约定时间未派人参加计量,则(　　)。

A. 监理工程师单独计量有效　　B. 监理工程师应推迟计量时间

C. 监理工程师单独计量无效　　D. 监理工程师可不必再计量

10. 以下文件,都是施工合同文件的组成部分,其中(　　)解释顺序是正确的。

A. 中标通知书、合同协议书　　B. 合同专用条件、合同通用条件

C. 工程报价单、工程量清单　　D. 投标书及附件、中标通知书

11. 根据《水利水电建设工程验收规程》(SL 223—2008)的规定,验收资料的制备由(　　)负责统一组织,有关单位按其要求及时完成。

A. 质量监督机构　　B. 项目法人的主管部门

C. 项目法人　　D. 监理单位

12. 监理规划对项目监理机构的作用是(　　)。

A. 监督管理监理单位的活动

B. 监督监理单位执法情况

C. 提供工程竣工的档案资料

D. 指导项目监理机构全面开展项目监理工作

13. 监理实施细则应在(　　)完成,并必须经(　　)批准。

A. 相应工程施工开始前　总监理工程师

B. 召开第一次工地会议前　总监理工程师

C. 相应工程施工开始前　当地建设主管部门

D. 相应工程施工开始前　项目业主

14. 在监理工作结束时,监理单位应向建设单位提交的资料或文件是(　　)。

A. 工程验收资料　　B. 监理工作总结

C. 工程质量评定资料　　D. 监理合同文件

15. "负责编制本专业的监理实施细则"是(　　)的基本职责。

A. 总监理工程师　　B. 总监理工程师代表

C. 专业监理工程师　　D. 监理员

16.《水利工程施工监理规范》(SL 288—2014)规定,水利工程建设项目施工监理应以(　　)为中心,有效控制工程建设项目质量、投资、进度等目标,加强信息管理,并协调建设各方之间的关系。

A. 合同管理　　B. 安全管理

C. 环境保护　　D. 生产管理

17.《水利工程施工监理规范》(SL 288—2014)规定,监理单位应积极采用先进的(　　)技术和手段实施监理工作。

A. 合同管理　　B. 项目管理

C. 安全管理　　D. 生产管理

二、多项选择题(每题的备选项中,有2个或2个以上符合题意,至少有1个错项)

1. 监理单位在组建项目监理机构时,所选择的组织结构形式应有利于( )。
A. 控制监理目标 B. 工程合同管理
C. 信息沟通 D. 安全管理
E. 组织协调

2. 信息的基本特点是( )。
A. 时效性 B. 系统性
C. 真实性 D. 知识性
E. 必要性

3. 监理工程师对索赔报告审核的重点是( )。
A. 索赔的有理性 B. 索赔的有据性
C. 索赔的有度性 D. 索赔的有利性
E. 索赔的有效性

4. 建设工程监理组织协调的方法可采用( )。
A. 会议协调法 B. 交谈协调法
C. 书面协调法 D. 情况介绍法
E. 外部协调法

5. ( )职责必须由总监理工程师亲自履行。
A. 主持编写项目监理规划
B. 审批项目监理实施细则
C. 审查和处理工程变更
D. 审核签署承包单位的申请、支付证书和竣工结算
E. 整理工程项目监理资料

6. 组织活动基本原理有( )。
A. 主动能动性原理 B. 动态相关性原理
C. 规律效应性原理 D. 要素有用性原理
E. 协同一致性原理

7. 合同是平等主体的( )之间设立、变更、终止民事权利义务关系的协议。
A. 自然人 B. 法人
C. 其他组织 D. 国家机关
E. 社会团体

8. 建设工程文件包括( )。
A. 工程准备阶段文件 B. 监理文件
C. 竣工验收文件 D. 材料试验汇总表
E. 监理实施细则

9. 监理大纲的作用是( )。

A. 为今后开展监理工作提出监理方案　B. 为监理单位承揽监理业务服务
C. 编写监理规划的直接依据　D. 具体指导监理各专业开展监理实务作业
E. 指导监理机构全面开展监理工作

10. 监理规划的主要内容包括(　　)。
A. 工程项目概况、监理工作范围　B. 监理工作目标、监理工作内容
C. 监理工作依据及程序　D. 监理工作设施、制度、方法及措施
E. 与项目相关的标准及技术资料

11. 在监理工作实施过程中,如(　　),总监理工程师应及时召集专业监理工程师对监理规划进行修订,并按原程序报建设单位。
A. 设计方案重大修改　B. 承包方式发生变化
C. 工期和质量要求发生重大变化　D. 建设单位的出资方式发生变化
E. 工程进度慢

12. 建设工程监理规划编写的依据包括(　　)。
A. 工程建设方面的法律、法规　B. 建设工程监理合同
C. 监理大纲　D. 其他建设工程合同
E. 总监理工程师批准的工程建设文件

13.《水利工程施工监理规范》(SL 288—2014)规定监理单位应遵守国家法律、法规、规章,独立、(　　)地开展监理工作,履行监理合同约定的职责。
A. 认真　B. 公正
C. 公平　D. 诚信
E. 科学

14.《水利工程施工监理规范》(SL 288—2014)规定,水利工程建设项目施工监理应以(　　)文件为依据。
A. 国家和水利部有关工程建设的法律、法规、规章
B. 水利行业工程建设有关技术标准及其强制性条文
C. 经批准的工程建设项目设计文件及其他相关文件
D. 监理合同、施工合同
E. 勘察设计合同

15.《水利工程施工监理规范》(SL 288—2014)规定,监理单位为实施施工监理而进行的(　　)与批准,并不免除或减轻责任方应承担的责任。
A. 审核　B. 检查
C. 检验　D. 认可
E. 规划

16.《水利工程施工监理规范》(SL 288—2014)规定,监理机构应建立会议制度,包括(　　)。会议由总监理工程师或其授权的监理工程师主持,工程建设有关各方应派员参加。
A. 第一次工地会议　B. 联谊会
C. 监理例会　D. 标前会
E. 监理专题会议

17.《水利工程施工监理规范》(SL 288—2014)规定,监理机构应根据需要,主持召开监理专题会议,研究解决施工中出现的涉及( )、索赔、争议等方面的专门会议。

A. 施工质量 B. 施工方案

C. 施工进度 D. 环境评价

E. 工程变更

18.《水利工程施工监理规范》(SL 288—2014)规定,施工准备阶段,监理机构检查开工前应由发包人提供的( )施工条件。

A. 首批开工项目施工图纸和文件的供应

B. 发包人试验室应具备的条件是否符合有关规定的要求

C. 施工用地

D. 施工合同中约定应由发包人提供的道路、供电、供水、通信等条件

E. 首次工程预付款的付款

19.《水利工程施工监理规范》(SL 288—2014)规定,施工准备阶段,监理机构检查开工前承包人的施工准备情况,主要包括( )。

A. 承包人进场施工设备的数量和规格、性能是否符合施工合同约定要求

B. 测量基准点的移交

C. 承包人的质量保证体系

D. 承包人的施工安全、环境保护措施和规章制度及关键岗位施工人员的资格

E. 审批应由承包人负责提供的设计文件和施工图纸

20.《水利工程施工监理规范》(SL 288—2014)规定,监理机构应按照有关工程建设标准和强制性条文及施工合同约定,对所有施工质量活动及与质量活动相关的( )进行监督和控制,按照事前审批、事中监督和事后检验等监理工作环节控制工程质量。

A. 人员 B. 材料

C. 工程设备和施工设备 D. 生活条件和设施

E. 施工方法和施工环境

21.《水利工程施工监理规范》(SL 288—2014)规定,监理机构应对承包人从事( )等岗位和施工设备操作等需要持证上岗人员的资格进行验证与认可。对不称职或违规、违章人员,可要求承包人暂停或禁止其在本工程中工作。

A. 施工 B. 安全

C. 质检 D. 材料

E. 辅助

22.《水利工程施工监理规范》(SL 288—2014)规定,监理机构在工程质量控制过程中发现承包人使用了不合格的( )时,应指示承包人立即整改。

A. 材料 B. 办公设施

C. 构配件 D. 环境

E. 工程设备

23.《水利工程施工监理规范》(SL 288—2014)规定,监理机构应严格旁站监理工作,特别注重对易引起( )等工程部位的质量控制。

A. 渗透 B. 冻融

C. 冲刷　　　　　　　　　　　　　　D. 气蚀

E. 外部

24.《水利工程施工监理规范》(SL 288—2014)规定,监理机构可采用跟踪检测、平行检测方法对承包人的检验结果进行复核,检测的数量为(　　)。

A. 平行检测的检测数量,混凝土试样不应少于承包人检测数量的3%

B. 平行检测的检测数量,土方试样不应少于承包人检测数量的5%

C. 平行、跟踪检测数量,混凝土、土方试样不应少于检测数量的10%

D. 跟踪检测的检测数量,混凝土试样不应少于检测数量的7%

E. 跟踪检测的检测数量,土方试样不应少于承包人检测数量的10%

25.《水利工程施工监理规范》(SL 288—2014)规定,监理机构对施工进度计划审查的主要内容有(　)。

A. 施工进度计划中有无项目漏项或重复的情况

B. 非关键路线安排和施工进度计划实施过程的合理性

C. 施工进度计划中各项目之间逻辑关系的正确性与施工方案的可行性

D. 人力、材料、施工设备等资源配置计划和施工强度的合理性

E. 施工进度计划与合同工期和阶段性目标的响应性与符合性

26.《水利工程施工监理规范》(SL 288—2014)规定,在发生(　　)情况之一时,监理机构应下达暂停施工通知。

A. 工程继续施工将会对第三者或社会公共利益造成损害

B. 保证工程质量、安全所必要

C. 发生了须暂时停止施工的紧急事件

D. 承包人拒绝服从监理机构的管理,不执行监理机构的指示,从而对工程质量、进度和投资控制产生严重影响

E. 其他情况

27.《水利工程施工监理规范》(SL 288—2014)规定,可支付的工程量应同时符合以下(　)条件。

A. 经监理机构签认,并符合施工合同约定或发包人同意的工程变更项目的工程量

B. 经质量检验合格的工程量

C. 承包人完成的工程量

D. 承包人实际完成的并按施工合同有关计量规定计量的工程量

E. 经承包人自验合格的工程量

28.《水利工程施工监理规范》(SL 288—2014)规定,监理机构在接到承包人付款申请后,应在施工合同约定时间内完成审核。付款申请应符合(　　)要求。

A. 付款申请表填写符合规定,证明材料齐全

B. 申请付款项目、范围、内容、方式符合监理合同约定

C. 质量检验签证齐备

D. 工程计量有效、准确

E. 付款单价及合价无误

29.《水利工程施工监理规范》(SL 288—2014)规定,完工支付监理机构审核内容包

括(　　)。

A. 到移交证书上注明的完工日期止,承包人按施工合同约定累计完成的工程金额

B. 承包人认为还应得到的其他金额

C. 发包人认为还应支付或扣除的其他金额

D. 承包人实际费用支出

E. 承包人实际所获得的利润

30.《水利工程施工监理规范》(SL 288—2014)规定,最终支付监理机构审核内容包括(　　)。

A. 承包人按施工合同约定和经监理机构批准已完成的全部工程金额

B. 承包人认为还应得到的其他金额

C. 发包人认为还应支付或扣除的其他金额

D. 承包人实际费用支出

E. 承包人实际所获得的利润

31.《水利工程施工监理规范》(SL 288—2014)规定,因不可抗力致使施工合同解除的支付,监理机构应根据施工合同约定,就承包人应得到但未支付的下列(　　)工程价款和费用签发付款证书。

A. 已实施的永久工程合同金额

B. 工程量清单中列有的、已实施的临时工程合同金额和计日工金额

C. 为合同项目施工合理采购、制备的材料、构配件、工程设备的费用

D. 承包人依据有关规定、约定应得到的其他费用

E. 未完工程部分相应的承包人的计划利润

32.《水利工程施工监理规范》(SL 288—2014)规定,监理机构如对进场(　　)的质量有异议时,可指示承包人进行重新检验;必要时,监理机构应进行平行检验。

A. 交通工具　　B. 材料

C. 构配件　　D. 工程设备

E. 办公条件

三、问答题

为加强对水利工程建设监理单位和监理人员施工监理活动的管理,保证监理工作质量,提高项目管理水平,水利部依据有关法律、法规、规章,制定了《水利工程施工监理规范》(SL 288—2014)。

问题:

1)监理单位开展监理工作应遵守的规定有哪些?监理机构的基本职责与权限包括哪些?

2）监理人员应遵守的规则有哪些？

3）监理机构开展施工监理工作的基本程序是怎样的？

4）施工监理的主要工作方法有哪些？

5）施工监理的主要工作制度有哪些？

6）施工准备的监理工作有哪些？

7）施工过程质量控制、工程质量检验及质量评定应符合的规定分别有哪些？

8）施工进度计划的审批应符合的规定有哪些？

9)付款申请和审查、工程价款月支付应符合的规定分别有哪些?

10)施工安全监理、施工环境保护监理应符合的规定分别有哪些?

11)工程变更处理、索赔管理、违约管理应符合的规定分别有哪些?

12)监理机构建立的监理信息管理体系的内容包括哪些?监理日志、报告与会议纪要应符合的规定有哪些?

任务二　案例分析

1.某工程项目采用预制钢筋混凝土管桩基础,业主委托某监理单位承担施工招标及施工阶段的监理任务。因该工程涉及土建施工、沉桩施工和管桩预制,业主对工程发包提出两种方案:一种是采用平行发包模式,即土建、沉桩、管桩预制分别发包;另一种是采用总分包模式,即由土建施工单位总承包,沉桩施工及管桩预制列入总承包范围再分包。

问题:

1)如果采取施工总分包模式,监理工程师应从哪些方面对分包单位进行管理?主要手段是什么?

2)对管桩生产企业的资质考核在上述两种发包模式下,各应在何时进行?考核的主要内容是什么?

3)在平行发包模式下,管桩运抵施工现场,沉桩施工单位可否视其为"甲供构件"?为什么?如何组织检查验收?

4)如果现场检查出管桩不合格或管桩生产企业延期供货,对正常施工进度造成影响,请分析在上述两种发包模式下,可能会出现哪些主体之间的索赔?

2. 监理单位承担了某工程的施工阶段监理任务,该工程由甲施工单位总承包。甲施工单位选择了经建设单位同意并经监理单位进行资质审查合格的乙施工单位作为分包。施工过程中发生了以下事件:

事件1:监理工程师在熟悉图纸时发现,基础工程部分设计内容不符合国家有关工程质量标准和规范。总监理工程师随即致函设计单位要求改正并提出更改建议方案。设计单位研究后,口头同意了总监理工程师的更改方案,总监理工程师随即将更改的内容写成监理指令通知甲施工单位执行。

事件2:施工过程中,专业监理工程师发现乙施工单位施工的分包工程部分存在质量隐患。为此,总监理工程师同时向甲、乙两施工单位发出了整改通知。甲施工单位回函称:乙施工单位施工的工程是经建设单位同意进行分包的,所以本单位不承担该部分工程的质量责任。

事件3:监理工程师在巡视时发现,甲施工单位在施工中使用未经报验的建筑材料,若继续施工,该部位将被隐蔽。因此,立即向甲施工单位下达了暂停施工的通知(因甲施工单位的工作对乙施工单位有影响,乙施工单位也被迫停工)。同时,指示甲施工单位将该材料进行检验,并报告了总监理工程师。总监理工程师对该工序停工予以确认,并在合同约定的时间内报告了建设单位。检验报告出来后,证实材料合格,可以使用,总监理工程师随即指令施工单位恢复了正常施工。

事件4:乙施工单位就上述停工自身遭受的损失向甲施工单位提出补偿要求。而甲施工单位称:此次停工系执行监理工程师的指令,乙施工单位应向建设单位提出索赔。

事件5:对于上述施工单位的索赔,建设单位称:本次停工系监理工程师失职造成,且事先未征得建设单位同意。因此,建设单位不承担任何责任,停工造成施工单位的损失应由监理单位承担。

问题:

1)对于上述事件1所述情况,请指出总监理工程师行为的不妥之处并说明理由。总监理工程师应如何正确处理?

2)对于上述事件2所述情况,甲施工单位的答复是否妥当?为什么?总监理工程师签发的整改通知是否妥当?为什么?

3)对于上述事件3所述情况,监理工程师是否有权签发本次暂停施工通知?为什么?下达暂停施工通知的程序有无不妥之处?请说明理由。

4)对于上述事件4所述情况,甲施工单位的说法是否正确?为什么?乙施工单位的损失应由谁承担?

5)对于上述事件5所述情况,建设单位的说法是否正确?为什么?

3.某地区投资兴建中型水利枢纽工程,其中挡水坝工程、溢洪道工程两个施工标发包给一家施工企业,并签订了施工承包合同。为了方便管理,发包人将挡水坝工程、溢洪道工程委托了某监理公司承担施工监理任务,并签订了施工监理合同。监理合同中部分内容摘录如下:

(1)监理人应当按照监理规范的要求,采取旁站、巡视、跟踪检测和平行检测等方式实施监理,发现问题应当及时纠正、报告。

(2)发包人应当向监理人提供必要的工作条件，支持监理人独立开展监理业务，不得明示监理人违反法律法规和工程建设强制性标准，必要时发包人可以更改总监理工程师指令。

(3)监理人派出的总监理工程师负责全面履行施工合同约定的发包人职责，发布有关指令，签署项目文件，协调设计单位和承包人之间的关系。

(4)监理工程师在项目法人授权范围内开展监理工作，具体负责所承担的监理工作，并对项目法人负责。

(5)监理人应当将项目监理机构及其人员名单、监理工程师和监理员的授权范围书面通知施工单位。监理实施期间监理人员有变化的，应当及时通知被监理单位。

(6)监理人应当按照施工合同，组织设计单位等进行现场设计交底，核查并签发施工图。未经监理人员签字的本工程的全部图纸不得用于施工。

(7)监理人在监理实施工程中，发现设计中的错误或不符合水利工程质量标准的要求时，有权修改工程设计文件。

(8)监理人有义务协助承包人编制控制性总进度计划，并有权审查承包人编制的施工组织设计和进度计划，并督促其实施。

(9)项目法人有义务按照监理合同约定，及时、足额支付监理单位报酬，不得无故削减或者拖延支付。

(10)监理人应当审查发包人和承包人提出的安全技术措施、专项施工方案和环境保护措施是否符合工程建设强制性标准和环境保护要求，并监督实施。

问题：

1)上述(1)所述内容是否正确？为什么？

2)上述(2)所述内容是否正确？为什么？

3)上述(3)所述内容是否正确？为什么？

4)上述(4)所述内容是否正确？为什么？

5)上述(5)所述内容是否正确？为什么？

6)上述(6)所述内容是否正确？为什么？

7)上述(7)所述内容是否正确？为什么？

8)上述(8)所述内容是否正确？为什么？

9)上述(9)所述内容是否正确？为什么？

10)上述(10)所述内容是否正确？为什么？

任务三 实际操作训练

请根据某县百家水库除险加固工程项目监理规划资料，编制该工程混凝土施工监理实施细则及项目安全监理细则。

1 总则

根据项目法人与监理单位签订的监理委托合同确定的监理范围，便于监理工作规范化、标准化、有序地开展，依据国家和行业有关工程建设的政策法规、规范、标准，设计文件，建设方与承建方签订的合同内容等，并根据本项目的特点编制本监理规划。

1.1 工程项目基本概况

白家水库是以灌溉为主，兼顾养殖的综合水利工程，是一座小(1)型水库。白家水库位于××县白家村南5 km处，白家河流域，地理位置东经124°56′，北纬41°34′。

白家水库工程于1973年兴建1975年完成，并于1983年进行复核。水库原设计标准是20年一遇，校核标准是500年一遇，工程规模属于小(1)型。坝顶高程为28.50 m，防浪墙顶高程29.60 m，黏土心墙顶高为27.10 m，最大坝高21.50 m，坝顶宽度4.40 m，坝长128.00 m。上下游坝坡，分别在高程20.10 m和高程20.36 m处设2.0 m宽马道。上游坝坡20.10 m高程以上为1:2.9，以下为1:3.0；下游坝坡20.36 m高程以上为1:2.0，以下为1:2.1~1:2.6，下游设棱体式反滤排水。20年一遇洪水位为26.68 m，500年一遇洪水位27.82 m，正常高水位为24.55 m，死水位12.00 m。设计库容277.01万m^3，最大库容313.07万m^3，死库容5.07万m^3，兴利库容195.64万m^3，调洪库容112.43万m^3。

溢洪道位于大坝右侧，溢洪道为开敞式溢洪道，上无闸门，堰顶高程24.55 m，堰顶长度23.00 m，溢洪道宽20 m。

输水洞位于大坝左岸的山体中，开凿隧洞。进口底高程12.05 m，出口底高程9.35 m，总长164.00 m，洞内径2.0 m。在岩石不太好的洞口附近采用钢筋混凝土衬砌，中间岩石好的，不用衬砌。在桩号0+010.15设竖井，工作闸阀尺寸为1.0 m，检修闸门1.0 m×1.0 m，最大泄量10.50 m^3/s。

1.2 工程项目主要目标

1.2.1 工程质量目标

通过有效的检测手段、数据收集、统计和科学的分析方法，使工序工程、单元工程、分部工程和单位工程质量得到有效的控制，工程资料齐全、整理规范。所监理工程质量验收合格率100%。

1.2.2 工期目标

根据招标文件和施工合同，控制在合同工期内完成。

1.2.3 投资目标

投资总目标以批准的概算总投资为控制额，不能突破概算。

1.3 工程项目组织

1.3.1 建设各方

(1)建设单位:××县小型水库除险加固工程建设管理处。

(2)设计单位:××市水利勘测设计研究院。

(3)监理单位:××市兴利水利工程建设监理有限公司。

(4)施工单位:××市水利水电建筑工程有限责任公司。

(5)监督单位:××市水利工程质量监督站。

1.3.2 建设各方的关系

监理单位与项目法人是委托与被委托的合同关系。监理部坚持为项目法人(建设单位)服务,在监理合同授权范围内进行监理工作。

监理单位与工程承建单位是监理与被监理的关系。监理部依据监理的职责和权限,检查、监督、协助承建单位严格履行工程施工承包合同责任和义务。

监理部受项目法人委托,对现场设计变更和施工变更工作进行各方协调。

监理部按照"公正、独立、自主"的原则,公正地维护项目法人和被监理单位的合法权益。

1.4 监理范围和内容

1.4.1 监理工作范围

本工程监理主要工作范围包括坝体加固、输水洞、溢洪道、交通桥、帷幕灌浆等。

1.4.2 监理工作的内容

1.4.2.1 设计方面

(1)熟悉掌握设计文件内容,审查设计文件(包括施工图纸、设计说明、施工措施、技术要求、操作规程、设计修改通知等)是否符合规范和合同规定,有无与工程实际不符或矛盾等问题。

(2)代表法人核查设计文件和各项设计变更,提出意见与优化建议。

(3)及时向施工单位签发设计文件,发现问题及时与设计人员联系,重大问题向发包人报告。

(4)受法人委托组织设计单位、施工单位等有关人员进行现场设计交底图纸会审。

(5)协助法人会同设计单位对重大技术问题和优化设计进行专题研究讨论。

(6)审核施工单位对设计文件的意见和建议,会同设计单位进行研究,并督促设计单位尽快给予答复。

(7)代表法人审核按工程建设合同文件确定应由施工单位提交的设计文件。

(8)其他有关设计方面的业务。

1.4.2.2 施工方面

(1)协助法人进行工程招标、签订施工承包合同,全面管理工程建设合同,就施工单位选择的分包单位资格进行审查,报发包人批准。

(2)协助法人按施工合同的规定,落实必须提供的施工条件,检查施工单位的开工准备工作,并在检查与审查合格后签发工程开工令。

(3)审查施工单位提交的总施工组织设计、总体施工计划报发包人批准。审批施工单位提交的单项工程或年度施工组织设计和年、季、月施工进度计划、施工技术措施、作业规程、工艺试验成果、临建工程、设计以及使用的原材料、成品、半成品、设备等。

(4)签发补充设计文件、技术规范等,答复施工单位提出的工程建议和意见。工程中遇重大问题及时上报法人,并协助解决。

(5)工程进度控制:根据工程施工合同总进度计划,编制控制性进度目标和年度施工计划,并审查批准施工单位提出的工程实施进度计划,检查其实施情况。督促施工单位采取确实措施,实现合同的工期目标要求。当施工进度发生较大偏差时,及时向法人提出调整控制性进度计划的建议意见,经法人批准后,完成进度计划的调整。

(6)施工质量控制:审查施工单位的质量保证体系和措施,核实质量文件;依据工程建设合同文件、设计文件、技术标准、施工规范、《中华人民共和国工程建设标准强制性条文 水利工程部分》,对施工的全过程进行检查,对重要工程部位和主要工序进行旁站监理。以单元工程为基础,按水利部《水利水电基本建设工程单元工程质量等级评定标准》和《水利水电工程施工质量评定规程》的要求,对施工单位评定的工程质量等级进行复核。

(7)依据有关规范、规程要求,承担必要的抽检与检测工作。

(8)工程投资控制:协助法人编制投资控制目标和分年度投资计划;审查施工单位提交的资金流计划;审核施工单位完成的工程量和费用,并签发计量和支付凭证报发包人核准执行;受理索赔申请,进行索赔调查和谈判,并提出处理意见,处理工程变更,较大变更报法人批准,下达工程变更令。

(9)施工安全监督:检查施工安全措施、劳动防护和环境保护措施,并提出建议;检查防洪度汛措施并提出建议;参与重大安全事故调查。

(10)主持监理合同授权范围内工程建设各方的协调工作,编制施工协调会议纪要。

(11)组织工程项目划分,受项目法人委托组织分部工程、隐蔽工程验收,参加并协助法人按国家规定进行单位工程和各阶段验收及竣工验收,审查设计单位和施工单位编制的施工图纸、竣工图纸和资料。

(12)信息管理:做好施工现场记录与信息反馈,按要求编制监理月、年报,做好文字、录像、图片、表格的日常管理,并在期限届满时移交项目法人。

(13)档案管理:按期进行监理资料整编和归档工作,并对施工单位编制的竣工图纸和资料,按国家及××省《档案管理规定》的要求进行审查,在期限届满时监理单位将相关资料负责组织施工单位移交项目法人。

1.4.2.3 设备及采购方面

(1)协助法人进行采购招标工作。

(2)管理采购合同,并对采购计划进度进行监督与控制。

(3)协助或代表法人对进场的永久工程设备进行质量检验与到货验收。

1.5 监理主要依据

(1)国家和建设管理部门制定颁发的法律、法规和有关政策。

(2)国家有关部门颁发的设计规范、技术标准、质量标准、施工规范、施工操作规程、验收规程等。

(3)经批准的工程设计文件、图纸和说明书。

1.6　监理组织

根据监理合同约定及工程建设实际情况，××市兴利水利工程建设监理有限公司派驻现场监理工程师两名，行使监理合同赋予的全部职责，全面负责项目监理工作。

1.7　监理工作基本程序

(1)熟悉工程建设有关法律、法规、规章以及技术标准，熟悉工程设计文件、施工合同文件和监理合同文件。

(2)编制项目监理规划，进行监理工作交底。

(3)编制各专业、各项目监理实施细则。

(4)实施施工监理工作。

(5)督促施工单位及时整理、归档各类资料。

(6)参加验收工作，签发工程移交证书和工程保修责任终止证书，主持分部工程验收签证。

(7)结清监理费用。

(8)向建设单位提交有关档案资料、监理工作总结报告。

(9)向建设单位移交其所有提供的文件资料和设备。

1.8　监理工作主要方法和主要制度

1.8.1　监理工作主要方法

(1)现场记录。完整记录每日施工现场的人员、设备和材料、天气、施工环境以及施工中出现的各种情况。

(2)发布文件。采取通知、指示、批复、签认等文件形式进行施工全过程的控制和管理。

(3)旁站监理。按合同约定，在施工现场对工程项目的重要部位和关键工序的施工，实施连续性的全过程检查、监督与管理。

(4)巡视检验。对所监理工程项目进行定期或不定期的检查、监督和管理。

(5)跟踪检测。在施工单位进行试样检测前，对其检测人员、仪器设备以及拟订的检测程序和方法进行审核；在施工单位对试样进行检测时，实施全过程的监督，确认其程序方法的有效性及检测结果的可信性，并对该结果确认。

(6)平行检测。在施工单位对试样自行检测的同时，独立抽样进行检测，核准施工单位的检测结果。

(7)协调。对参加工程建设各方之间的关系以及工程施工过程中出现的问题和争议进行调解。

1.8.2　监理工作的主要制度

(1)单位、分部工程开工审批制度。

(2)原材料、成品、半成品报验制度。

(3)技术交底制度。

(4)图纸审查及签发制度。

(5)工程质量检验评定制度。

(6)关键部位及隐蔽工程验收签证制度。

(7)工程计量、支付签证制度。

(8)监理部管理制度。

(9)会议制度。包括第一次工地会议、监理例会、监理专题会议等。

(10)工程质量事故处理制度。

(11)监理报告制度。

(12)工程验收制度。

1.9 监理人员的守则和奖惩制度

1.9.1 监理人员守则

(1)遵守国家和政府法令、法规,尊重地方风俗习惯,遵守各项监理工作制度,服从监理机构的领导和管理。

(2)遵纪守法、尽职尽责、公正廉洁,以良好的职业道德热情为工程建设服务。

(3)坚持科学、求实、严谨的工作作风,努力钻研业务。熟悉施工合同文件,设计文件,技术规程、规范和质量检验标准,监理实施细则和监理工作文件,施工环境和条件。正确运用权限,促进业务工作能力和监理工作水平的不断提高。

(4)努力加强与工程建设有关各方的协作,深入施工现场了解和掌握工程施工第一手资料;实行旁站监理的,应认真履行旁站监理职责。在职级授权范围内充分运用自己的职责和技能,及时发现问题和解决问题。

(5)监理人员无权自行变更和修改设计。发现设计有误或因施工条件变化设计文件必须作修改时,应立即向总监理工程师报告,以便及时与建设单位及设计代表会商后作出处理。

(6)处理建设单位和施工单位争议时,要始终站在公正、客观的立场上,协调解决。

(7)虚心听取建设单位意见,及时总结经验教训,不断提高服务质量。

(8)监理人员请假、出差、离岗、退场等,应依据项目监理机构有关规定办理相关手续,并在安排好工作交接后方可离岗。

(9)在监理实施过程中,监理人员不得泄露建设单位申明的秘密,也不得泄露设计、施工单位提供并申明的技术经济秘密。

(10)监理人员不得参与可能与监理合同规定的建设单位的利益相冲突的任何活动;不得在施工、监造及物资供应等单位兼职;不得向施工单位介绍分包队伍;不得接受施工单位馈赠的礼品,更不得徇私舞弊、收受贿赂或进行其他有损工程建设监理工作和监理单位声誉的活动。

1.9.2 监理工作质量奖惩制度

按公司规定执行。

2 工程质量控制

2.1 质量控制的原则

工程质量是整个监理工作的重要环节,与投资控制、进度控制相互制约,所以监理工程师必须贯彻以质量为中心的方针,按照合同、委托协议书、技术规范、设计图纸及有关文件，坚持严格要求、实事求是、公正合理、热情服务的原则，通过超前监理、预防为主、动态管理、跟踪监控，实现工程质量总目标。

2.2　质量控制的目标

通过有效的检测手段、数据收集、统计和科学的分析方法，使工序工程、单元工程、分部工程和单位工程质量得到有效的控制，工程资料齐全、整理规范。所监理工程质量验收合格率100％。

2.3　质量控制的内容

2.3.1　开工前质量保证工作

(1)严格审核施工图纸，签发监理工程师图纸。

(2)对施工单位的设备及人员进行质量机制检查，审查施工单位的质量保证体系。

(3)审查施工单位上报的施工组织设计。

2.3.2　工程材料、半成品、构配件和工程设备的质量控制

(1)进场材料必须具备出厂合格证、质检报告单，检查出厂质保资料中出厂批量、出厂日期等是否与实际相符。

(2)严格要求施工单位按规范规定对材料进行检测、检验。未经检测、检验，或检测、检验不合格的材料严禁在工程上使用。

(3)协助建设单位对进场的永久工程设备、构配件进行质量检验与到货验收。

2.3.3　施工过程单元和分部工程验收

通过工序来控制单元工程，单元工程完成必须要进行工程质量评定，监理复核相关资料与工程质量标准相一致，达到合格标准的，给予验收评定及计量支付。在分部工程达到验收标准时，及时组织分部工程验收签证。

2.4　质量控制的措施

审查承包人的质量保证体系和措施，核实质量文件；依据工程建设合同文件、设计文件、技术文件、技术标准，对施工的全过程进行检查，对重要部位和主要工序进行跟踪监督。以单元工程为基础，按水利部《水利水电基本建设工程单元工程质量等级评定标准》和《水利水电工程施工质量评定规程》的要求，做好工程项目划分并报质量监督单位确认。对承包人评定的工程质量等级进行复核。参与工程质量事故的处理，审查监督事故处理方案的执行；在监理合同实施期间，检查工程质量状况，鉴定质量问题责任，监督责任单位保修。

2.5　质量控制制度

2.5.1　工程质量检验制度

施工单位每完成一道工序或一个单元，都必须经过“三检”，应有详细的自检记录，在“三检”合格后报监理审核，监理进行抽检，抽检合格对工序或单元工程进行评定，转入下道工序。

2.5.2　材料和工程设备的检验制度

材料、构配件和工程设备未经检验，不得使用；经检验不合格的材料不能使用，如发现二次不合格材料出现在工地现场，将处以经济罚款。

2.5.3 监理旁站制度

对重要工序、需覆盖的隐蔽工程及工程的隐蔽部位的施工实行全过程跟踪旁站监理,时刻检查,注意质量事故的苗头,避免发生质量问题。

2.5.4 惩罚制度

承包人使用的材料、构配件、工程设备以及施工设备或其他原因可能导致工程质量不合格或造成质量事故,或抽减设计材料,将根据情节轻重,给予经济罚款。

3 工程进度控制

3.1 进度控制原则

在项目的实施过程中,随时掌握工程进展,进行计划进度与实际进度比较分析,提出意见,确保建设总工期。

3.2 进度控制的目标

根据招标文件和施工合同,控制在计划工期内完成。

3.3 进度控制的措施

审核施工单位的进度计划,在工程进行中时刻关注施工单位的施工进展,是否滞后工期。滞后应及时制订赶工计划,确保工期按期完成。不定期召开工程计划会议和协调会,了解工程动态,控制工程进度。

4 工程投资控制

4.1 投资控制的原则

(1)确保合同项目投资不超出。

(2)审查处理好设计变更。

(3)严格控制索赔现象。

(4)严格计量核算。

4.2 投资控制的目标

投资控制的总目标是概算总投资额,不能突破设计概算。

4.3 投资控制的内容

(1)合同内项目工程量的审核。

(2)合同外项目的审核,单价的审核。

(3)工程索赔。

4.4 投资控制的措施

(1)对合同内工程项目的计量支付,监理部严格审核月支付申请,测量核算层层把关,把住合同内项目工程量这一关。

(2)合同外项目的单价经监理工程师审核,报业主批准后,予以计价。

(3)对现场施工采取预控措施,了解工程实际情况,以协调方式减少索赔事件发生。

(4)监理单位应与设计单位积极配合,多提合理化建议,积极鼓励采用新技术和优化设计,节省投资。

5　合同管理

5.1　变更的处理程序和监理工作方法

工程变更包括设计变更和施工变更,或建设单位和监理认为必要时,为实现合同目的对设计文件的修改或改变。

监理接到设计变更通知后,认真对变更通知进行审核,认为可行,向施工单位签发按变更执行。如存在不足,应与业主和设计方共同研究确定合理的变更,以达到合同目的。

在施工过程中,为工程需要施工单位提出合理化建议的工程变更,可由监理组织业主单位、设计单位、施工单位共同研究确定施工单位提出的变更。

5.2　违约事件的处理程序和监理工作方法

监理部对可能要发生的违约,应及时通知有关各方,防止或减少违约的发生;已经发生的违约,项目总监理工程师要以事实为依据,以合同约定为标准,公正处理;监理工程师应在听取各方意见的基础上,确定违约处理方案。

违约事件的处理:

(1)受损失方应向监理部提出申诉。

(2)监理工程师对违约事项进行调查、分析,提出处理方案。

(3)在与双方当事人协商一致的基础上,监理工程师签发监理通知。

5.3　索赔的处理程序和监理工作方法

对可能导致索赔发生的因素,要有充分的预测,提出控制要点和措施,加强管理,防止索赔发生;对发生的索赔要及时采取措施,尽可能降低损失及影响;审核索赔报告,协调双方矛盾,参与索赔处理;项目监理工程师根据审核结果,经与索赔双方协商后,签发费用索赔审核表。

5.4　争议的调解原则、方法与程序

监理部应督促建设单位和施工单位按监理部做出的暂时决定履行各自的职责并明示双方,根据有关法律、法规或规定,任何一方均不得以争议解决未果为借口,拒绝或拖延施工合同约定应进行的工作。

5.5　清场与撤离的监理工作内容

监理部依据有关规定或施工合同约定,在签发工程移交证书前或在保修期满前,监督施工单位完成施工场地的清理,做好环境恢复工作;监理部在工程移交证书颁发后的约定时间内,检查施工单位在保修期内完成尾工和修复缺陷应留在现场的人员、材料和施工设备情况,施工单位其余人员、材料和施工设备均应按批准的计划退场。

监理机构将适时予以调整,除保留必要的人员和设施外,其他人员可撤离,将其他设施移交发包人。

6　协调

6.1　协调工作的主要内容

一切与工程有关的事宜,如合同管理、工程进度、工程质量与技术问题的处理,工程款管理,建设单位与施工单位、施工单位与设计单位、施工单位之间的矛盾、干扰等,均属于

监理协调内容。

6.2　协调工作的原则与方法

6.2.1　协调工作的原则

协调工作的原则就是坚持科学性、公正性和廉洁性。按照相关标准规范，实事求是地组织协调，维护参建各方的合法利益。

6.2.2　协调工作的方法

(1)协助业主单位定期或不定期召开协调会。

(2)组织召开设计交底会、设计变更、质量事故及索赔等重大事情的专题会议。

(3)协助建设单位做好日常建设过程中的建设各方关系的协调工作。

(4)明确建设单位、施工单位、监理人的义务职责。

7　工程验收与移交

工程施工完成后都要经过验收，分部工程验收由监理部主持，在分部工程具备验收条件时，应及时组织进行分部工程的验收签证工作。单位工程验收由业主单位主持，监理应协助业主单位对工程进行验收资料的准备，将验收合格的工程和工程资料移交给业主单位。

8　保修期监理

8.1　保修期的起算、终止和延长的依据与程序

(1)按施工合同约定，在工程移交证书中注明保修期的起算日期。

(2)若保修期满及存在的施工期的施工质量缺陷未修复或有施工合同约定的其他事项，监理部应征得建设单位同意，做出相关的工程保修期延长决定。

(3)保修期满或保修延长期满，施工单位提出保修期终止申请后，监理部在检查施工单位已经按合同约定完成全部工作，且经检验合格后，应及时办理工程项目保修期终止事宜。

8.2　保修期监理的主要工作内容

(1)监督施工单位对已完建工程项目存在的施工质量缺陷进行处理。

(2)协助建设单位检查验收尾工项目。

(3)签发工程款最终支付凭证。

(4)签发工程项目保修期终止证书。

9　信息管理

9.1　文件信息流管理系统

收发文件全部经信息室签转，信息室要建立健全收发签字手续，防止文件在传送过程中遗漏和丢失。

9.2　文件资料归档系统

监理部档案管理采取“日整理、月进档”的管理形式，即每天的材料送交总监理工程师审阅，下月初对上月(1～31日)的整理材料进行归档入盒。采用日整理、月进档的管理

方法,方便总监理工程师对本月整个施工进展情况的了解,同时也避免了经常抽取档案中材料而产生的材料丢失现象。

10 其他根据合同项目需要应包括的内容

(略)

参考答案

一、单项选择题

1. A 2. B 3. C 4. D 5. A 6. B 7. C 8. D 9. A 10. B 11. C 12. D 13. A 14. B 15. C 16. A 17. B

二、多项选择题

1. ABC 2. ABC 3. ABC 4. ABCD 5. ABCD 6. ABCD 7. ABC 8. ABC 9. ABC 10. ABCD 11. ABCD 12. ABCD 13. BCDE 14. ABCD 15. ABCD 16. ACE 17. ABCE 18. ACDE 19. ACDE 20. ABCE 21. ABCD 22. ACE 23. ABCD 24. ABDE 25. ACDE 26. ABCD 27. ABD 28. ACDE 29. ABC 30. ABC 31. ABCD 32. BCD

三、问答题

答:

1)监理单位开展监理工作应遵守的规定:①严格遵守国家法律、法规、规章和政策,维护国家利益、社会公共利益和工程建设当事人各方合法权益。②不得与所承担监理项目的承包人、设备和材料供货人发生经营性隶属关系,也不得是这些单位的合伙经营者。③禁止转让、违法分包监理业务。④不得聘用无监理岗位证书的人员从事监理业务。⑤禁止采取不正当竞争手段获取监理业务。

监理机构的基本职责与权限:①协助发包人选择承包人、设备和材料供货人。②审核承包人拟选择的分包项目和分包人。③核查并签发施工图纸。④审批承包人提交的各类文件。⑤签发指令、指示、通知、批复等监理文件。⑥监督、检查施工过程及现场施工安全和环境保护情况。⑦监督、检查工程施工进度。⑧检验施工项目的材料、构配件、工程设备的质量和工程施工质量。⑨处置施工中影响或造成工程质量、安全事故的紧急情况。⑩审核工程计量,签发各类付款证书。⑪处理合同违约、变更和索赔等合同实施中的问题。⑫参与或协助发包人组织工程验收,签发工程移交证书;监督、检查工程保修情况,签发保修责任终止证书。⑬主持施工合同各方之间关系的协调工作。⑭解释施工合同文件。⑮监理合同约定的其他职责与权限。

2)监理人员应遵守的规则:①遵纪守法,坚持求实、严谨、科学的工作作风,全面履行义务,正确运用权限,勤奋、高效地开展监理工作。②努力钻研业务,熟悉和掌握建设项目管理知识和专业技术知识,提高自身素质和技术、管理水平。③提高监理服务意识.增强责任感,加强与工程建设有关各方的协作,积极、主动开展工作,尽职尽责,公正廉洁。④未经许可,不得泄露与本工程有关的技术和商业秘密,并应妥善做好发包人所提供的工程建设文件资料的保存、回收及保密工作。⑤除监理工作联系外,不得与承包人和材料、工程设备供货人有其他业务关系和经济利益关系。⑥不得出卖、出借、转让、涂改、伪造资格证书或岗位证书。⑦监理人员只能在一个监理单位注册,未经注册单位同意不得承担其他监理单位的监理业务。⑧遵守职业道德,维护职业信誉,严禁徇私舞弊。

3)监理机构开展施工监理工作的基本程序:①签订监理合同,明确监理范围、内容和责权。②依据监理合同,组建现场监理机构,选派总监理工程师、监理工程师、监理员和其他工作人员。③熟悉工程建设有关法律、法规、规章以及技术标准,熟悉工程设计文件、施工合同文件和监理合同文件。④编制项目监理规划。⑤进行监理工作交底。⑥编制各专业、各项目监理实施细则。⑦实施施工监理工作。⑧督促承包人及时整理、归档各类资料。⑨参加验收工作,签发工程移交证书和工程保修责任终止证书。⑩结清监理费用。⑪向发包人提交有关档案资料、监理工作总结报告。⑫向发包人移交其所提供的文件资料和设施设备。

4)施工监理的主要工作方法:①现场记录。监理机构认真、完整记录每日施工现场的人员、设备和材料、天气、施工环境以及施工中出现的各种情况。②发布文件。监理机构采用通知、指示、批复、签认等文件形式进行施工全过程的控制和管理。③旁站监理。监理机构按照监理合同约定,在施工现场对工程项目的重要部位和关键工序的施工,实施连续性的全过程检查、监督与管理。④巡视检验。监理机构对所监理的工程项目进行定期或不定期的检查、监督和管理。⑤跟踪检测。在承包人进行试样检测前,监理机构对其检测人员、仪器设备以及拟订的检测程序和方法进行审核;在承包人对试样进行检测时,实施全过程的监督,确认其程序、方法的有效性以及检测结果的可信性,并对该结果确认。⑥平行检测。监理机构在承包人对试样自行检测的同时,独立抽样进行检测,核验承包人的检测结果。⑦组织协调。监理机构对参加工程建设各方之间的关系以及工程施工过程中出现的问题和争议进行调解。

5)施工监理的主要工作制度:①技术文件审核、审批制度。根据施工合同约定由双方提交的施工图纸以及由承包人提交的施工组织设计、施工措施计划、施工进度计划、开工申请等文件均应通过监理机构核查、审核或审批,方可实施。②原材料、构配件和工程设备检验制度。进场的原材料、构配件和工程设备应有出厂合格证明和技术说明书,经承包人自检合格后,方可报监理机构检验。不合格的材料、构配件和工程设备应按监理指示在规定时限内运离工地或进行相应处理。③工程质量检验制度。承包人每完成一道工序或一个单元工程,都应经过自检,合格后方可报监理机构进行复核检验。上道工序或上一单元工程未经复核检验或复核检验不合格,不得进行下道工序或下一单元工程施工。④工程计量付款签证制度。所有申请付款的工程量均应进行计量并经监理机构确认。未经监理机构签证的付款申请,发包人不应支付。⑤会议制度。监理机构应建立会议制度,包括第一次工地会议、监理例会和监理专题会议。会议由总监理工程师或由其授权的监理工程师主持,工程建设有关各方应派员参加。总监理工程师应组织编写由监理机构主持召开的会议纪要,并分发与会各方。⑥施工现场紧急情况报告制度。监理机构应针对施工现场可能出现的紧急情况编制处理程序、处理措施等文件。当发生紧急情况时，应立即向发包人报告，并指示承包人立即采取有效紧急措施进行处理。⑦监理工作报告制度。监理机构应及时向发包人提交监理月报或监理专题报告；在工程验收时，提交监理工作报告；在监理工作结束后，提交监理工作总结报告。⑧工程验收制度。在承包人提交验收申请后，监理机构应对其是否具备验收条件进行审核。并根据有关水利工程验收规程或合同约定，参与、组织或协助发包人组织工程验收。

6）施工准备的监理工作：

（1）检查开工前应由发包人提供的施工条件完成情况：①首批开工项目施工图纸和文件的供应。②测量基准点的移交。③施工用地的征用。④首次工程预付款的付款。⑤施工合同中约定应由发包人提供的道路、供电、供水、通信等条件。

（2）检查开工前承包人的施工准备情况：①承包人派驻现场的主要管理、技术人员数量及资格是否与施工合同文件一致。如有变化，应重新审查并报发包人认定。②承包人进场施工设备的数量和规格、性能是否符合施工合同约定要求。③检查进场原材料、构配件的质量、规格、性能是否符合有关技术标准和技术条款的要求，原材料的储存量是否满足工程开工及随后施工的需要。④承包人试验室具备的条件是否符合有关规定要求。⑤承包人对发包人提供的测量基准点复核情况，并督促承包人在此基础上完成施工测量控制网的布设及施工区原始地形图的测绘。⑥砂石料系统、混凝土拌和系统以及场内道路、供水、供电、供风等施工辅助设施的准备。⑦承包人的质量保证体系。⑧承包人的施工安全、环境保护措施、规章制度的制定及关键岗位施工人员的资格。⑨承包人中标后的施工组织设计、施工措施计划、施工进度计划和资金流计划等技术文件是否完成并提交给监理机构审批。⑩应由承包人负责提供的设计文件和施工图纸文件是否完成并提交给监理机构审批。⑪按照施工规范要求需要进行的各种施工工艺参数的试验是否完成并提交给监理机构审核。

（3）审核承包人在施工准备完成后递交的项目工程开工申请报告。

（4）施工图纸的核查与签发应符合规定：①监理机构收到施工图纸后，应在施工合同约定的时间内完成核查或审批工作，确认后签字、盖章。②监理机构应在与有关各方约定的时间内，主持或与发包人联合主持召开施工图纸技术交底会议，并由设计单位进行技术交底。

（5）监理机构应按有关工程施工质量评定规程的要求，组织进行工程项目划分，征得发包人同意后，报工程质量监督机构认定。

7）施工过程质量控制应符合的规定：①监理机构应督促承包人按施工合同约定对工程所有部位和工程使用的材料、构配件和工程设备的质量进行自检，并按规定向监理机构提交相关资料。②监理机构应采用现场察看、查阅施工记录以及对材料、构配件、试样等进行抽检的方式对施工质量进行严格控制；应及时对承包人可能影响工程质量的施工工艺以及各种违章作业行为发出调整、制止、整顿直至暂停施工的指示。③监理机构应严格旁站监理工作，特别注重对易引起渗漏、冻融、冲刷、气蚀等部位的质量控制。④单元工程（或工序）未经监理机构检验或检验不合格，承包人不得开始下一单元工程（或工序）的施工。⑤监理机构发现承包人使用的材料、构配件、工程设备以及施工设备或其他原因可能导致工程质量不合格或造成质量事故时,应及时发出指示,要求承包人立即采取措施纠正。必要时,责令其停工整改。⑥监理机构发现施工环境可能影响工程质量时,应指示承包人采取有效的防范措施。必要时,应停工整改。⑦监理机构应对施工过程中出现的质量问题及其处理措施或遗留问题进行详细记录和拍照,保存好照片或音像片等相关资料。⑧监理机构应参加工程设备供货人组织的技术交底会议,监督承包人按照工程设备供货人提供的安装指导书进行工程设备的安装。⑨监理机构应审核承包人提交的设备启动程序并监督承包人进行设备启动与调试工作。

工程质量检验应符合的规定:①承包人应首先对工程施工质量进行自检。未经承包人自检或自检不合格、自检资料不完善的单元工程(或工序),监理机构有权拒绝检验。②监理机构对承包人经自检合格后报验的单元工程(或工序)质量,应按有关技术标准和施工合同约定的要求进行检验。检验合格后方予签认。③监理机构可采用跟踪检测、平行检测方法对承包人的检验结果进行复核。平行检测的检测数量:混凝土试样不应少于承包人检测数量的3%,重要部位每种标号的混凝土最少取样1组;土方试样不应少于承包人检测数量的5%,重要部位至少取样3组。跟踪检测的检测数量:混凝土试样不应少于承包人检测数量的7%,土方试样不应少于承包人检测数量的10%。平行检测和跟踪检测工作都应由具有国家规定资质条件的检测机构承担。平行检测的费用由发包人承担。④工程完工后需覆盖的隐蔽工程、工程的隐蔽部位,应经监理机构验收合格后方可覆盖。⑤在工程设备安装完成后,监理机构应督促承包人按规定进行设备性能试验,其后应提交设备操作和维修手册。

工程质量评定应符合的规定:监理机构应监督承包人真实、齐全、完善、规范地填写质量评定表。承包人应按规定对工序、单元工程、分部工程、单位工程质量等级进行自评。监理机构应对承包人的工程质量等级自评结果进行复核。监理机构应按规定参与工程项目外观质量评定和工程项目施工质量评定工作。

8)施工进度计划的审批应符合的规定:

(1)监理机构应在工程项目开工前依据控制性总进度计划审批承包人提交的施工进度计划。在施工过程中,依据施工合同约定审批各单位工程进度计划,逐阶段审批年、季、月施工进度计划。

(2)施工进度计划审批的程序:①承包人应在施工合同约定的时间内向监理机构提交施工进度计划。②监理机构应在收到施工进度计划后及时进行审查,提出明确审批意见。必要时召集由发包人、设计单位参加的施工进度计划审查专题会议,听取承包人的汇报,并对有关问题进行分析研究。③如施工进度计划中存在问题,监理机构应提出审查意见,交承包人进行修改或调整。④审批承包人提交的施工进度计划或修改、调整后的施工进度计划。

(3)施工进度计划审查的主要内容:①施工进度计划中有无项目漏项或重复的情况。②施工进度计划与合同工期和阶段性目标的响应性与符合性。③施工进度计划中各项目之间逻辑关系的正确性与施工方案的可行性。④关键路线安排和施工进度计划实施过程的正确性与可行性。⑤人力、材料、施工设备等资源配置计划和施工强度的合理性。⑥材料、构配件、工程设备供应计划与施工进度计划的衔接关系。⑦本施工项目与其他各标段施工项目之间的协调性。⑧施工进度计划的详细程度和表达形式的适宜性。⑨对发包人提供施工条件要求的合理性。⑩其他应审查的内容。

9)付款申请和审查应符合的规定:

(1)只有计量结果被认可,监理机构方可受理承包人提交的付款申请。

(2)承包人应按照规定的表格式样,在施工合同约定的期限内填报付款申请报表。

(3)监理机构在接到承包人的付款申请后,应在施工合同约定时间内完成审核。付款申请应符合要求:①付款申请表填写符合规定,证明材料齐全。②申请付款项目、范围、内容、方式符合施工合同约定。③质量检验签证齐备。④工程计量有效、准确。⑤付款单价及合价无误。

(4)因承包人申请资料不全或不符合要求,造成付款证书签证延误,由承包人承担责任。未经监理机构签字确认,发包人不应支付任何工程款项。

工程价款月支付应符合的规定:

(1)工程价款月支付每月一次。在施工过程中,监理机构应审核承包人提出的月付款申请,同意后签发工程价款月付款证书。

(2)工程价款月支付申请包括内容:①本月已完成并经监理机构签认的工程项目应付金额。②经监理机构签认的当月计日工的应付金额。③工程材料预付款金额。④价格调整金额。⑤承包人应有权得到的其他金额。⑥工程预付款和工程材料预付款扣回金额。⑦保留金扣留金额。⑧合同双方争议解决后的相关支付金额。

(3)工程价款月支付属工程施工合同的中间支付,监理机构可按照施工合同的约定,对中间支付的金额进行修正和调整,并签发付款证书。

10)施工安全监理应符合的规定:①监理机构应根据施工合同文件的有关约定,协助发包人进行施工安全的检查、监督。②工程开工前,监理机构应督促承包人建立健全施工安全保障体系和安全管理规章制度,对职工进行施工安全教育和培训;应对施工组织设计中的施工安全措施进行审查。③在施工过程中,监理机构应对承包人执行施工安全法律、法规和工程建设强制性标准以及施工安全措施的情况进行监督、检查。发现不安全因素和安全隐患时,应指示承包人采取有效措施予以整改。若承包人延误或拒绝整改,监理机构可责令其停工。当监理机构发现存在重大安全隐患时,应立即指示承包人停工,做好防患措施,并及时向发包人报告;如有必要,应向政府有关主管部门报告。④当发生施工安全事故时,监理机构应协助发包人进行安全事故的调查处理工作。⑤监理机构应协助发包人在每年汛前对承包人的度汛方案及防汛预案的准备情况进行检查。

施工环境保护监理应符合的规定:①工程项目开工前,监理机构应督促承包人按施工合同约定,编制施工环境管理和保护方案,并对落实情况进行检查。②监理机构应监督承包人避免对施工区域的植物和建筑物等的破坏。③监理机构应要求承包人采取有效措施对施工中开挖的边坡及时进行支护和做好排水措施,尽量避免对植被的破坏并对受到破坏的植被及时采取恢复措施。④监理机构应监督承包人严格按照批准的弃渣规划,有序地堆放、处理和利用废渣,防止任意弃渣造成环境污染、影响河道行洪能力和其他承包人的施工。⑤监理机构应监督承包人严格执行有关规定,加强对噪声、粉尘、废气、废水、废油的控制,并按施工合同约定进行处理。⑥监理机构应要求承包人保持施工区和生活区的环境卫生,及时清除垃圾和废弃物,并运至指定地点进行处理。进入现场的材料、设备应有序放置。⑦工程完工后,监理机构应监督承包人按施工合同约定拆除施工临时设施,清理场地,做好环境恢复工作。

11)工程变更处理应符合的规定:

(1)工程变更的提出、审查、批准、实施等过程应按施工合同约定的程序进行。

(2)监理机构可根据工程的需要并经发包人同意,指示承包人实施各种类型的变更。

(3)工程变更的提出:①发包人可依据施工合同约定或工程需要提出工程变更建议。②设计单位可依据有关规定或设计合同约定在其职责与权限范围内提出对工程设计文件的变更建议。③承包人可依据监理机构的指示,或根据工程现场实际施工情况提出变更建议。④监理机构可依据有关规定、规范,或根据现场实际情况提出变更建议。

(4)工程变更建议书的提交:①工程变更建议书提出时,应考虑留有发包人与监理机构对变更建议进行审查、批准设计单位进行变更设计以及承包人进行施工准备的合理时间。②在特殊情况下,如出现危及人身、工程安全或财产严重损失的紧急事件时,工程变更不受时间限制,但监理机构仍应督促变更提出单位及时补办相关手续。

(5)工程变更的审查:①监理机构应审查工程变更建议书是否符合要求:变更后不降低工程质量标准,不影响工程完建后的功能和使用寿命;工程变更在施工技术上可行、可靠;工程变更引起的费用及工期变化经济合理;工程变更不对后续施工产生不良影响。②监理机构审核承包人提交的工程变更报价时,应按下列原则处理:如果施工合同工程量清单中有适用于变更工作内容的项目,应采用该项目的单价或合价;如果施工合同工程量清单中无适用于变更工作内容的项目,可引用施工合同工程量清单中类似项目的单价或合价作为合同双方变更议价的基础;如果施工合同工程量清单中无此类似项目的单价或合价,或单价或合价明显不合理和不适用,经协商后,由承包人依照招标文件确定的原则和编制依据,重新编制单价或合价,经监理机构审核后,报发包人确认。③当发包人与承包人协商不能一致时,监理机构应确定合适的暂定单价或合价,通知承包人执行。

(6)工程变更的实施:①经监理机构审查同意的工程变更建议书需报发包人批准。②经发包人批准的工程变更,应由发包人委托原设计单位负责完成具体的工程变更设计工作。③监理机构核查工程变更设计文件、图纸后,应向承包人下达工程变更指示,承包人据此组织工程变更的实施。④监理机构根据工程的具体情况,为避免耽误施工,可将工程变更分两次向承包人下达:先发布变更指示(变更设计文件、图纸),指示其实施变更工作;待合同双方进一步协商确定工程变更的单价或合价后,再发出变更通知(变更工程的单价或合价)。

索赔管理应符合的规定:

(1)监理机构应受理承包人和发包人提起的合同索赔,但不接受未按施工合同约定的索赔程序和时限提出的索赔要求。

(2)监理机构在收到承包人的索赔意向通知后,应核查承包人的当时记录,指示承包人做好延续记录,并要求承包人提供进一步的支持性资料。

(3)监理机构在收到承包人的中期索赔申请报告或最终索赔申请报告后,应进行下列工作:①依据施工合同约定,对索赔的有效性、合理性进行分析和评价。②对索赔支持性资料的真实性逐一进行分析和审核。③对索赔的计算依据、计算方法、计算过程、计算结果及其合理性逐项进行审查。④对于由施工合同双方共同责任造成的经济损失或工期延误,应通过协商一致,公平合理地确定双方分担的比例。⑤必要时要求承包人再提供进一步的支持性资料。

(4)监理机构应在施工合同约定的时间内做出对索赔申请报告的处理决定,报送发包人并抄送承包人。若合同双方或其中任一方不接受监理机构的处理决定,则按争议解决的有关约定或诉讼程序进行解决。

(5)监理机构在承包人提交了完工付款申请后,不再接受承包人提出的在工程移交证书颁发前所发生的任何索赔事项;在承包人提交了最终付款申请后,不再接受承包人提出的任何索赔事项。

违约管理应符合的规定:

(1)对于承包人违约,监理机构应依据施工合同约定下列工作:①在及时进行查证和认定事实的基础上,对违约事件的后果做出判断。②及时向承包人发出书面警告,限其在收到书面警告后的规定时限内予以弥补和纠正。③承包人在收到书面警告的规定时限内仍不采取有效措施纠正其违约行为或继续违约,严重影响工程质量、进度,甚至危及工程安全时,监理机构应限令其停工整改,并要求承包人在规定时限内提交整改报告。④承包人继续严重违约时,监理机构应及时向发包人报告,说明承包人违约情况及其可能造成的影响。⑤当发包人向承包人发出解除合同通知后,监理机构应协助发包人按照合同约定派员进驻现场接收工程,处理解除合同后的有关事宜。

(2)对于发包人违约,监理机构应依据施工合同约定进行下列工作:①由于发包人违约,致使工程施工无法正常运行的,在收到承包人书面要求后,监理机构及时与发包人协商,解决违约行为,赔偿承包人的损失,并促使承包人尽快恢复正常施工。②在承包人提出解除施工合同要求后,监理机构应协助发包人尽快进行调查、认证和澄清工作,并在此基础上,按有关规定和施工合同约定处理解除施工合同后的有关事宜。

12)监理机构建立的监理信息管理体系的内容:

(1)设置信息管理人员并制定相应岗位职责。

(2)制定包括文档资料收集、分类、整编、归档、保管、传阅、查阅、复制、移交、保密等的制度。

(3)制定包括文件资料签收、送阅与归档及文件起草、打印、校核、签发、传递等在内的文档资料的管理程序。

(4)文件、报表格式:①常用报告、报表格式应采用规范中所列的和水利部印发的其他标准格式。②文件格式应遵守国家及有关部门发布的公文管理格式,如文号、签发、标题、关键词、主送与抄送、密级、日期、纸型、版式、字体、份数等。

(5)建立信息目录分类清单、信息编码体系,确定监理信息资料内部分类归档方案。

(6)建立信息采集、分析、整理、保管、归档、查询系统及计算机辅助信息管理系统。

监理日志、报告与会议纪要应符合的规定:①监理人员应及时、认真地按照规定格式与内容填写好监理日志。总监理工程师应定期检查。②监理机构应在每月的固定时间,向发包人、监理单位报送监理月报。③监理机构应根据工程进展情况和现场施工情况,向发包人、监理单位报送监理专题报告。④监理机构应按照有关规定,在各类工程验收时,提交相应的验收监理工作报告。⑤在监理服务期满后,监理机构应向发包人、监理单位提交项目监理工作总结报告。⑥监理机构应对各类监理会议安排专人负责做好记录和会议纪要的编写工作。会议纪要应分发与会各方,但不作为实施的依据。监理机构及与会各方应根据会议决定的各项事宜,另行发布监理指示或履行相应文件程序。

四、案例分析

1. 答:

1)分包单位管理:①审查分包单位资质;②要求分包单位参加相关施工会议;③检查分包单位的施工设备、人员;④检查分包人的工程施工材料、作业质量;⑤监督分包单位不得再分包。

主要手段:①对分包人违反合同、规范的行为,可指令总承包人停止分包人施工;②对质量不合格的工程拒签与之有关的支付;③建议总承包人撤换分包单位。

2)在平行发包模式下,应在管桩预制发包(或招标)阶段考核;在总分包模式下,应在总承包单位与分包单位签订分包合同前考核。

考核主要内容:①人员素质;②资质等级;③技术装备;④业绩;⑤信誉;⑥有无生产许可证;⑦质保体系;⑧生产能力。

3)在平行发包模式下,管桩运抵施工现场,沉桩施工单位可视为“甲供构件”。

原因:沉桩施工单位与管桩预制单位无合同关系,管桩预制单位直接向业主供货,业主再将管桩提供给沉桩施工单位。

组织检查验收:沉桩施工单位通知监理,由监理单位组织,沉桩施工单位参加,共同检查管桩的质量、数量是否符合合同要求。

4)在平行发包模式下,可能会出现的索赔:①沉桩施工单位向业主的索赔;②土建施工单位向业主的索赔;③业主向管桩预制单位的索赔。

在总分包模式下,可能会出现的索赔:①业主向土建总承包单位的索赔;②土建总承包单位向管桩预制单位的索赔;③沉桩施工单位向土建总承包单位的索赔。

2. 答:

1)不妥之处:不应直接致函设计单位。理由:无权进行设计变更。

正确处理:发现问题应向建设单位报告,由建设单位向设计单位提出变更要求。

2)甲施工单位的答复不妥。理由:分包单位的任何违约行为导致工程损害或给建设单位造成的损失,总承包单位承担连带责任。

总监理工程师签发的整改通知不妥。理由:整改通知单应签发给甲施工单位,因乙施工单位和建设单位没有合同关系。

3)监理工程师无权签发暂停施工通知。理由:这是总监理工程师的工作,不得授权给监理工程师。

程序有不妥之处。理由:监理工程师应报总监理工程师,由总监理工程师签发暂停施工通知。

4)甲施工单位的说法不正确。理由:乙施工单位与甲施工单位有合同关系,而与建设单位没有合同关系。

乙施工单位的损失应由甲施工单位承担。

5)建设单位的说法不正确。理由:监理单位是在合同授权内履行职责,施工单位所受的损失不应由监理单位承担。

3.答:

1)上述(1)所述内容正确。理由:符合《水利工程建设监理规定》(水利部令第28号)第十五条规定。

2)上述(2)所述内容不妥。理由:《水利工程建设监理规定》(水利部令第28号)第十九条规定:项目法人应当向监理单位提供必要的工作条件,支持监理单位独立开展监理业务,不得明示或暗示监理单位违反法律法规和工程建设强制性标准,不得更改总监理工程师指令。

3)上述(3)所述内容不妥。理由:《水利工程建设监理规定》(水利部令第28号)第十二条规定:总监理工程师负责全面履行监理合同约定的监理单位职责,发布有关指令,签署监理文件,协调有关各方之间的关系。

4)上述(4)所述内容不妥。理由:《水利工程建设监理规定》(水利部令第28号)第十二条规定:监理工程师在总监理工程师授权范围内开展监理工作,具体负责所承担的监理工作,并对总监理工程师负责。

5)上述(5)所述内容正确。理由:符合《水利工程建设监理规定》(水利部令第28号)第十三条规定。

6)上述(6)所述内容不妥。理由:《水利工程建设监理规定》(水利部令第28号)第十四条规定:监理单位应当按照监理合同,组织设计单位等进行现场设计交底,核查并签发施工图。未经总监理工程师签字的施工图不得用于施工。

7)上述(7)所述内容不妥。理由:《水利工程建设监理规定》(水利部令第28号)第十四条规定:监理单位不得修改工程设计文件。

8)上述(8)所述内容不妥。理由:《水利工程建设监理规定》(水利部令第28号)第十六条规定:监理单位应当协助项目法人编制控制性总进度计划,审查被监理单位编制的施工组织设计和进度计划,并督促被监理单位实施。

9)上述(9)所述内容正确。理由:符合《水利工程建设监理规定》(水利部令第28号)第二十条规定。

10)上述(10)所述内容不妥。理由:《水利工程建设监理规定》(水利部令第28号)第十八条规定:监理单位应当审查被监理单位提出的安全技术措施、专项施工方案和环境保护措施是否符合工程建设强制性标准和环境保护要求,并监督实施。

五、实际操作训练

某县百家水库除险加固工程混凝土施工监理实施细则及项目安全监理细则:

(略)

参考文献

[1] 中国水利工程协会. 水利工程建设监理概论[M]. 2版. 北京:中国水利水电出版社,2010.

[2] 中华人民共和国水利部. SL 288—2014 水利工程施工监理规范[S]. 北京:中国水利水电出版社,2014.

[3] 韦志立,等. 建设监理概论[M]. 2版. 北京:中国水利水电出版社,2001.

[4] 王立权. 水利工程建设项目施工监理实用手册[M]. 2版. 北京:中国水利水电出版社,2004.

[5] 张华. 水利工程监理[M]. 北京:中国水利水电出版社,2004.

[6] 娄鹏,刘景运. 水利工程施工监理实用手册[M]. 北京:中国水利水电出版社,2007.

[7] 陈惠忠,等. 水利水电工程监理实施细则范例[M]. 北京:中国水利水电出版社,2005.

[8] 姜国辉. 水利工程监理[M]. 北京:中国水利水电出版社,2005.

[9] 孙犁. 建设工程监理概论[M]. 郑州:郑州大学出版社,2006.

[10] 钟汉华. 工程建设监理[M]. 郑州:黄河水利出版社,2005.

[11] 张梦宇. 工程建设监理概论[M]. 北京:中国水利水电出版社,2006.

[12] 刘军号. 水利工程施工监理实务[M]. 北京:中国水利水电出版社,2010.

[13] 王海周,杨胜敏. 水利工程建设监理[M]. 郑州:黄河水利出版社,2010.

[14] 中国水利工程协会. 水利工程建设合同管理[M]. 北京:中国水利水电出版社,2007.

[15] 中国水利工程协会. 水利工程建设质量控制[M]. 北京:中国水利水电出版社,2007.

[16] 中国水利工程协会. 水利工程建设投资控制[M]. 北京:中国水利水电出版社,2007.

[17] 中国水利工程协会. 水利工程建设进度控制[M]. 北京:中国水利水电出版社,2007.

[18] 水利部,国家工商行政管理总局. 水利工程施工监理合同示范文本[M]. 北京:中国水利水电出版社,2007.

[19] 中国水利工程协会. 水利工程建设监理员继续教育教程[M]. 北京:中国水利水电出版社,2008.

[20] 王光炎,钱闪光. 建筑工程监理[M]. 哈尔滨:哈尔滨工业大学出版社,2013.

[21] 周长勇,刘宁. 水利工程施工监理[M]. 郑州:黄河水利出版社,2014.